내 집 사용설명서

내 집 사용설명서

1판 1쇄 인쇄 2022. 12. 12.
1판 1쇄 발행 2022. 12. 21.

지은이 찰리 윙
옮긴이 김일선

발행인 고세규
편집 김태권 | 디자인 유상현 | 마케팅 윤준원, 정희윤 | 홍보 장예림
발행처 김영사
등록 1979년 5월 17일 (제406-2003-036호)
주소 경기도 파주시 문발로 197(문발동) 우편번호 10881
전화 마케팅부 031)955-3100, 편집부 031)955-3200   팩스 031)955-3111

값은 뒤표지에 있습니다.
ISBN 978-89-349-4334-1 03590

홈페이지 www.gimmyoung.com   블로그 blog.naver.com/gybook
인스타그램 instagram.com/gimmyoung 이메일 bestbook@gimmyoung.com

좋은 독자가 좋은 책을 만듭니다.
김영사는 독자 여러분의 의견에 항상 귀 기울이고 있습니다.

찰리 윙 | 김일선 옮김

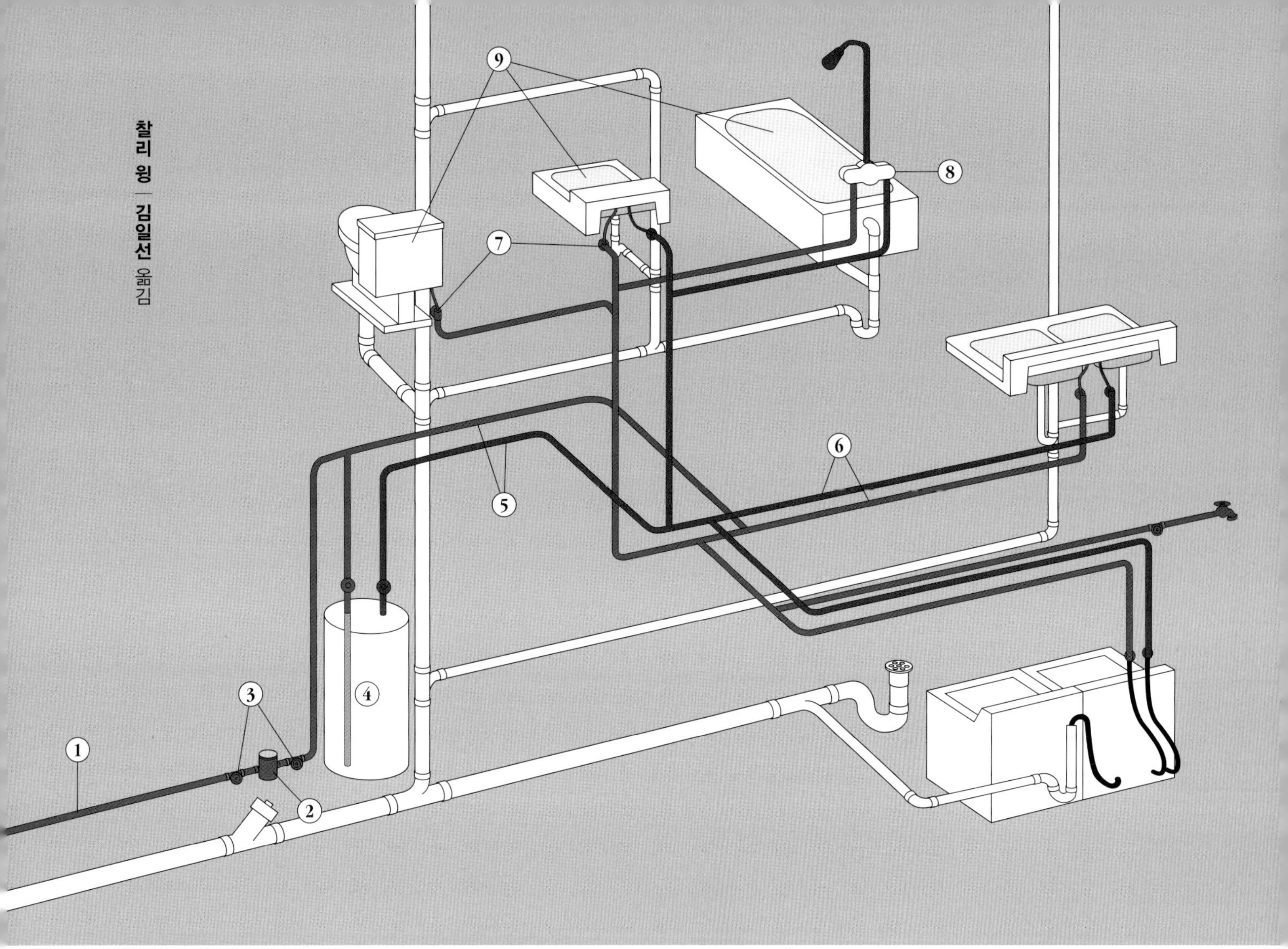

HOW YOUR HOUSE WORKS THIRD EDITION

그림으로 보는
주택의 구조와 작동 원리

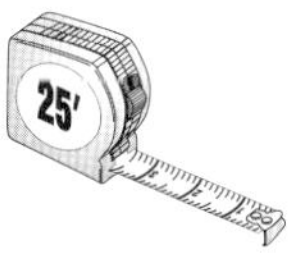

내 집 사용설명서

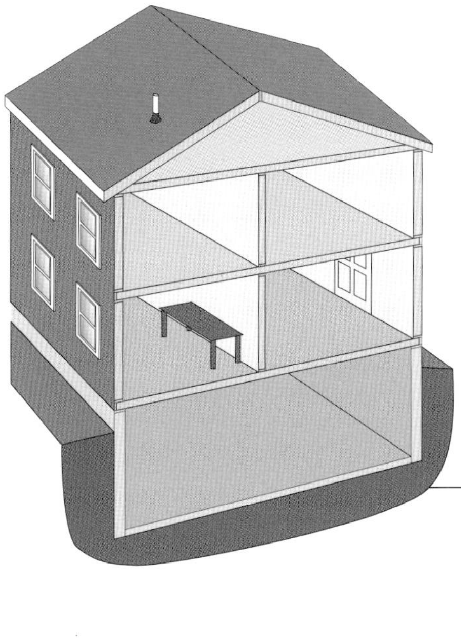

김영사

일러두기

• 본문의 각주는 모두 옮긴이주이다.

• 이 책은 기본적으로 미국식 목조 주택을 표준으로 한다. 국내 실정과 다르거나 보완 설명이 필요한 대
  목은 옮긴이주에서 설명했다.

• 원서의 미국 단위계(화씨, 인치, 파운드, 갤런 등)는 가급적 국제난위계(SI unit)로 변환하거나 병기했다. 단,
  미국 업계에서 표준으로 사용하거나 변환이 힘든 경우에는 그대로 옮겼다(본서에 자주 등장하는 단위는 뒤
  의 '부록_미국 단위계와 국제단위계 비교' 참조).

들어가며

Introduction

이 책에는 주택의 유지·보수, 개선에 관한 내용이 독창적인 방식으로 담겨 있다. 배관을 비롯해 전기, 냉난방 설비, 가전제품, 창호 등 주택의 거의 모든 구성 요소와 목조 주택의 기초와 골조에 이르기까지 각각의 기능을 작동 원리와 함께 설명한다.

이 책의 가장 큰 특징은 독자의 이해를 돕기 위해 투시도 방식의 그림을 활용한다는 점이다. 특히 미국에서 널리 알려진 주택 개량 전문가들이 모든 그림에 쉽고 명료한 설명을 달았다. 그러므로 이 책은 스스로 집을 고치거나 수리업체에 문제점을 설명할 때, 새 집을 짓거나 증축 혹은 리모델링을 할 때, 또는 새로운 설비나 기기를 도입하는 경우 등 다양한 상황에서 매우 유용하게 활용할 수 있다.

각각의 그림을 통해 에어컨, 온수기, 주택의 기초, 수도꼭지 등 주택의 구성 요소라면 어느 것이든 만들어진 의도와 작동 방식을 한눈에 파악할 수 있다. 배관, 전기, 냉난방 시스템 등 주택의 모든 개별 요소들의 구성과 상호작용, 그리고 작동 순서까지 그림과 함께 설명하고 있다. 대상이 되는 요소가 복잡한 경우에도 물론 알기 쉬운 그림과 용어로 설명했다.

또한 이 책에는 "수리를 요청하기 전에"라는 항목이 마련되어 있다. 특정 부분에 문제가 생겼을 때 일단 직접 원인을 파악해서 외부 전문가를 부르기 전에 손쉽게 문제를 해결하는 데 유용한 팁을 제공한다. 문제점을 이해하고 있으면 외부 전문가에게 수리를 맡기는 경우에도 어느 부분을 점검해야 하는지, 올바른 수리가 이루어지고 있는지를 정확하게 파악할 수 있다.

이 책에는 주택의 원활한 유지·보수에 커다란 도움이 되는 실용적인 정보가 풍부하게 담겨 있다.

특히 명료하고 이해하기 쉬운 설명은 비단 주택의 소유자뿐 아니라 수리업체 종사자에게도 요긴할 것이다. 자신의 전문 분야가 아닌 다른 부분의 문제점을 파악하는 데도 도움이 될 것이기 때문이다.

무엇보다도 이 책은 자신의 집이 어떻게 이루어져 있으며, 문제가 발생했을 때 어떻게 대처해야 하는지 확실히 알고 싶은 경우에 매우 유용하게 사용할 수 있다. 한마디로 당신의 삶이 좀 더 편해질 것이다.

주의: 이 책은 주택의 구조와 설비를 이해하는 데 도움이 되는 정보를 제공하려는 의도로 쓰여졌으며, 전문적인 건축, 엔지니어링, 수리 및 감리, 서비스 제공 등의 목적에는 부합하지 않는다. 자세한 정보가 필요한 경우에는 해당 분야의 전문가로부터 도움을 받길 권한다.

저자의 한마디

A Note from the Author

주변의 지인과 이웃, 친척들이 자신의 집을 관리하는 모습을 수십 년간 지켜본 결과, 대부분의 사람들이 집에 문제가 생길까 봐 끊임없이 걱정하며 살고 있다는 사실을 알게 되었다. 과거의 단순한 통나무집처럼 벽난로와 화장실, 물을 퍼 올 물통 정도만 구비된 주택이 점차 복잡한 전기 배선, 배관, 다양한 실비가 부착된 형태로 변모한 지 오래이다. 오늘날 집에 문제가 생긴다면 과거와는 비교가 안 될 정도로 골치 아픈 상황에 맞닥뜨리게 된다.

이런 상황은 누구라도 피하고 싶게 마련이다. 요즘엔 학교에서 수학, 외국어, 컴퓨터 등을 배운다. 하지만 집에 설치된 보일러, 냉장고, 심지어 수도꼭지에 문제가 생겼을 때 어떻게 대처해야 할지를 아는 사람은 거의 없다. 우리의 교육이 뭔가 크게 잘못된 게 분명하다. 집에 무언가 문제가 생겼을 때 사람을 부르면 대도시에서는 인건비만 해도 적어도 150달러는 지불해야 한다. 수리비가 워낙 많이 들기 때문에 대부분의 소비자 잡지에서는 고장 난 부품이 5년 이상 되었다면 고치기보다는 차라리 새것으로 교체하기를 권장하는 지경이다.

왜 사람들은 집에 문제가 생기면 스스로 고치려 하지 않을까? 아마도 전문 장비와 기술을 가진 사람만 수리할 수 있을 거라고들 생각하기 때문일 것이다. 하지만 실제로는 그 반대다. 이 책에서는 집을 수리하는 방법에 대해서 알기 쉽게 설명해보려 한다.

몇 년 전, 대도시에서 아주 성공적으로 배관 관련 사업을 하는 친구를 만나러 간 적이 있었다. 그 친구가 사업에 성공한 비결은 수리를 당일에 완료해주는 방식을 택하고 그날 수리가 끝나지 않으면 수리비를 받지 않는 데 있었다. 이 단순한 원칙을 고수한 결과 친구의 회사는 75대의 트럭을 보유하고 이에 필요한 인력을 고용하는 규모로 성장했다. 그리고 이 원칙을 내세운 덕분에 수리 없이 점검차 출장만 하는 경우에도 150달러의 출장비를 당당하게 요구할 수 있었다.

그런데 필자가 친구의 사무실을 방문했을 때, 한쪽에 설치된 식기세척기에서 윙윙거리는 소음이 나기 시작했다. 식기세척기에 큰 문제가 생겼다고 생각한 친구는 곧바로 AS센터에 전화를 했다.

다음 날 방문한 수리 기사는 온갖 공구와 함께 뉴욕시 전화번호부만큼이나 두툼한 수리 지침서를 들고 있었다. 그리고 수리를 시작하기 전에 고장의 내용이나 수리 가능 여부에 관계없이 최소 150달러의 비용을 지불한다는 데 동의한다는 내용의 작업 지시서를 내밀며 사인을 요청했다.

친구는 "식기세척기에서 마치 모터 베어링이 망가졌을 때처럼 윙윙거리는 이상한 소리가 난다"고 말하며 사인을 해주었다.

수리 기사는 드라이버를 하나 꺼내 들고선 식기세척기 배수구 덮개의 나사를 풀기 시작했다. "범인을 찾았습니다"라며 그가 손전등을 비췄다. 그리고 덮개를 닫고는 식기세척기에 전원을 넣었다. 이상한 소리가 더는 나지 않았고 그가 "150달러입니다"라고 말했다.

수리 기사는 어떻게 해서 문제의 원인을 금방 파악했을까? 첫째, 그는 식기세척기가 급수와 물 순환, 배수로 동작한다는 기본 원리에 더해 세척기의 구조를 알고 있었다. 둘째, 절반 정도의 '수리'는 연결이 헐거워진 부분을 조이거나, 조절 다이얼을 다시 맞추거나 이물질을 제거함으로써 간단히 해결된다는 걸 경험적으로 알고 있었다.

아플 때 병원에 가서 증상을 말하면 많은 경우 처방이 비슷하다. 의사는 환자의 신체 구조, 각 장기와 인체 구성 요소들의 역할을 알고 있다. "잠을 푹 주무시고, 몸을 따뜻하게 하고 물을 많이 드세요"라고 하는 때가 많지, "심장 이식 수술을 하셔야겠습니다"라고 말하는 일이 얼마나 있겠는가?

핵심은 두 가지다. 첫 번째는 무언가를 고치려면 작동 원리를 알아야 한다는 것이고, 두 번째는 대부분의 수리는 아주 단순하다는 사실이다. 이 점이 필자가 책을 쓴 계기이기도 하다. 이 책에서는 문제가 생겼을 때 따라야 할 지침("수리를 요청하기 전에")을 의도적으로 단순하게 만들었다. 더 복잡한 수리 작업을 시작할 분이라면 다음의 과정을 거치시길 권해드린다.

1) 제조사의 홈페이지에서 사용설명서를 다운로드 받는다.
2) 유튜브에서 해당 설비의 수리 과정이 담긴 동영상을 찾아본다.
3) repairclinic.com*에서 교체가 필요한 부품을 찾아서 주문한다.

* 다양한 가정용 설비의 부품을 판매하는 사이트. 미국과 캐나다로만 배송한다.

차례

Contents

2 전기 배선

3 난방

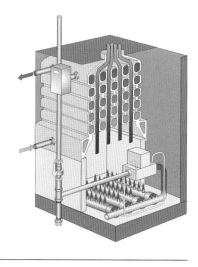

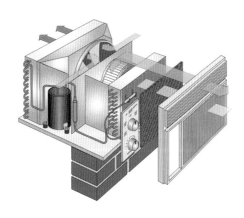

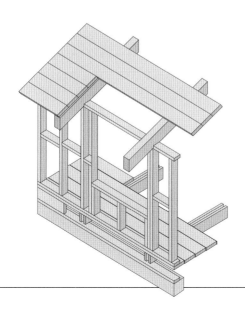

How
Your
House
Works

배관

Plumbing

주택을 소유한 사람들 대부분에게 바닥 아래를 이리저리 오가는 냉온수·하수도 배관은 엉킨 스파게티 면과 별반 다르지 않다. 이 장에서는 주택에 설치된 세 가지 종류의 배관을 알기 쉽게 설명한다.

배관별로 각각의 목적과 동작을 이해하고 나면 문제가 생겼을 때 직접 손을 볼지, 외부의 전문 업체를 불러야 할지를 어렵지 않게 판단할 수 있다. 만약 새로 집을 짓거나 대대적인 리모델링을 계획 중이라면 미리 배관 설치에 꼭 필요한 요건들을 파악하고 당신의 집에 적용하는 데 큰 도움이 될 것이다.

대형 건축 자재 판매점의 배관 코너에 가보면, 배관은 직접 손보는 것이 어렵지 않다는 것을 느끼게 된다. 다양한 상황에 맞추어 출시된 다양한 수리 키트가 있으며 대부분 상세한 그림 설명이 첨부되어 있기 때문이다.

가스를 다루는 경우가 아니라면 배관은 위험한 작업이 아니다. 가스 관련 배관 작업은 절대적으로 전문가의 손에 맡겨야 한다. 상하수도 배관 작업에서 어려운 점은 혹시라도 실수가 발생해 집 안에 물이 흐르면서 오염될 수 있다는 것이다. 물이 흐르면 곤란한 위치로 다량의 물이 쏟아질 가능성이 있는 경우라면 물의 무게와 그 정도 부피의 물이 만들어내는 힘도 미리 고려해야 한다. 상수도와 관련된 작업을 시작하기 전에 먼저 해당 위치로 물을 공급하는 수도관의 밸브를 잠그는 것을 잊지 말기 바란다. 만약 이 밸브를 찾기 어렵다면 집에 공급되는 상수도 전체를 차단하는 주 밸브*를 잠그면 된다.

* 우리나라의 경우 계량기함의 밸브.

1 상수도 배관 The Supply System

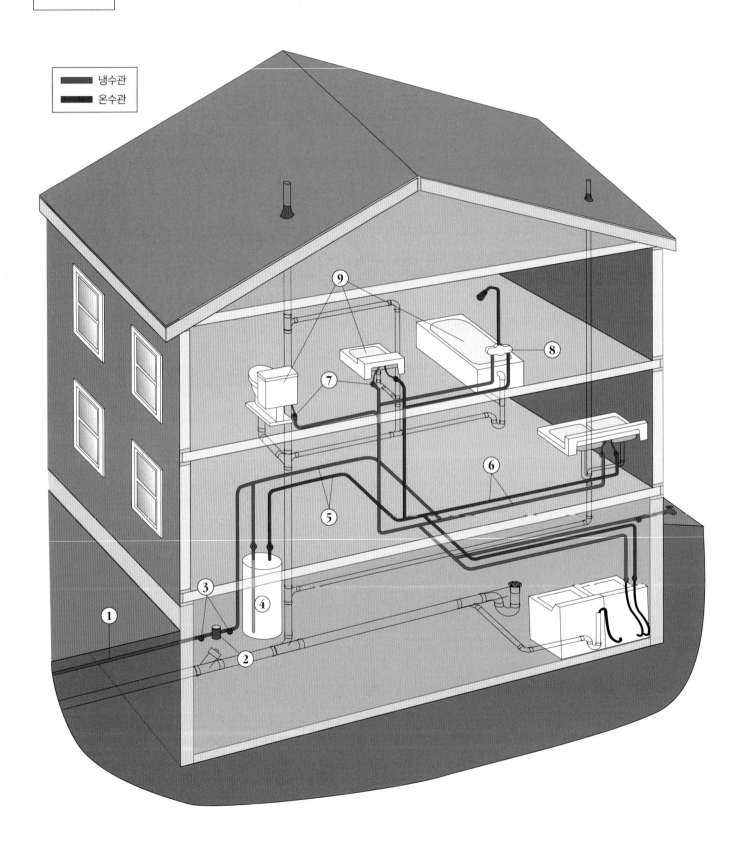

냉수관
온수관

상수도는 냉수와 온수가 수압에 의해 집 구석구석까지 흐르는 관이 얽힌 구조로 되어 있다.

1. 물은 지하에 매설된 직경 3/4인치 혹은 1인치 금속 상수도관*을 통해 집 안으로 들어온다. 1950년대 이전에 지어진 주택의 경우에는 대체로 아연 도금된 금속 수도관이, 1950년 이후의 주택에는 구리관이 사용되었다. 상수도에 연결하지 않고 지하수를 끌어 쓰는 주택인 경우에는 대체로 폴리에틸렌 관을 쓴다.**

2. 상하수도의 사용량은 수량계를 통과하는 물의 압력을 측정하여 기록하고 이를 근거로 요금이 계산된다. 집 안에 상하수도 수량계가 설치되어 있지 않다면 도로와 집 사이 어딘가에 매설되어 있을 것이다. 수량계의 숫자를 보면 물 사용량을 알 수 있다.

3. 수량계 근처(앞쪽일 수도, 뒤쪽일 수도 있다)에 밸브가 설치되어 있어서 집 안으로 물을 공급하거나 차단할 수 있으니 한번 확인해보기 바란다. 집 안의 수도꼭지를 모두 잠가도 수량계가 돌아가고 있다면 어디선가 물이 새고 있다는 뜻이다.

4. 대부분의 온수 보일러는 부피가 크고, 단열 처리가 되어 있는 원통형 구조이며 용량은 151~454리터 정도다. 상수도관은 거의 대부분 탱크 위쪽으로 연결되어 탱크의 바닥 부근에서 물이 나오는 방식으로 설치된다. 탱크 안의 물은 설정된 온도에 이를 때까지 전기, 가스 혹은 석유를 이용하는 가열 장치에 의해 데워진다. 탱크 위쪽에서 온수가 밖으로 공급되고 냉수가 탱크 아래쪽에서 채워지도록 만들어졌다. 온수를 순환시켜 실내를 난방하는 방식의 경우에는 온수 보일러 내부에 열 교환 코일이 장착되거나 온수만 보관하는 별도의 탱크가 설치되기도 한다.

5. 전체 설비에 공급되는 냉수와 온수가 지나는 관을 '간선 수도관'이라고 하며 보통 직경 3/4인치 관을 쓴다. 물 사용량이 많은 수도꼭지에도 같은 관을 쓰곤 한다.

6. 한두 개의 수도꼭지에만 연결되는 관은 '지선 수도관'이라고 한다. 지선에 흐르는 수량은 상대적으로 적으므로 보통 직경 1/2인치 관이 쓰이고, 화장실에는 직경 3/8인치 관을 사용한다. 지선 수도관이 샤워기와 다른 수도꼭지에 동시에 연결되는 경우는 예외적으로 굵은 관을 쓴다.***

7. 냉온수가 연결되는 모든 배관설비에는 반드시 공급되는 냉온수를 개별적으로 조절할 수 있는 밸브를 설치하도록 한다. 그래야 한 부분을 고칠 때 집 전체에 공급되는 상수도를 차단하지 않아도 된다.

8. 온도 조절식 수도꼭지나 수압을 조절하는 방식의 밸브가 장착되어 있으므로 주변의 다른 수도꼭지에서 갑자기 냉수나 온수를 쓰더라도 수온이 급격히 변하지 않는다.

9. 배관 분야에서 '배관설비'라는 용어는 물을 사용하는 모든 설비를 가리킨다. 여기에 연결되는 상수도관의 직경은 각각의 물 사용량에 따라 적절히 선택한다. 1분에 1세제곱피트(약 28리터)의 물이 흐르는 수량이 1FU로 정의된다. 미국의 배관 규정에 따르면 각 설비의 사용 수량은 욕실 개수대 1FU, 주방 싱크대 2FU, 변기 4FU이다.

---

* 우리나라로 치면 20A 혹은 25A 관. 관의 규격 지름을 표시하는 방식에 따라 A계열(밀리미터)과 B계열(인치)로 구분하는데, 국내에서는 A계열 관을 많이 사용한다.

** 국내에서는 PB관을 주로 사용한다.

*** 비교적 수압이 높은 우리나라에서는 15A 규격을 사용한다.

하수도 배관 The Waste System

하수관

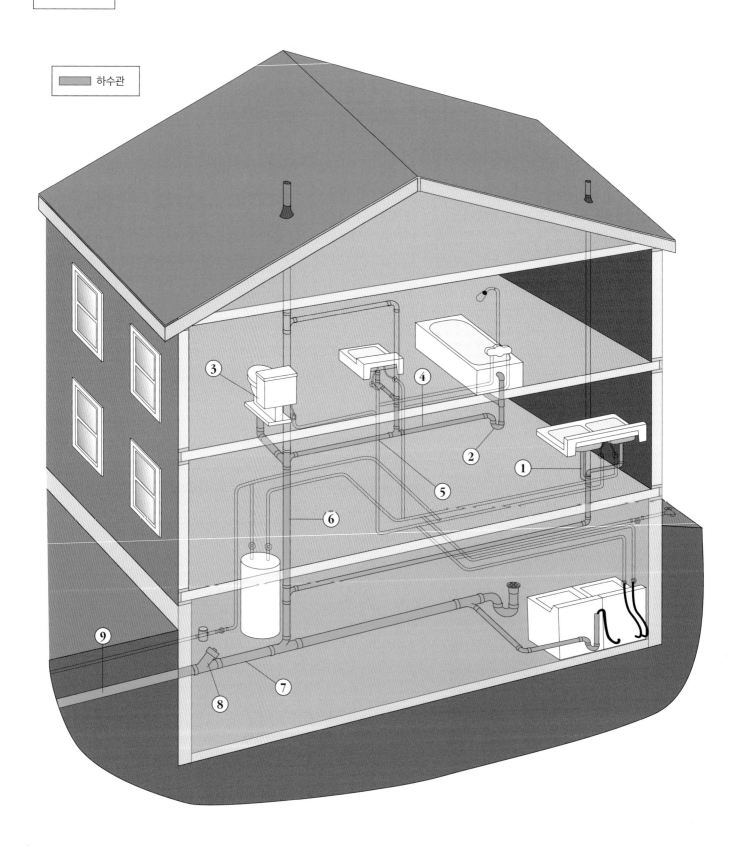

하수관은 버려지는 물을 공공, 혹은 개별 가정에 설치된 하수 처리 장치로 보내는 배관을 가리킨다.

1. 하수관은 물을 사용하는 배관설비에서 배출되는 하수를 받아낸다. 하수관의 최소 직경은 배출 수량에 따라 결정되며 관련 법규에 지정되어 있다.

2. 각 배관설비에 연결된 하수관에는 '트랩'이 부착되어야 한다. 트랩은 S자나 U자 형태로 이루어진 관으로, 배수되는 물의 일부가 관이 꺾인 부분에 고이도록 만들어져 있다. 고인 물에 의해 관이 막힌 형태이므로 하수관에서 올라오는 악취가 집 안으로 들어오지 못한다.

3. 겉에서는 보이지 않지만 변기 내부에는 트랩이 달려 있다.

4. 각 배관설비에서 뻗어나온 하수관이 통기관(외부 공기를 하수관에 공급)과 연결되는 곳까지의 수평 하수관을 '트랩 암trap arm'이라고 한다. 하수관 배관 규정에서는 수평 하수관의 길이를 제한하고 있는데, 이는 트랩에서 물이 빠져나갈 때 압력 차이로 인하여 하수가 빠져나가지 못하는 현상을 방지하기 위한 것이다. 관의 최대 허용 길이는 사용되는 관의 직경에 따라 결정된다.

5. 하천의 본류에 연결되는 하천을 지류라고 부르는 것과 마찬가지로, 주택의 주 하수관에 연결되는 작은 하수관을 '지선 하수관'이라고 부른다.

6. '수직 오수관'은 수직으로 설치된 하수관 중에서 가장 굵은 관이다. 하수관의 가장 낮은 지점에서 지붕까지 수직으로 연결되고, 수평으로 설치된 지선 하수관들을 연결한다. 화장실의 배설물이 이 관을 통과하며, 적어도 직경이 3인치가 되어야 충분한 용량이 확보된다.* 수평으로 매우 넓게 지어진 주택의 경우에는 두 개 이상의 수직 오수관이 필요할 수도 있다.

7. 하수관 중 가장 큰 것은 맨 아래쪽에 수평으로 설치되는 '주 하수관'이다. 주 하수관과 그 외 수평으로 설치된 다른 하수관은 하수의 배출 속도가 너무 느리거나 빠르지 않아야 하므로, 관의 길이 1피트당 1/8인치, 혹은 1/4인치의 비율로 경사지게 설치하도록 한다.** 지하실이나 아주 작은 공간인 경우에는 주 하수관이 외부로 노출된 경우가 많다. 건물의 기초가 줄기초***가 아닌 매트 기초나 지반지지 슬래브slab-on-grade 방식일 경우에는 주 하수관이 기초보다 아래쪽에 위치할 수도 있다.

8. 하수관이 막혔을 때 Y자 모양의 '청소용 관'을 이용한다. 주 하수관이 건물을 벗어나는 위치에 적어도 4인치 직경의 청소용 관이 설치되어야 한다. 외부에서 나무뿌리가 하수관으로 뻗어 들어오는 경우에는 전용 장비를 이용해서 이 구멍을 통해 나무 뿌리를 제거한다. 수평 하수관 100피트마다, 관이 꺾이는 각도의 누적 합계가 135도가 될 때마다 청소용 관이 설치되어야 한다.

9. 건물 밖에 위치한 하수관은 '가옥 하수관house sewer'이라고 불리며, 직경은 4인치로 규정되어 있다.

---

* 우리나라에서는 100A 규격의 파이프를 사용한다.

** 우리나라의 경우에 100A 관은 1/100, 75A 관은 1/75 등으로 경사를 주어야 한다.

*** 건축물 상부의 하중을 지반으로 전달하기 위하여 콘크리트나 철근 콘크리트를 줄지어 길게 이은 구조.

1

배관

통기 장치 The Vent System

통기관

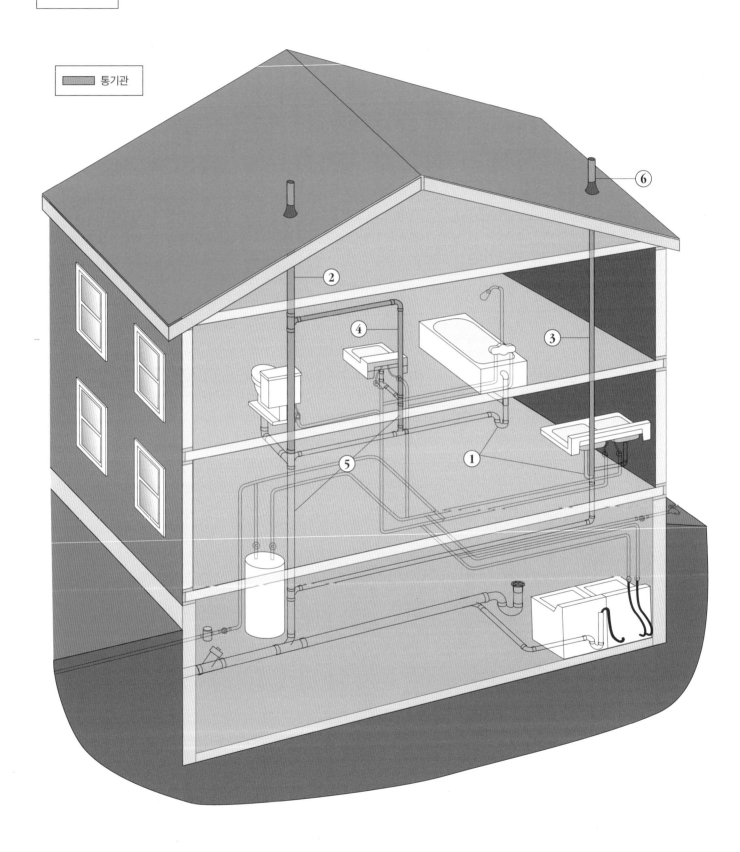

앞서 트랩과 통기관 설명에도 나와 있듯이, 배관설비의 하수관 내부의 압력은 대기압과 같도록 맞춰져 있다. 하수관 내의 물이 필요 이상의 압력을 받아 트랩의 물을 끌고 내려가지 않도록 만들어야(사이펀 원리) 집 안으로 하수관 안의 냄새가 들어오지 않는다. 통기관은 하수관 내부에서 기압 차이가 발생하지 않도록 해준다.

1. 하수 배출에 사용되는 모든 설비에는 트랩이 부착되어 있다. 하수 배출 시 트랩 속의 봉수가 빠지지 않도록 트랩의 끝부분에 외부 공기가 들어오는 통기관이 설치된다(설치 가능한 최대 허용 거리는 하수관의 직경에 따른다).

2. 굴뚝처럼 보이는 대구경 수직 통기관은 주 하수관에 바로 연결되어 있다. 여기에 하수관이 연결된 부위 중 가장 높은 부분부터 아래쪽이 수직 하수관, 그 위쪽이 수직 통기관이다. 수직 하수관이 하나 이상의 변기에 연결되어 있는 경우(대부분 그렇다)에는 수직 오수관이라고도 한다. 통기관의 용도는 하수관이나 정화조에 외부 공기를 직접 공급하는 것이므로 건물 외부로 노출되어 있어야

한다. 하수에서 발생하는 냄새가 통기관을 통해 배출되므로 보통 지붕을 통과해서 설치된다.

3. 트랩에서 통기관에 이르는 하수관의 최대 허용 길이는 사용되는 관의 직경에 따라 규정되어 있다. 하수관의 수평 부분의 길이가 매우 긴 경우에는 트랩에서 멀지 않은 곳에 작은 직경의 수직 통기관을 추가로 설치한다.*

4. 수평 하수관이 너무 긴 경우에 적용할 수 있는 다른 방법은 수평 하수관의 법정 최대 길이마다 ㄱ자 모양의 통기관을 추가로 연결하는 것이다. 이 관에는 물이 차면 안 되므로, 관의 연결 부위는 하수가 흐르는 수평 하수관에서 최소 6인치 이상 높아야 한다. 수평 하수관에는 필요한 만큼의 ㄱ자 모양 통기관을 설치해도 된다.

아일랜드 싱크대처럼 중간에 ㄱ자 모양의 통기관을 설치하기 어려운 경우에는 내부에 들어 있는 공기를 이용해서 하수관 내부의 압력을 낮추는 순환형 통기 장치를 사용한다. 이 장치는 수직 통기관에 연결되지 않으며, 대신 관 내부에 들어 있는 공기의 압

력을 이용한다.

배관설비가 통상적인 통기관 설치가 곤란한 장소에 홀로 위치한 경우에 적용할 수 있는 추가적인 방법은 소형 일방향 통기 장치를 이용하는 것이다. 이 장치는 주택 내부의 공기를 하수관 안으로는 빨아들이지만 관 내부의 가스가 집 안으로는 배출되지 못하도록 만들어져 있다.

5. 수직 통기관의 직경이 충분히 크다면 하수관으로 겸용하는 것도 가능하다. 공기와 하수가 동시에 통과할 수 있는 부분은 '하수 겸용 통기관'이라고 부른다.**

6. 통기관 내부 공기의 습도는 100%다. 연중 상당 기간 동안 일평균 기온이 영하에 머무르는 미국 북동부에서는 외부로 누출된 통기관 내부에 얼음이 맺힐 수 있다. 결빙으로 인해 통기관이 막히는 것을 막기 위해 외부로 노출된 통기관은 더 큰 직경을 쓰도록 규정한 경우도 있다.*** 또한 지역에 따라서는 지붕에 쌓인 눈이 통기관을 덮지 않도록 통기관의 높이를 지붕보다 최소 6인치 이상 높게 규정한 곳도 있다.

---

* 소규모 건축물에서는 별도로 고려하지 않아도 된다.
** 최근에는 거의 사용되지 않는다.
*** 통상 100A PVC관을 사용한다.

1 정화조 Private Septic System

작동 원리

배수지가 정화조보다 낮은 경우

① 주택에서 배출된 오물이 정화조에 유입된다.

② 비누, 지방 등의 가벼운 물질이 위쪽에서 거품층을 형성한다.

⑤ 정화된 오수가 정화조의 용량을 넘으면 배출 탱크를 통해서 마당의 배수 파이프로 배출된다.

⑦ 배수지 위에 풀을 심어 배출된 물 일부를 대기 중으로 증발시킨다.*

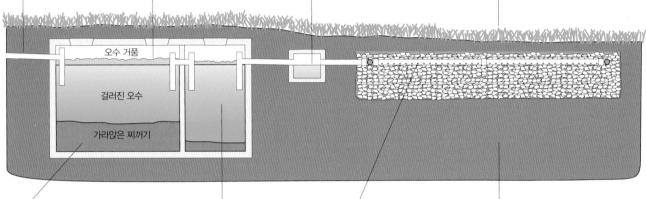

③ 무거운 물질이 바닥에 쌓여 박테리아에 의해 분해된다. 분해되지 않는 물질은 찌꺼기(슬러지)로 남는다.

④ 별도의 칸에서 오수를 한 번 더 정화한다.

⑥ 구멍이 뚫린 파이프를 통해서 자갈이 깔린 배수지에 정화된 오수가 균일하게 배출된다.

⑧ 남은 배출수는 흙에 걸러져서 땅으로 스며들어 지하수가 된다.

배수지가 정화조보다 높은 경우

① 정화조에서 정화된 오수가 펌프실로 유입된다.

④ 펌프실의 오수가 경계 수위를 넘으면 집 안에 설치된 제어판에서 경고음이 울린다.

③ 오수 배출 펌프가 정화된 오수를 펌프실보다 높은 위치에 있는 배출 탱크와 파이프로 밀어 올린나.

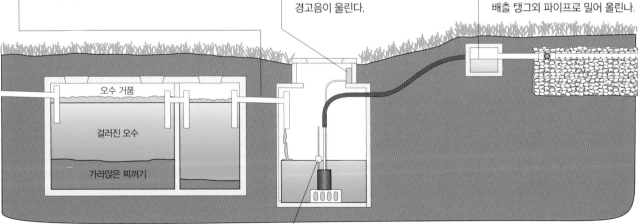

② 유입된 오수의 양이 일정 수준에 이르면, 부력에 의해 움직이는 스위치가 오수 배출 펌프를 가동한다.

정화조를 원활하게 유지하려면

정화조 내부에 오물이 너무 많이 쌓이면 고체 형태의 오물이 정화되지 않은 상태 그대로 정화조를 통과해 마당의 배수 파이프까지 도달할 수 있다. 그렇게 되면 배출 파이프와 자갈 사이가 막혀 오수 배출이 원활하게 이루어지지 못한다.

다음과 같은 현상이 보인다면 정화조에 무엇인가 문제가 발생한 것이다.

• 집 안에서의 오수 배출 속도가 느려졌다.
• 마당의 배출지 주위가 항상 젖어 있다.
• 오수가 땅에서 배어나온다.

대부분의 경우 문제가 발생한 부위를 통째로 교체해야 하며 비용도 많이 든다. 이런 상황을 미리 방지하고 오수 정화 시스템을 원활하게 작동하고 싶다면 다음 사항을 염두에 두기 바란다.

권장 사항

• 세탁기는 짧은 시간에 집중해서 사용하지 말고 일주일에 걸쳐 균일한 빈도로 사용한다.

• 정화조와 배출 탱크의 위치를 정확하게 파악해서 기록해 둔다.

• 4인 가구의 경우 2년마다, 2인 가구의 경우 4년마다 정화조를 점검한다.

• 핌프의 가동 내역을 기록힌다.

• 물 절약을 습관화한다.

• 뿌리가 넓게 퍼지는 나무는 배출지로부터 먼 곳에 심는다.

• 배출지 위에 잔디를 심는다.

• 음식물 쓰레기는 퇴비로 활용하거나 분리해서 버린다.

• 배관 동결 방지 대책이 필요한 경우에는 반드시 캠핑카용 부동액**을 사용한다.

피해야 할 사항

• 지하실의 배수 펌프를 정화조에 직접 연결하는 것.

• 정수 장치에서 역류된 물을 하수구로 배출하는 것.

• 정화조에 첨가제를 넣는 것(첨가제의 선전 문구에 현혹되지 말 것).

• 음식물 쓰레기 분쇄기를 사용하는 것.

• 배수지 위로 차를 몰거나 그 위에 주차하는 행위.

• 배수지 위에 잔디 이외의 식물을 심는 것.

• 페인트, 바니시varnish, 지방, 그리스grease, 폐유, 화학물질을 하수구에 버리는 행위.

• 종이 타월, 생리대, 탐폰, 일회용 기저귀, 치실, 콘돔, 톱밥이나 모래, 담배꽁초, 살충제 등을 하수구에 버리는 행위.

---

*   자연 방류는 우리나라에서 거의 사라진 방식이며, 제주도 일부 지역에서는 이와 유사한 방식이 남아 있다.
** RV antifreeze. 배관이 가늘고 노출되어 있어서 기온이 낮아지면 파손될 우려가 큰 캠핑카에 주로 사용되는 동결 방지 용액.

1 팝업 마개식 세면대 Lavatory Pop-up Drain

작동 원리

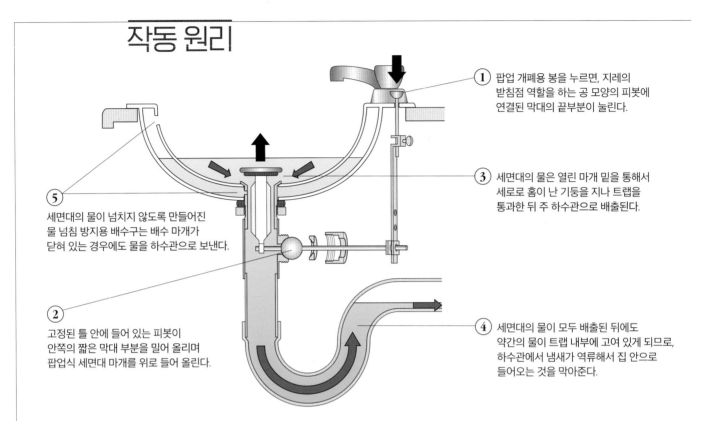

① 팝업 개폐용 봉을 누르면, 지레의 받침점 역할을 하는 공 모양의 피봇에 연결된 막대의 끝부분이 눌린다.

③ 세면대의 물은 열린 마개 밑을 통해서 세로로 홈이 난 기둥을 지나 트랩을 통과한 뒤 주 하수관으로 배출된다.

⑤ 세면대의 물이 넘치지 않도록 만들어진 물 넘침 방지용 배수구는 배수 마개가 닫혀 있는 경우에도 물을 하수관으로 보낸다.

② 고정된 틀 안에 들어 있는 피봇이 안쪽의 짧은 막대 부분을 밀어 올리며 팝업식 세면대 마개를 위로 들어 올린다.

④ 세면대의 물이 모두 배출된 뒤에도 약간의 물이 트랩 내부에 고여 있게 되므로, 하수관에서 냄새가 역류해서 집 안으로 들어오는 것을 막아준다.

수리를 요청하기 전에

팝업 정지 장치의 높이를 조절할 필요가 있는 경우에는, 팝업 개폐 손잡이 고정용 나사를 풀어서 손잡이의 높이를 바꾸어 보거나, 피봇에 연결된 봉을 높이 조절봉의 다른 구멍에 꽂아본다.

팝업식 세면대 마개가 제대로 열리거나 닫히지 않는 경우에는 고정용 너트를 단단히 조여서 피봇이 흔들거리지 않도록 한다.

팝업 정지 장치를 교체·제거하는 경우, 또는 배수구 막힘 제거기를 배수구에 삽입하는 경우에는 먼저 피봇 봉을 분리한 뒤 팝업을 떼어낸다.

세면대용 팝업 마개 구성물 전체는 전문 상가에서 손쉽게 구할 수 있다.

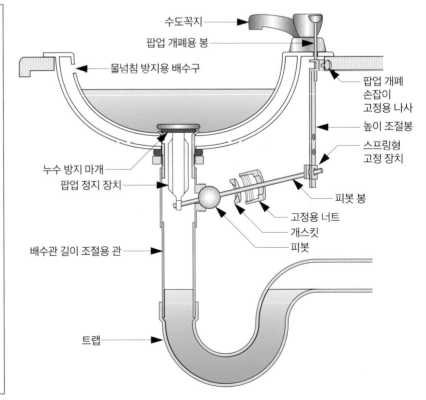

수도꼭지
팝업 개폐용 봉
물넘침 방지용 배수구
팝업 개폐 손잡이 고정용 나사
높이 조절봉
스프링형 고정 장치
누수 방지 마개
팝업 정지 장치
피봇 봉
고정용 너트
개스킷
피봇
배수관 길이 조절용 관
트랩

싱크대 배수관 Sink Drain

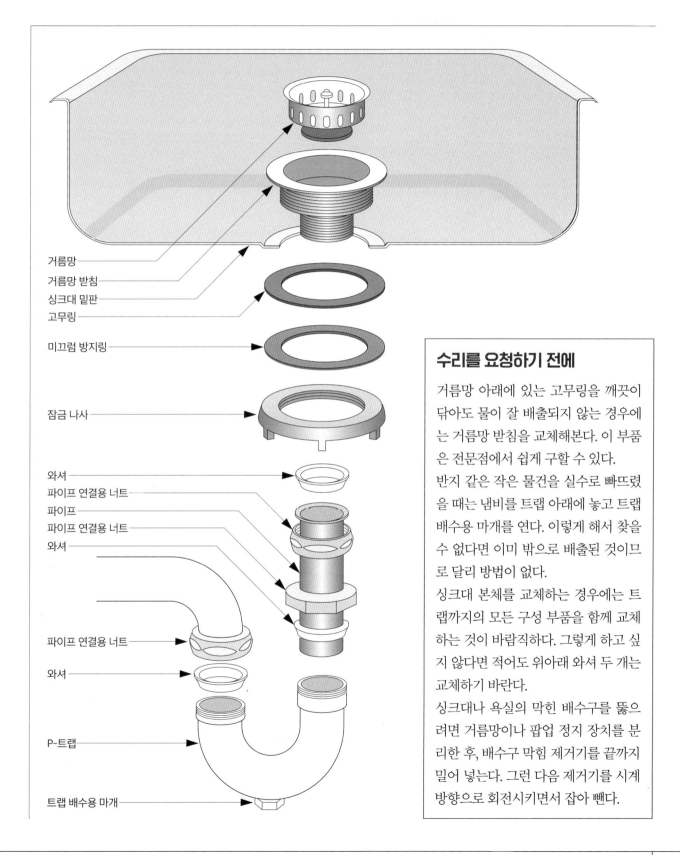

거름망

거름망 받침

싱크대 밑판

고무링

미끄럼 방지링

잠금 나사

와셔

파이프 연결용 너트

파이프

파이프 연결용 너트

와셔

파이프 연결용 너트

와셔

P-트랩

트랩 배수용 마개

수리를 요청하기 전에

거름망 아래에 있는 고무링을 깨끗이 닦아도 물이 잘 배출되지 않는 경우에는 거름망 받침을 교체해본다. 이 부품은 전문점에서 쉽게 구할 수 있다.

반지 같은 작은 물건을 실수로 빠뜨렸을 때는 냄비를 트랩 아래에 놓고 트랩 배수용 마개를 연다. 이렇게 해서 찾을 수 없다면 이미 밖으로 배출된 것이므로 달리 방법이 없다.

싱크대 본체를 교체하는 경우에는 트랩까지의 모든 구성 부품을 함께 교체하는 것이 바람직하다. 그렇게 하고 싶지 않다면 적어도 위아래 와셔 두 개는 교체하기 바란다.

싱크대나 욕실의 막힌 배수구를 뚫으려면 거름망이나 팝업 정지 장치를 분리한 후, 배수구 막힘 제거기를 끝까지 밀어 넣는다. 그런 다음 제거기를 시계 방향으로 회전시키면서 잡아 뺀다.

1

피스톤 마개식 욕조 Plunger-Type Tub Drain

작동 원리

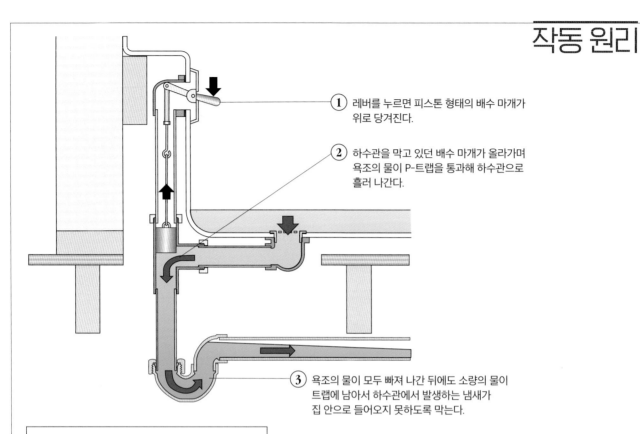

① 레버를 누르면 피스톤 형태의 배수 마개가 위로 당겨진다.

② 하수관을 막고 있던 배수 마개가 올라가며 욕조의 물이 P-트랩을 통과해 하수관으로 흘러 나간다.

③ 욕조의 물이 모두 빠져 나간 뒤에도 소량의 물이 트랩에 남아서 하수관에서 발생하는 냄새가 집 안으로 들어오지 못하도록 막는다.

수리를 요청하기 전에

배수 레버를 올려서 배수구를 막았는데도 욕조의 물이 새고 있다면, 레버를 너무 세게 올렸거나 덜 올려서 배수구가 완전히 막히지 않았기 때문일 가능성이 높디. 이럴 때는 우선 레버 수변의 물 넘침 방지용 배수구 마개를 제거하고 길이 조절봉의 연결 부위를 조절해본다. 그래도 계속 물이 샌다면 길이 조절봉의 길이를 반대 방향으로 조절한다.

배수 레버를 내렸는데도 욕조의 물이 너무 느리게 빠지면 배수구 어딘가가 막혀 있기 때문이다. 이 경우에는 물 넘침 방지용 배수구 마개와 배수 조절 구성품을 모두 제거하고, 배수구 막힘 제거기를 사용해서 배수구를 뚫는다.

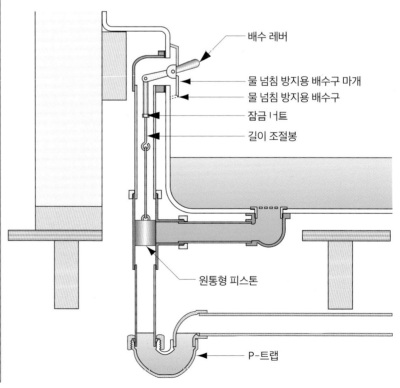

배수 레버

물 넘침 방지용 배수구 마개

물 넘침 방지용 배수구

잠금 너트

길이 조절봉

원통형 피스톤

P-트랩

팝업 마개식 욕조 Pop-up Tub Drain

작동 원리

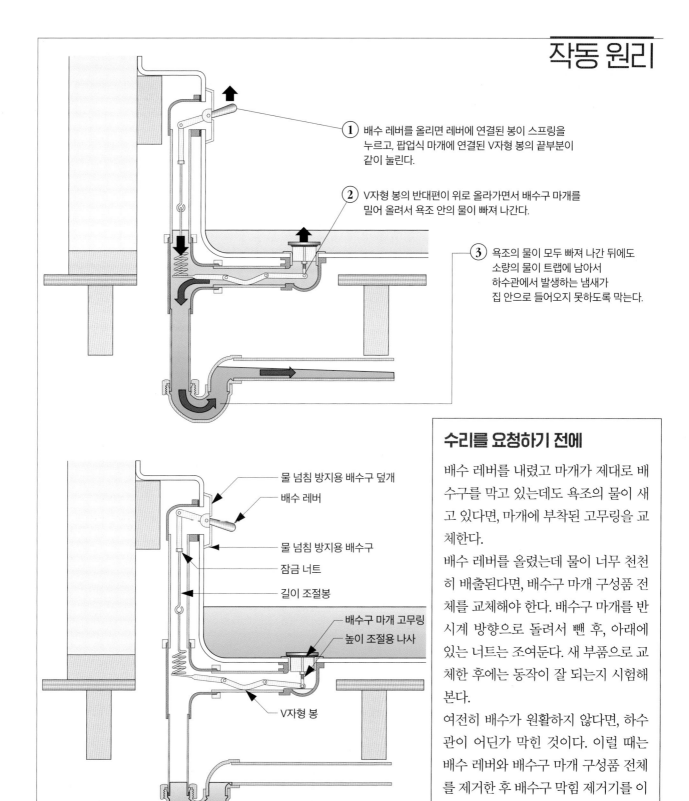

① 배수 레버를 올리면 레버에 연결된 봉이 스프링을 누르고, 팝업식 마개에 연결된 V자형 봉의 끝부분이 같이 눌린다.

② V자형 봉의 반대편이 위로 올라가면서 배수구 마개를 밀어 올려서 욕조 안의 물이 빠져 나간다.

③ 욕조의 물이 모두 빠져 나간 뒤에도 소량의 물이 트랩에 남아서 하수관에서 발생하는 냄새가 집 안으로 들어오지 못하도록 막는다.

물 넘침 방지용 배수구 덮개
배수 레버
물 넘침 방지용 배수구
잠금 너트
길이 조절봉
배수구 마개 고무링
높이 조절용 나사
V자형 봉
P-트랩

수리를 요청하기 전에

배수 레버를 내렸고 마개가 제대로 배수구를 막고 있는데도 욕조의 물이 새고 있다면, 마개에 부착된 고무링을 교체한다.

배수 레버를 올렸는데 물이 너무 천천히 배출된다면, 배수구 마개 구성품 전체를 교체해야 한다. 배수구 마개를 반시계 방향으로 돌려서 뺀 후, 아래에 있는 너트는 조여둔다. 새 부품으로 교체한 후에는 동작이 잘 되는지 시험해 본다.

여전히 배수가 원활하지 않다면, 하수관이 어딘가 막힌 것이다. 이럴 때는 배수 레버와 배수구 마개 구성품 전체를 제거한 후 배수구 막힘 제거기를 이용하여 하수관을 뚫는다.

1 구형 중력식 양변기 Older Gravity Flow Toilet

작동 원리

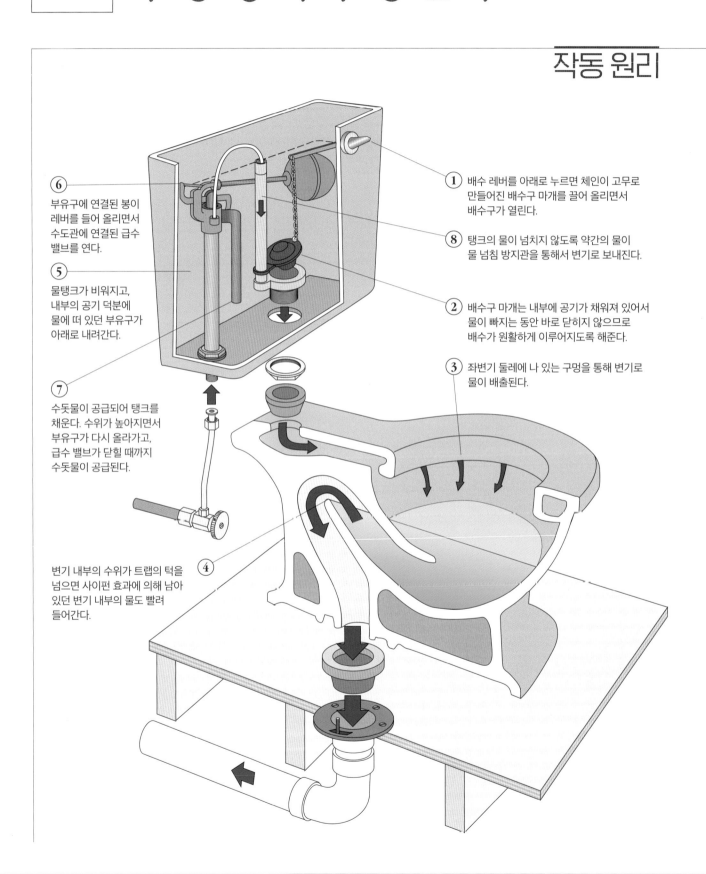

6 부유구에 연결된 봉이 레버를 들어 올리면서 수도관에 연결된 급수 밸브를 연다.

5 물탱크가 비워지고, 내부의 공기 덕분에 물에 떠 있던 부유구가 아래로 내려간다.

7 수돗물이 공급되어 탱크를 채운다. 수위가 높아지면서 부유구가 다시 올라가고, 급수 밸브가 닫힐 때까지 수돗물이 공급된다.

변기 내부의 수위가 트랩의 턱을 넘으면 사이펀 효과에 의해 남아 있던 변기 내부의 물도 빨려 들어간다.

1 배수 레버를 아래로 누르면 체인이 고무로 만들어진 배수구 마개를 끌어 올리면서 배수구가 열린다.

8 탱크의 물이 넘치지 않도록 약간의 물이 물 넘침 방지관을 통해서 변기로 보내진다.

2 배수구 마개는 내부에 공기가 채워져 있어서 물이 빠지는 동안 바로 닫히지 않으므로 배수가 원활하게 이루어지도록 해준다.

3 좌변기 둘레에 나 있는 구멍을 통해 변기로 물이 배출된다.

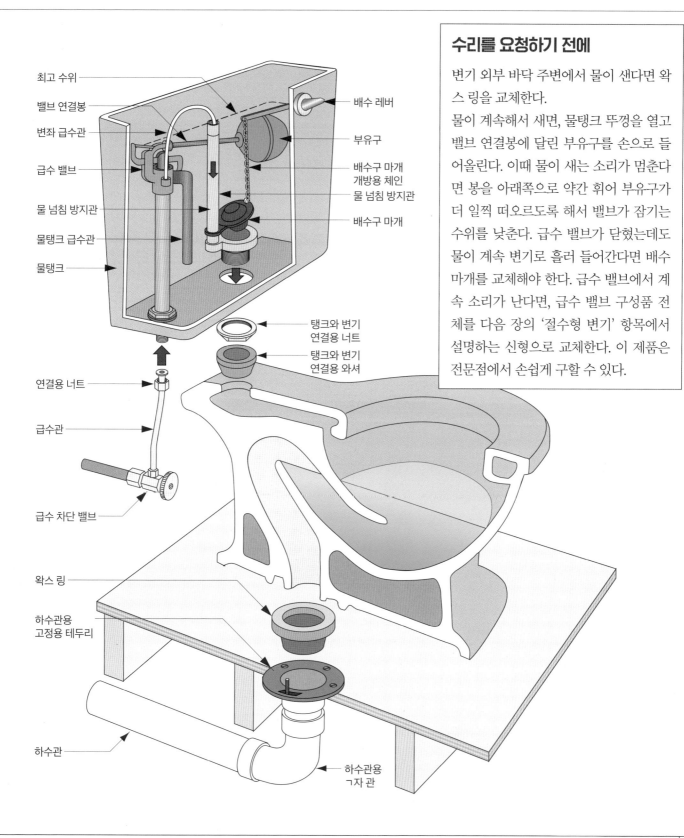

최고 수위

밸브 연결봉

변좌 급수관

급수 밸브

물 넘침 방지관

물탱크 급수관

물탱크

연결용 너트

급수관

급수 차단 밸브

왁스 링

하수관용
고정용 테두리

하수관

배수 레버

부유구

배수구 마개
개방용 체인
물 넘침 방지관

배수구 마개

탱크와 변기
연결용 너트

탱크와 변기
연결용 와셔

하수관용
ㄱ자 관

수리를 요청하기 전에

변기 외부 바닥 주변에서 물이 샌다면 왁스 링을 교체한다.

물이 계속해서 새면, 물탱크 뚜껑을 열고 밸브 연결봉에 달린 부유구를 손으로 들어올린다. 이때 물이 새는 소리가 멈춘다면 봉을 아래쪽으로 약간 휘어 부유구가 더 일찍 떠오르도록 해서 밸브가 잠기는 수위를 낮춘다. 급수 밸브가 닫혔는데도 물이 계속 변기로 흘러 들어간다면 배수 마개를 교체해야 한다. 급수 밸브에서 계속 소리가 난다면, 급수 밸브 구성품 전체를 다음 장의 '절수형 변기' 항목에서 설명하는 신형으로 교체한다. 이 제품은 전문점에서 손쉽게 구할 수 있다.

1 절수형 변기 Water-Saving Toilet

작동 원리

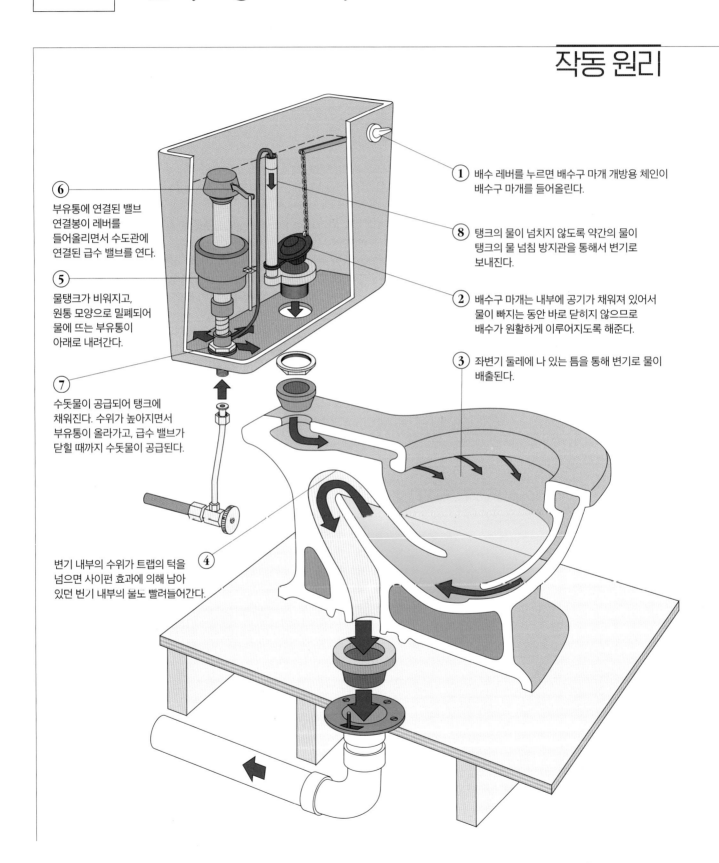

6 부유통에 연결된 밸브 연결봉이 레버를 들어올리면서 수도관에 연결된 급수 밸브를 연다.

5 물탱크가 비워지고, 원통 모양으로 밀폐되어 물에 뜨는 부유통이 아래로 내려간다.

7 수돗물이 공급되어 탱크에 채워진다. 수위가 높아지면서 부유통이 올라가고, 급수 밸브가 닫힐 때까지 수돗물이 공급된다.

1 배수 레버를 누르면 배수구 마개 개방용 체인이 배수구 마개를 들어올린다.

8 탱크의 물이 넘치지 않도록 약간의 물이 탱크의 물 넘침 방지관을 통해서 변기로 보내진다.

2 배수구 마개는 내부에 공기가 채워져 있어서 물이 빠지는 동안 바로 닫히지 않으므로 배수가 원활하게 이루어지도록 해준다.

3 좌변기 둘레에 나 있는 틈을 통해 변기로 물이 배출된다.

변기 내부의 수위가 트랩의 턱을 넘으면 사이펀 효과에 의해 남아 있던 변기 내부의 물도 빨려들어간다. **4**

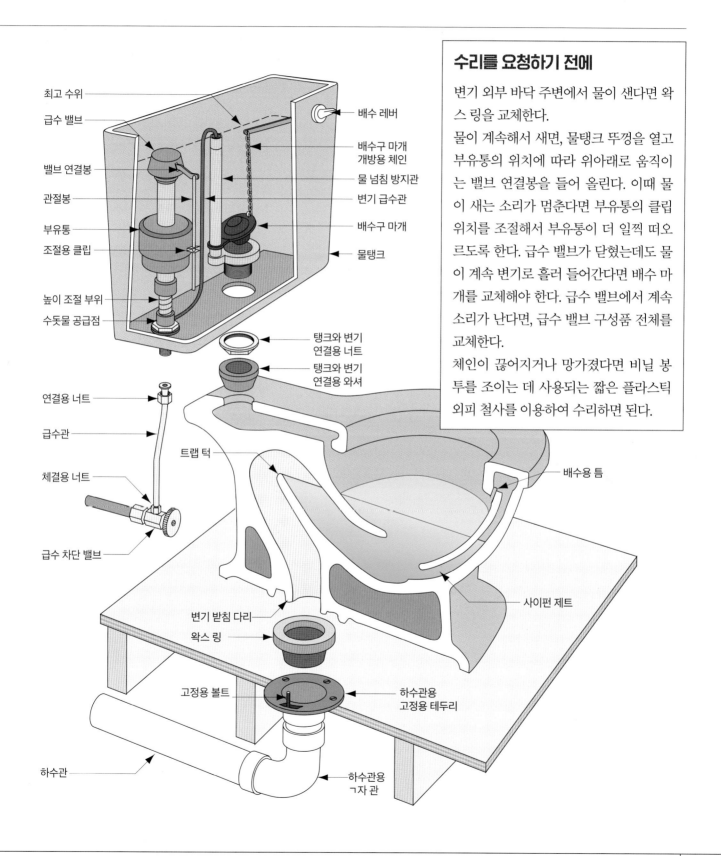

최고 수위

급수 밸브

밸브 연결봉

관절봉

부유통

조절용 클립

높이 조절 부위

수돗물 공급점

연결용 너트

급수관

체결용 너트

급수 차단 밸브

하수관

배수 레버

배수구 마개
개방용 체인

물 넘침 방지관

변기 급수관

배수구 마개

물탱크

탱크와 변기
연결용 너트

탱크와 변기
연결용 와셔

트랩 턱

배수용 틈

사이펀 제트

변기 받침 다리

왁스 링

고정용 볼트

하수관용
고정용 테두리

하수관용
ㄱ자 관

수리를 요청하기 전에

변기 외부 바닥 주변에서 물이 샌다면 왁스 링을 교체한다.

물이 계속해서 새면, 물탱크 뚜껑을 열고 부유통의 위치에 따라 위아래로 움직이는 밸브 연결봉을 들어 올린다. 이때 물이 새는 소리가 멈춘다면 부유통의 클립 위치를 조절해서 부유통이 더 일찍 떠오르도록 한다. 급수 밸브가 닫혔는데도 물이 계속 변기로 흘러 들어간다면 배수 마개를 교체해야 한다. 급수 밸브에서 계속 소리가 난다면, 급수 밸브 구성품 전체를 교체한다.

체인이 끊어지거나 망가졌다면 비닐 봉투를 조이는 데 사용되는 짧은 플라스틱 외피 철사를 이용하여 수리하면 된다.

1

트랩과 통기관의 연결 Traps & Vents

작동 원리

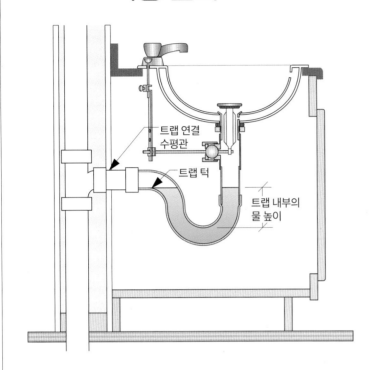

트랩 연결
수평관

트랩 턱

트랩 내부의
물 높이

P-트랩

지은 지 오래된 주택에 적용되는 트랩의 형태
는 다양하다('사용이 금지된 형태의 트랩' 설명 참
조). 트랩의 종류는 여러 가지인데 P-트랩이
사이펀 효과에 대해 가장 효과적이라는 것이
경험적으로 입증되어 있고 오늘날 대부분의
건축 규정에서는 P-트랩을 권장하고 있다.

P-트랩이 효과적인 이유로는 다음의 두 가지
를 들 수 있다.

1) 트랩에 담긴 물의 높이.

2) 수평 방향으로 향한 배수 구조. 긴 수평관
   내부에 물이 가득 차서 흐를 때 일어나는
   마찰 현상만 없다면 사이펀 현상이 일어나
   지 않는다.

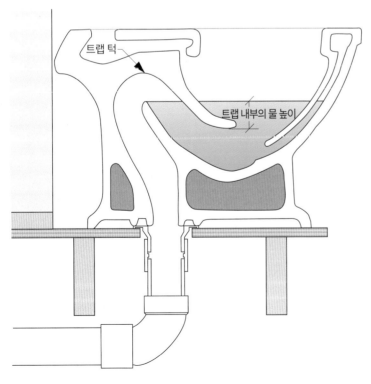

트랩 턱

트랩 내부의 물 높이

변기 내부의 트랩

외부에서는 보이지 않지만, 변기의 내부 형상
은 사실 S-트랩이다.[*]

S-트랩은 사이펀 현상이 일어나기 쉬워서 악
취를 효과석으로 막지 못하므로 일반적으로
사용이 금지되어 있다. 변기의 경우, 물탱크
를 채우는 과정에서 소량의 물을 변기로 흘려
보내는 방법으로 이 문제를 해결한다(앞쪽의
'구형 중력식 양변기' 항목 참조).

[*] 우리나라에서 S-트랩이 주로 사용되는 이유는 상대적으
로 벽 속에 관을 매립하기 어려운 콘크리트 구조가 주를
이루고 있기 때문이다.

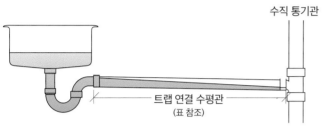

수직 통기관

트랩 연결 수평관
(표 참조)

수직 통기관

순환형 통기관

통기관

트랩 연결 수평관
(표 참조)

트랩 크기 (inches)	관의 직경 (in/ft)	통기관까지의 거리 (feet)
1¼	¼	5
1½	¼	6
2	¼	8
3	⅛	12
4	⅛	16

트랩 연결 수평관의 최대 허용 길이

강물의 흐름과 마찬가지로 관 내부에서도 물의 흐름은 마찰력에 의해서 제한된다. 트랩의 끝부분과 수직 하수관을 연결하는 트랩 연결 수평관에 들어 있는 물이 원활하게 흐르지 못하고 관의 상부까지 차오르면 사이펀 현상이 일어날 수 있다. 이 경우 관 내부에서는 다량의 물로 인해 공기가 부족하게 되어 하수관 쪽으로 흡입이 일어나고 그 결과 트랩 내부의 물이 빨려 나가게 된다.

이를 방지하기 위해, 트랩에 연결되는 수평관의 최대 길이는 관의 직경에 따라 규정되어 있다(왼쪽의 표 참조).

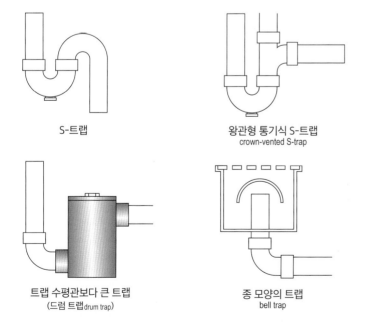

S-트랩

왕관형 통기식 S-트랩
crown-vented S-trap

트랩 수평관보다 큰 트랩
(드럼 트랩drum trap)

종 모양의 트랩
bell trap

사용이 금지된 형태의 트랩

1950년대 이전에 지어진 주택이라면 하수관에 연결된 배수설비 아래쪽의 지하실 내부를 살펴볼 필요가 있다. 건축 이후 한 번도 배관을 교체하지 않았다면 왼쪽 그림에 나타난 것과 같은 형태의 지금은 사용 금지된 트랩을 보기 쉽다. 이런 방식의 트랩들이 금지된 이유는 간혹 트랩 내부에 저장된 물이 빠지는 현상 때문이다.

그러나 과거의 배관 규정에 따르면, 건물을 신축하거나 대대적으로 배관 시설을 교체하는 경우에만 이런 트랩들을 P-트랩으로 교체하도록 되어 있다.

1

볼 방식 수도꼭지 Ball-Type Faucet

작동 원리

손잡이

고정 나사

조절 링

덮개

토수구spout, 吐水口

캠cam

탭tab

캠 패킹

공ball

냉온수관 연결부
고무 패킹

스프링

정렬 돌기

홈

O-링

몸체

O-링

밑판

수도꼭지 내부에 반구형 모양으로 움푹 들어간 형상을 가진 부분이 있으며 여기에는 부속품을 정렬하기 위한 정렬용 돌기pin가 있고 냉수 유입구, 온수 유입구, 냉수와 온수가 함께 외부로 나가는 토수구 세 개의 구멍이 나 있다. 여기에 연결되는 속이 비어 있는 공(플라스틱, 황동, 또는 스테인리스 스틸로 만들어진다)에는 홈이 나 있다. 수도꼭지 손잡이의 움직임에 따라 이 공이 상하로 이동하거나 좌우 회전을 한다.

손잡이를 위아래로 움직이면 토수구가 열리거나 닫히면서 물의 양이 조절된다.

손잡이를 좌우로 움직이면 냉수와 온수가 들어오는 구멍의 크기가 조절된다. 냉온수의 혼합 비율이 바뀌므로 결과적으로 배출되는 물의 온도를 조절할 수 있다.

수리를 요청하기 전에

손잡이 아래쪽에서 물이 새고 있다면, 손잡이를 분리한 후 덮개 안쪽에 있는 조절 링을 조여준다.

토수구 아래쪽에서 물이 샌다면 손잡이, 덮개, 토수구를 분리한다. 그리고 큰 O-링 두 개를 교체한 후 바셀린을 바르고 다시 조립한다.

토수구에서 물이 계속 조금씩 새어 나온다면, 냉온수관 연결부의 고무 패킹이 망가져 있을 가능성이 높다. 이럴 때는 손잡이와 덮개를 분리한 후, 공을 들어낸다. 그리고 냉온수관 연결부의 고무 패킹 두 개와 스프링 두 개를 모두 교체한다. 그래도 물이 계속 샌다면, 공을 교체한다. 가급적 스테인리스 스틸 제품을 선택하도록 한다.

카트리지식 수도꼭지 Cartridge-Type Faucet

덮개

손잡이 나사

손잡이

플라스틱 너트

토수구

카트리지

클립

O-링

클립 홈

O-링

몸체

O-링

밑판

작동 원리

이 방식의 수도꼭지는 교체 가능한 부품이 카트리지 한 개뿐으로, 압축형 수도꼭지 다음으로 구조가 간단하다.

여기에 쓰이는 카트리지의 종류는 수십 가지에 이르지만 작동 원리는 모두 같다. 카트리지의 상하 운동과 좌우 회전을 이용해서 카트리지에 나 있는 구멍과 수도꼭지 몸체에 있는 구멍의 상대적인 위치를 조절해서 냉온수의 공급량을 조절한 뒤 토수구로 내보내는 방식이다.

교체용 카트리지를 구입하러 전문점을 방문할 때는 기존 것을 가지고 가서 새로 구입하려는 제품과 같은지 확인하기를 권한다.

수리를 요청하기 전에

토수구에서 물이 조금씩 샌다면 카트리지에 문제가 있는 것이다. 이럴 때는 덮개를 열고 손잡이, 플라스틱 너트, 클립을 분리한 후 카트리지를 빼낸다. 카트리지를 분리할 때 상당히 큰 힘으로 카트리지를 돌려야 할 수도 있다.

우선 카트리지의 O-링을 모두 교체해본다. 새 O-링을 끼우기 전에 기존 것과 같은 규격인지를 먼저 확인하고 나서 바셀린을 발라준다. 그래도 물이 계속 샌다면 카트리지를 통째로 교체한다.

물이 토수구 아래쪽에서 새는 경우에는 손잡이, 덮개, 토수구를 분리하고 몸체에 있는 큰 O-링 두 개를 교체하고 바셀린을 바른 뒤 다시 조립한다.

1 원판식 수도꼭지 Disk-Type Faucet

작동 원리

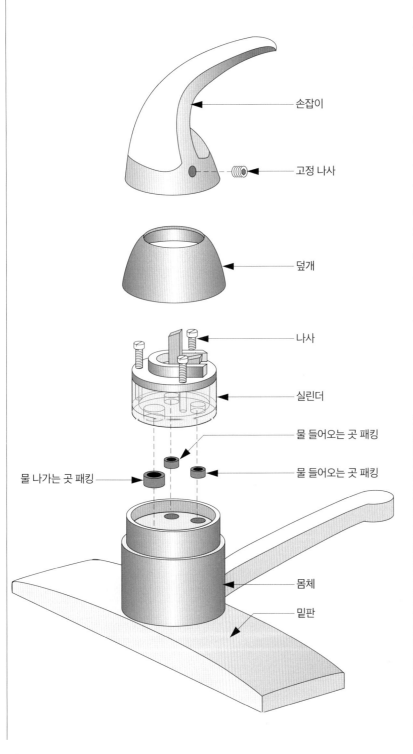

손잡이

고정 나사

덮개

나사

실린더

물 들어오는 곳 패킹

물 나가는 곳 패킹

물 들어오는 곳 패킹

몸체

밑판

원판식 수도꼭지의 핵심 부품은 두 장의 세라믹 원판이 들어 있는 실린더다. 열 경화와 광택 처리된 각각의 원판에는 물이 들어오는 구멍 두 개, 나가는 구멍 한 개가 뚫려 있다.

아래쪽 원판은 고정되어 있고, 위쪽의 원판은 손잡이의 좌우 움직임에 따라 회전하면서 냉수와 온수의 비율을 조절한다. 손잡이를 위아래로 움직이면 물이 나가는 구멍의 크기가 바뀌면서 수량이 조절된다.

카트리지 내부에 있는 두 장의 원판 사이에서 문제가 발생하는 경우는 거의 없다. 물이 샌다면, 대개 카트리지 아래쪽의 고무 패킹이나 몸체의 O-링의 손상 때문일 가능성이 높다.

수리를 요청하기 전에

물이 계속 샌다면, 고정 나사를 풀어서 손잡이를 분리하고 덮개를 제거한다. 그다음 실린더의 나사를 풀고 실린더를 들어낸다. 분리한 실린더를 전문점에 가져가서 확인해보고, 세 개의 고무 패킹을 교체한다. 수도꼭지를 다시 조립하고, 수도를 공급하기 전에 수도꼭지의 손잡이를 들어올려 둔다.

토수구 아래쪽에서 물이 새는 경우에는 손잡이, 덮개, 실린더, 토수구를 모두 분리하고 몸체의 큰 O-링을 교체하고 바셀린을 바른 후 다시 조립한다.

압축식 수도꼭지 Compression-Type Faucet

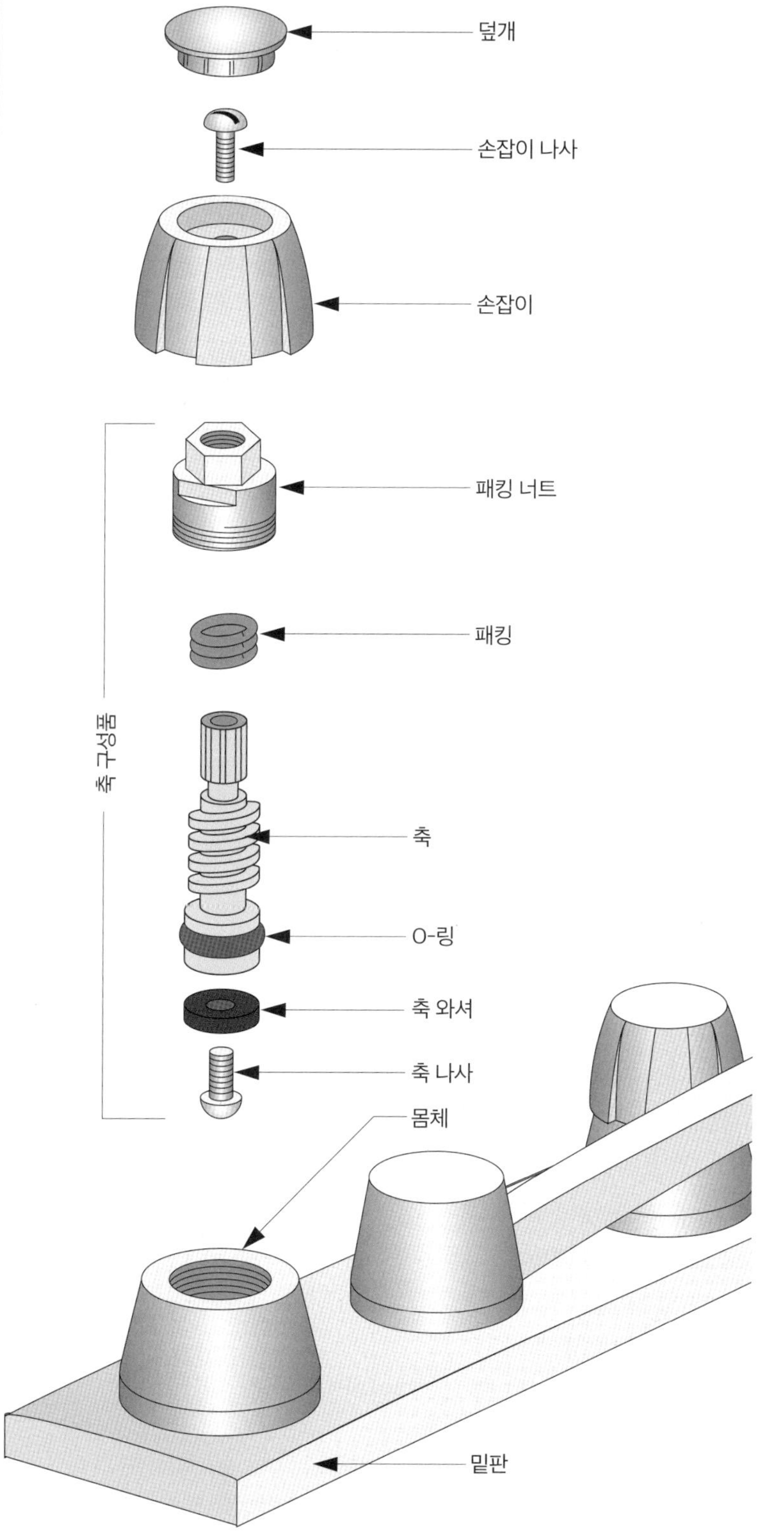

덮개

손잡이 나사

손잡이

축 구성품

패킹 너트

패킹

축

O-링

축 와셔

축 나사

몸체

밑판

작동 원리

압축식 수도꼭지에는 냉수와 온수용 회전식 손잡이가 별도로 달려 있다. 각각의 손잡이 구조물 내부의 축 구성부 가장 아래쪽에는 고무 와셔가 있다. 손잡이를 시계 방향으로 돌리면 기둥이 아래로 내려가면서 와셔와 바닥에 있는 밸브와의 간격이 줄어든다. 손잡이를 시계 방향으로 완전히 돌리면 와셔와 밸브가 밀착하면서 물의 흐름이 차단된다.

양쪽 손잡이 아래쪽의 와셔를 통과한 냉수와 온수는 섞여서 토수구로 배출된다.

수리를 요청하기 전에

토수구에서 물이 계속 흘러나오거나 손잡이를 심할 정도로 세게 돌려야 물이 완전히 잠긴다면 고무 와셔가 손상된 것이다. 이럴 때는 덮개와 손잡이를 제거하고 패킹 너트를 푼 후, 축 구성품을 꺼내어 와셔를 교체하고 다시 조립한다.

물이 손잡이 아래쪽에서 새는 경우에는 손잡이와 패킹 너트를 분해한 후, 패킹 너트 안쪽에 흑연 패킹이나 테플론 테이프를 몇 번 감아준다. 물이 새는 것이 멈출 때까지 패킹 너트를 조이고 손잡이를 교체해준다.

1

온도 설정식 냉온수 조절 밸브

Tempering Valve

작동 원리

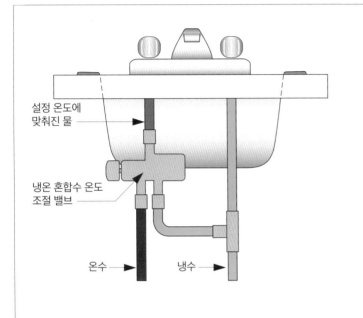

설정 온도에
맞춰진 물

냉온 혼합수 온도
조절 밸브

온수 →   냉수 →

온도 설정식 냉온수 조절 밸브는 수도꼭지에서 나오는 물의 온도를 일정하게 유지하는 역할을 한다. 일반적으로 샤워용 수도 밸브 내부, 주방 싱크대 아래, 무탱크 방식 온수 보일러의 가열 코일 뒤쪽에 설치된다.

수리를 요청하기 전에

물의 온도가 다이얼에 표시된 것과 다른 경우에는 온수의 온도가 설정값보다 낮기 때문일 가능성이 높다. 이럴 때는 온수 온도를 조금 더 높게 설정해본다.

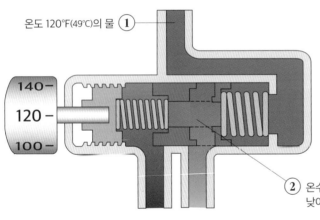

온도 120℉(49℃)의 물 ①

② 온수가 천으로 된 와셔를 통과하면서 수압이 낮아지고, 혼합된 냉온수의 온도가 떨어진다.

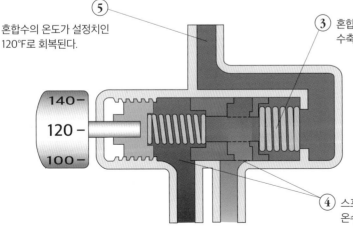

⑤ 혼합수의 온도가 설정치인 120℉로 회복된다.

③ 혼합수의 온도가 낮아지면 온도 감응형 스프링이 수축한다.

④ 스프링이 수축하면 밸브가 오른쪽으로 이동하면서 온수의 공급량은 늘어나고 냉수의 공급량은 줄어든다.

욕조/샤워기 조절기 Tub/Shower Control

작동 원리

압축식

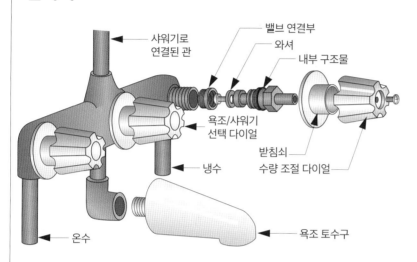

- 샤워기로 연결된 관
- 밸브 연결부
- 와셔
- 내부 구조물
- 욕조/샤워기 선택 다이얼
- 받침쇠
- 수량 조절 다이얼
- 냉수
- 온수
- 욕조 토수구

욕조/샤워기 조절기는 물이 욕조와 샤워기 중 어느 쪽으로 나오게 할지를 선택하는 기능이 추가된 것 외에는 세면대나 싱크대 수도꼭지와 동일한 원리이다. 압축식 조절기는 온수와 냉수를 조절하는 기구가 별도로 달려 있으므로 이 둘을 조절하여 수온을 원하는 온도로 맞춘다. 원판식 조절기는 원판이 회전과 평행 이동을 하며 냉수와 온수의 공급량을 조절해서 수온과 수량을 조절한다. 욕조/샤워기 선택 버튼을 이용해서 물을 샤워기와 욕조의 토수구 중 한쪽으로 흘려 보낸다.

원판식

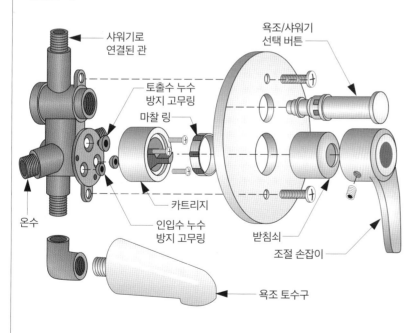

- 샤워기로 연결된 관
- 욕조/샤워기 선택 버튼
- 토출수 누수 방지 고무링
- 마찰 링
- 카트리지
- 인입수 누수 방지 고무링
- 받침쇠
- 조절 손잡이
- 온수
- 욕조 토수구

수리를 요청하기 전에

욕조/샤워기 조절기에 두 개 혹은 세 개의 조절 손잡이나 다이얼이 달려 있으면 압축식 조절기이므로, 문제가 생겼을 경우에는 '압축식 수도꼭지' 항목을 참고하면 된다. 손잡이가 한 개만 달려 있다면 원판식일 가능성이 높다. 이 경우에는 '원판식 수도꼭지' 항목을 참조한다.

1

호스 연결용 수도꼭지 Hose Bibbs

작동 원리

동파 방지용 실외용 수도꼭지

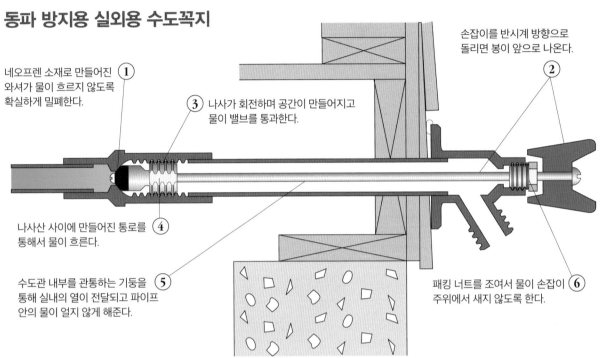

네오프렌 소재로 만들어진 ① 와셔가 물이 흐르지 않도록 확실하게 밀폐한다.

손잡이를 반시계 방향으로 돌리면 봉이 앞으로 나온다. ②

③ 나사가 회전하며 공간이 만들어지고 물이 밸브를 통과한다.

나사산 사이에 만들어진 통로를 ④ 통해서 물이 흐른다.

수도관 내부를 관통하는 기둥을 ⑤ 통해 실내의 열이 전달되고 파이프 안의 물이 얼지 않게 해준다.

패킹 너트를 조여서 물이 손잡이 ⑥ 주위에서 새지 않도록 한다.

일반적인 수도꼭지

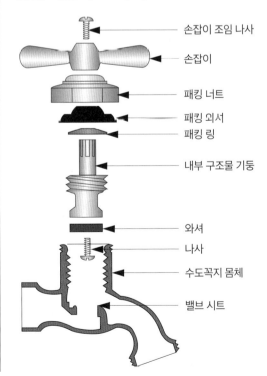

- 손잡이 조임 나사
- 손잡이
- 패킹 너트
- 패킹 외서
- 패킹 링
- 내부 구조물 기둥
- 와셔
- 나사
- 수도꼭지 몸체
- 밸브 시트

수리를 요청하기 전에

수도꼭지의 손잡이를 단단히 잠갔는데도 물이 샌다면 와셔를 교체한다. 수도꼭지를 잠갔을 때 물이 손잡이 아래쪽에서 샌다면 손잡이 바로 아래의 너트를 단단히 조인다. 너트를 아무리 조여도 물이 계속 샌다면 손잡이와 너트, 패킹을 모두 새것으로 교체한다.

수동식 펌프 Pitcher (Hand) Pump

작동 원리

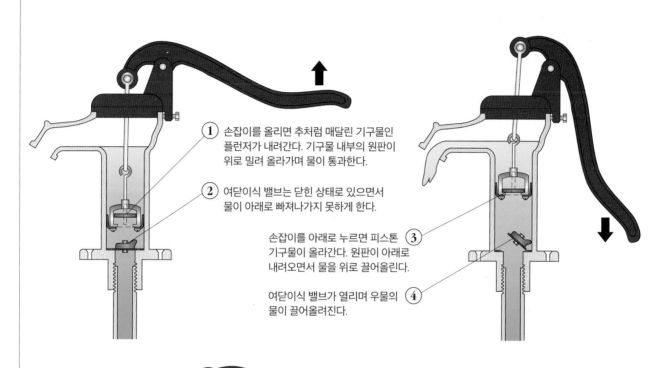

① 손잡이를 올리면 추처럼 매달린 기구물인 플런저가 내려간다. 기구물 내부의 원판이 위로 밀려 올라가며 물이 통과한다.

② 여닫이식 밸브는 닫힌 상태로 있으면서 물이 아래로 빠져나가지 못하게 한다.

③ 손잡이를 아래로 누르면 피스톤 기구물이 올라간다. 원판이 아래로 내려오면서 물을 위로 끌어올린다.

④ 여닫이식 밸브가 열리며 우물의 물이 끌어올려진다.

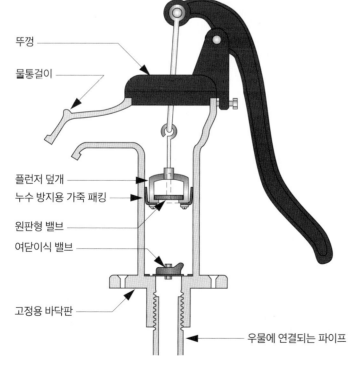

- 뚜껑
- 물통걸이
- 플런저 덮개
- 누수 방지용 가죽 패킹
- 원판형 밸브
- 여닫이식 밸브
- 고정용 바닥판
- 우물에 연결되는 파이프

수리를 요청하기 전에

플런저의 원판형 밸브와 여닫이식 밸브는 가죽 소재로 만들어져 있다. 오랫동안 사용하지 않으면 건조해지고 굳어서 펌프질을 해도 물이 나오지 않는다. 이 경우 위에서 물을 부어주면 가죽 패킹이 부드러워지고 밀폐 상태가 한결 좋아진다. 이렇게 해도 물이 나오지 않거나 펌프 사용 후 한 시간이 되지 않았는데도 물을 부어주어야 하는 경우에는 두 밸브를 모두 교체한다. 가죽 부위에 광물성 오일을 발라놓으면 사용하지 않는 동안에도 건조 속도를 늦출 수 있다.

1 제트 펌프 Jet Pump

작동 원리

벤투리 효과

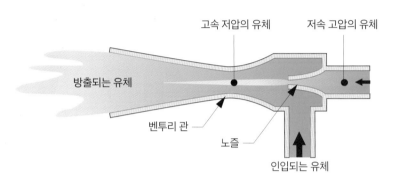

고속 저압의 유체 저속 고압의 유체

방출되는 유체

벤투리 관

노즐

인입되는 유체

우물에서 물을 퍼내는 제트 펌프는 베르누이의 정리를 응용한 벤투리venturi 효과*를 이용한 것이다. 베르누이의 정리에 의하면 유체의 에너지는 일정하다. 유속이 높으면 운동에너지가 증가하므로 압력(위치에너지)은 낮아져야 한다.

물을 제트 펌프 내부의 노즐로 통과시키면 유속이 증가한다. 노즐의 출구 쪽은 수압이 낮고 유속은 빠르므로 인입구를 통해서 들어오는 노즐 주변의 물을 끌어들인다. 벤투리 관에서 나온 물은 펌프 내부의 프로펠러인 임펠러를 회전시키면서 수압과 유속을 더욱 증가시킨다. 임펠러 내부의 물 일부는 방출되지만 나머지는 다시 노즐로 들어가면서 이 과정이 지속된다.

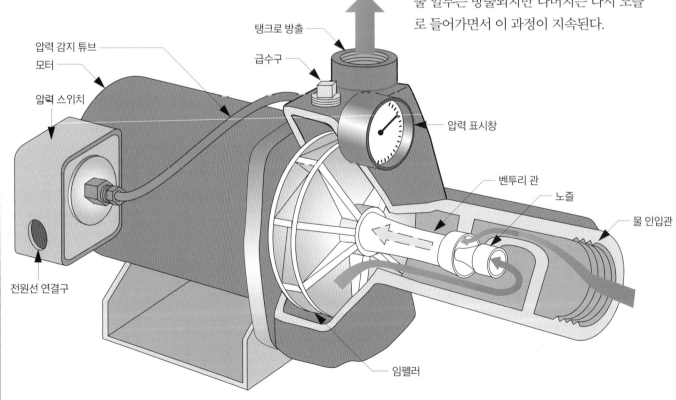

압력 감지 튜브
모터
압력 스위치

탱크로 방출
급수구

압력 표시창

벤투리 관
노즐

물 인입관

전원선 연결구

임펠러

* 관 안을 흐르던 유체가 직경이 좁은 부분을 지날 때 속력이 빨라지면서 압력이 낮아지는 현상.

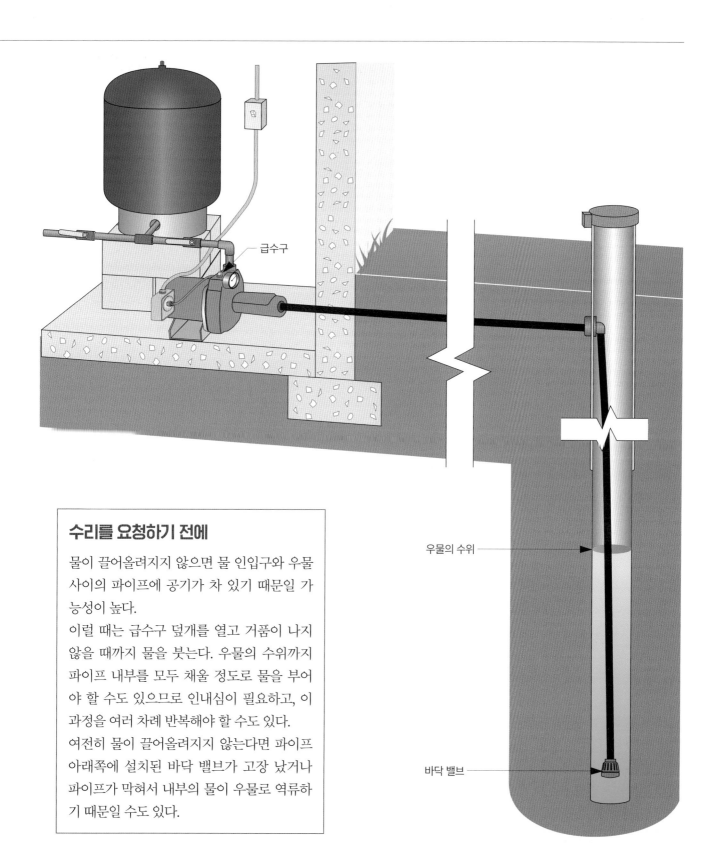

급수구

우물의 수위

바닥 밸브

수리를 요청하기 전에

물이 끌어올려지지 않으면 물 인입구와 우물 사이의 파이프에 공기가 차 있기 때문일 가능성이 높다.

이럴 때는 급수구 덮개를 열고 거품이 나지 않을 때까지 물을 붓는다. 우물의 수위까지 파이프 내부를 모두 채울 정도로 물을 부어야 할 수도 있으므로 인내심이 필요하고, 이 과정을 여러 차례 반복해야 할 수도 있다.

여전히 물이 끌어올려지지 않는다면 파이프 아래쪽에 설치된 바닥 밸브가 고장 났거나 파이프가 막혀서 내부의 물이 우물로 역류하기 때문일 수도 있다.

1 수중 모터 펌프 Submersible Pump

작동 원리

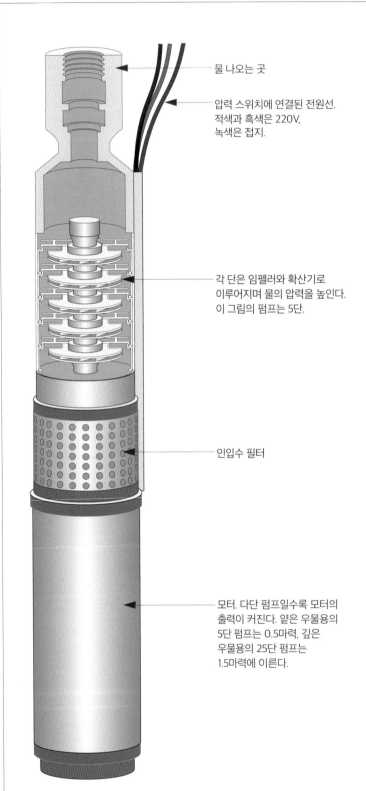

물 나오는 곳

압력 스위치에 연결된 전원선.
적색과 흑색은 220V,
녹색은 접지.

각 단은 임펠러와 확산기로
이루어지며 물의 압력을 높인다.
이 그림의 펌프는 5단.

인입수 필터

모터. 다단 펌프일수록 모터의
출력이 커진다. 얕은 우물용의
5단 펌프는 0.5마력, 깊은
우물용의 25단 펌프는
1.5마력에 이른다.

수중 모터 펌프는 깊은 우물에 사용하기 적합하다. 직경 4인치의 가정용 제품은 직경 6인치의 우물에 사용할 수 있다. 물을 위에서 끌어 올리는 방식이 아니라 아래에서부터 밀어 올리는 구조이므로 깊이가 1000피트(약 305미터)에 이르는 우물에도 적용 가능하다. 또한 펌프가 완전히 물에 잠겨서 동작하므로 물을 부어주어야 할 필요도 없고 과열 걱정도 없다.

물은 펌프를 고장 낼 우려가 있는 이물질을 거르는 필터를 통과해 펌프 내부의 첫 단으로 들어간다. 각 단마다 원심력을 이용하는 프로펠러인 임펠러와 확산기가 있다. 임펠러는 위쪽으로 약 15psi*의 압력을 만들어내고 확산기는 물이 아래로 다시 내려가지 않도록 해준다. 각 단은 모두 하나의 모터에 연결된 축으로 구동되며 각각 위쪽으로 15psi의 압력을 만들어낸다. 5단 펌프라면 75psi, 20단 펌프의 경우 300psi의 입력이 만들어신다.

우물이 얕은 경우에는 우물 입구 근처에 연결 어댑터를 설치하고 직경 1인치 폴리에틸렌 파이프에 펌프를 메디는 빙식도 가능하나. 깊은 우물에 설치할 때는 파이프가 옆으로 밀리지 않도록 줄에 매달아야 한다.

파이프 연결 어댑터는 두 부분으로 이루어져 있으므로 교체나 수리 시 우물 내부에 설치된 부분을 손쉽게 분리할 수 있다.

저장 탱크에 달린 압력 스위치는 펌프에 전력을 공급해서 탱크 내부의 압력이 20~50psi 사이를 유지하도록 해준다.

* 1평방인치당 파운드. lb/in²로도 표현한다. 1파운드(lb)는 452.6g

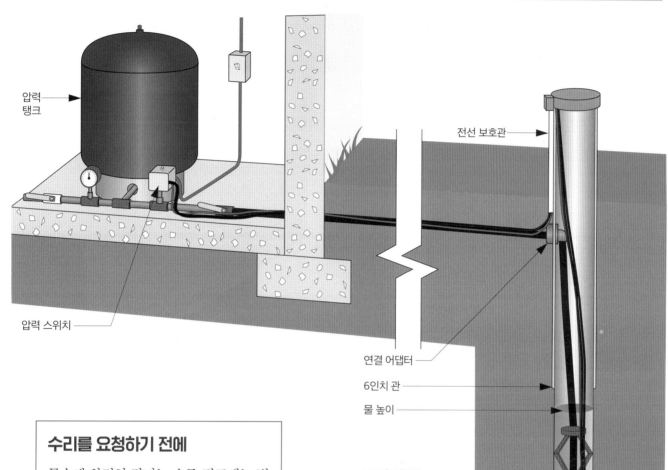

압력
탱크

전선 보호관

압력 스위치

연결 어댑터

6인치 관

물 높이

보호용 기구물

수중 펌프

수리를 요청하기 전에

물속에 완전히 잠기는 수중 펌프에는 별
도로 물을 부어줄 필요가 없다. 다만 우
물 속에 들어 있는 모래나 돌 등에 의해
수중 펌프가 손상을 입거나 낙뢰로 인해
망가지는 경우가 있다(수중 펌프는 아주 훌
륭한 접지봉이다).

수중 펌프가 작동하지 않는 원인으로는
1) 압력 스위치 고장, 2) 압력 스위치의
오염으로 인한 접촉 불량, 3) 압력 스위치
에 연결된 자동 차단기의 동작, 4) 펌프에
연결된 전원선의 불량, 5) 우물에 물이 없
는 경우, 6) 물이 없는 상태로 작동해서
과열로 펌프가 타버린 경우(가장 안 좋은
상황) 등이 있다.

1

오수용 펌프 Sump Pump

통기관

3인치/4인치 주 하수관

전원선

오수 양수관

역류 방지
밸브

부유식
스위치

분쇄기가
부착된 펌프

작동 원리

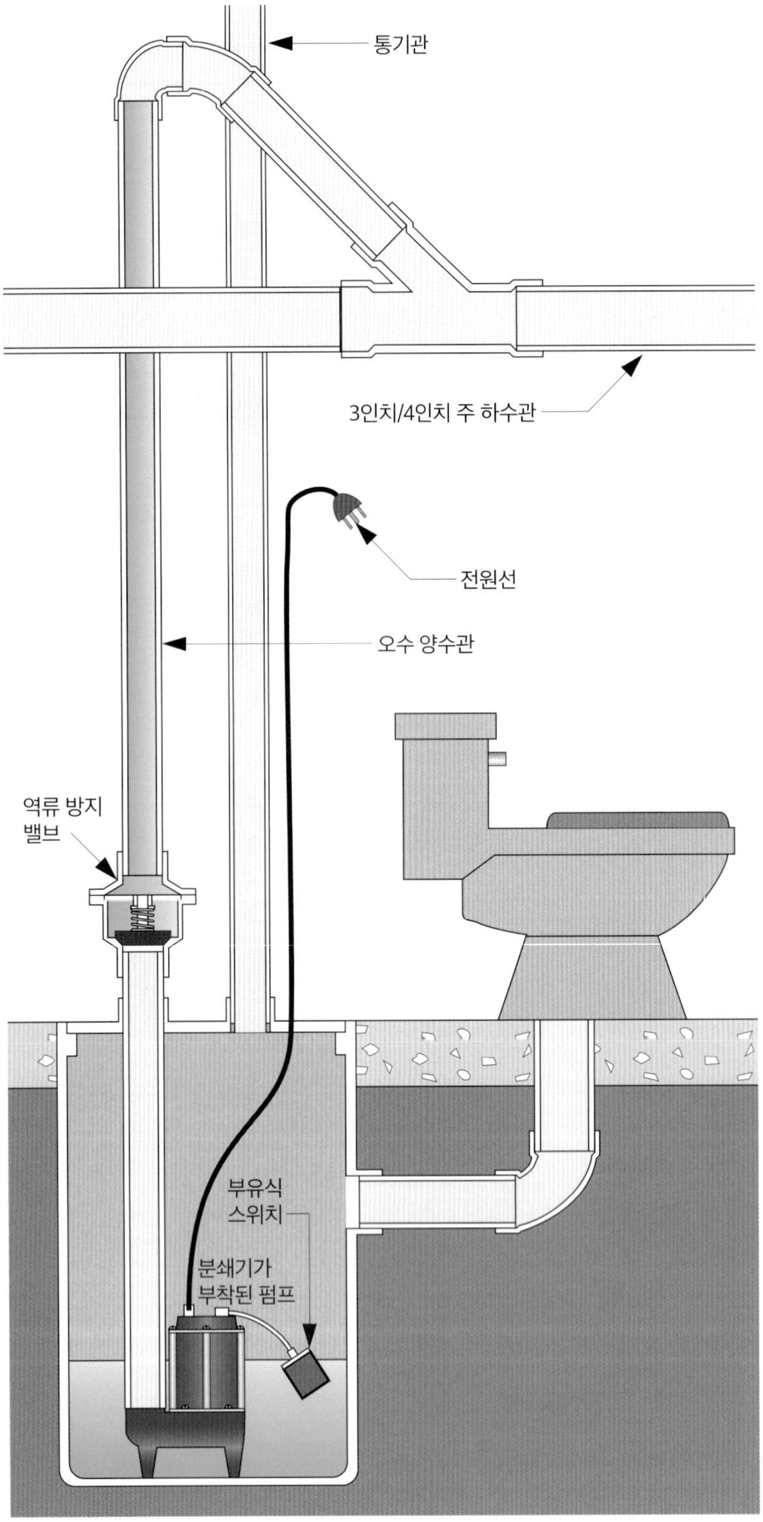

건물 밖으로 나가는 하수관은 대개 지하실
보다 높은 곳에 위치한다. 화장실을 지하실
에 설치하고자 할 때는 이 점이 문제가 되는
데, 오수용 펌프를 설치하면 해결할 수 있다.
화장실에서 나오는 오수는 오수용 수중 펌
프가 설치된 커다란 플라스틱 통(양수정揚水
井)으로 모인다. 통에 찬 오수의 양이 일정 수
준에 이르면 부유식 스위치가 켜지며 펌프
가 작동하기 시작한다. 이 펌프는 오수에 포
함된 이물질을 분쇄하는 기능을 가지고 있
으며, 오수를 위로 밀어 올려 주택의 주 하수
관으로 내보낸다.
오수가 배출되는 관 중간에 역류 방지 밸브
가 설치되어 있어서 주 하수관의 하수가 플
라스틱 통으로 역류하는 것을 막아준다.

수리를 요청하기 전에

오수용 양수기가 멈추는 원인으로 다음
의 세 가지를 들 수 있다.
1) 전원 차단기가 작동한 경우
2) 큰 이물질에 의해서 펌프가 막힌 경우
3) 모터나 부유식 스위치가 고장 난 경우

압력 탱크 Pressure Tank

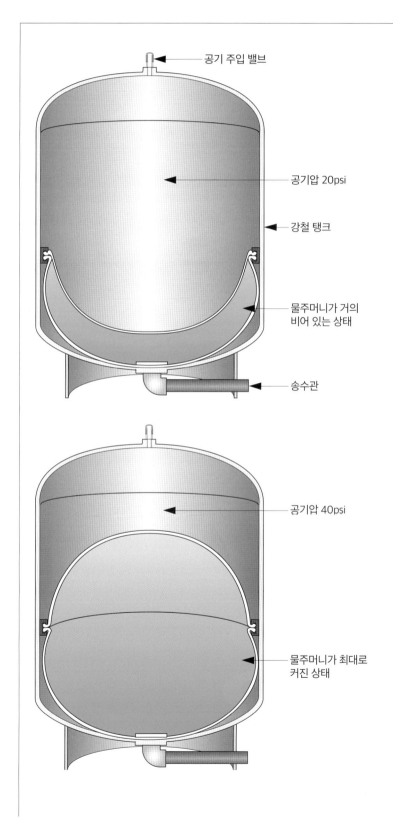

공기 주입 밸브

공기압 20psi

강철 탱크

물주머니가 거의
비어 있는 상태

송수관

공기압 40psi

물주머니가 최대로
커진 상태

작동 원리

사설급수의 경우, 압력 탱크는 압력하에 있는 상태로 물을 보관한다. 따라서 소량의 물을 사용할 때는 펌프를 가동할 필요가 없다.

구형 탱크는 물이 탱크의 아래쪽에서 공급되고 탱크 내부 공기의 압력으로 물이 눌리는 구조였다. 이런 단순한 구조의 문제는 시간이 지남에 따라 물이 공기를 흡수해서 탱크 내부 공기의 탄성이 점점 줄어드는 것이다. 탄성이 거의 사라지면 펌프가 수 초 간격으로 켜짐과 꺼짐을 반복하면서 고장이 발생한다.

신형 탱크 내부에는 비닐이나 네오프렌 재질의 물주머니가 사용된다. 이런 재질을 사용하면 물과 공기가 완전히 분리되므로 탱크 내부의 공기가 물에 흡수되지 않는다. 또한 탱크 내부의 공기는 자동차 타이어 등에 사용되는 방식의 밸브를 이용해서 압축된다. 탱크 내부의 압력을 20psi로, 펌프의 압력 스위치를 20~40psi로 설정하면 펌프가 동작할 때마다 대략 물주머니의 부피가 탱크 부피의 1/2 정도가 된다.

수리를 요청하기 전에

탱크가 거의 비워지지 않았는데 펌프가 작동하기 시작한다면 우선 탱크 내부의 물을 모두 빼내고 자전거 타이어용 펌프를 이용해서 탱크 내부의 압력을 20psi로 맞춰놓는다.

펌프가 수 초마다 켜지고 꺼짐을 반복하는 이유는 물주머니가 손상되어서 주머니 속으로 공기가 들어갔거나, 물주머니가 없는 구형 탱크이기 때문이다. 두 경우 모두 해당 부분을 교체해야 한다.

전기 온수기 Electric Water Heater

작동 원리

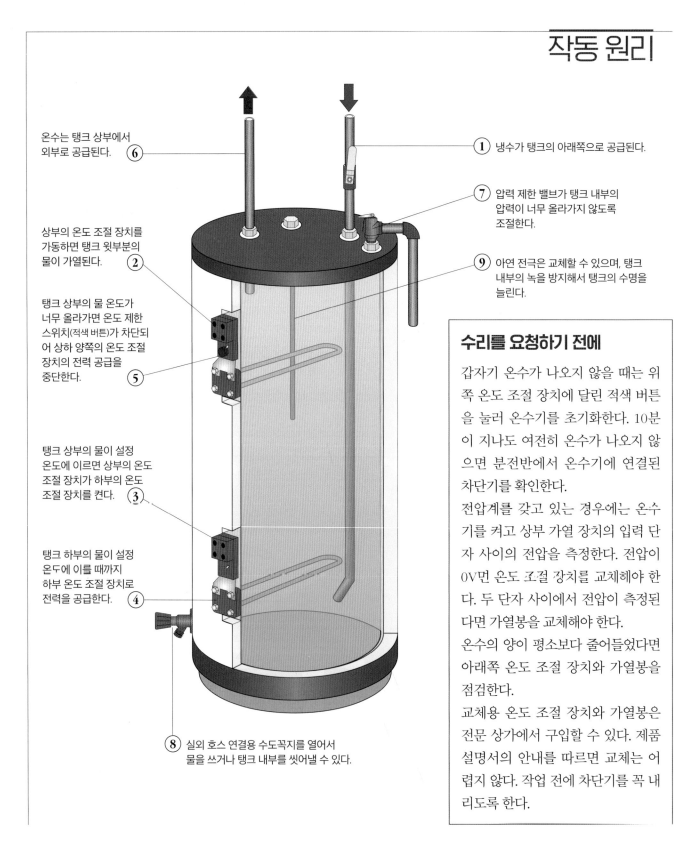

온수는 탱크 상부에서 외부로 공급된다. ⑥

① 냉수가 탱크의 아래쪽으로 공급된다.

⑦ 압력 제한 밸브가 탱크 내부의 압력이 너무 올라가지 않도록 조절한다.

상부의 온도 조절 장치를 가동하면 탱크 윗부분의 물이 가열된다. ②

⑨ 아연 전극은 교체할 수 있으며, 탱크 내부의 녹을 방지해서 탱크의 수명을 늘린다.

탱크 상부의 물 온도가 너무 올라가면 온도 제한 스위치(적색 버튼)가 차단되어 상하 양쪽의 온도 조절 장치의 전력 공급을 중단한다. ⑤

탱크 상부의 물이 설정 온도에 이르면 상부의 온도 조절 장치가 하부의 온도 조절 장치를 켠다. ③

탱크 하부의 물이 설정 온두에 이를 때까지 하부 온도 조절 장치로 전력을 공급한다. ④

⑧ 실외 호스 연결용 수도꼭지를 열어서 물을 쓰거나 탱크 내부를 씻어낼 수 있다.

수리를 요청하기 전에

갑자기 온수가 나오지 않을 때는 위쪽 온도 조절 장치에 달린 적색 버튼을 눌러 온수기를 초기화한다. 10분이 지나도 여전히 온수가 나오지 않으면 분전반에서 온수기에 연결된 차단기를 확인한다.

전압계를 갖고 있는 경우에는 온수기를 켜고 상부 가열 장치의 입력 단자 사이의 전압을 측정한다. 전압이 0V면 온도 조절 장치를 교체해야 한다. 두 단자 사이에서 전압이 측정된다면 가열봉을 교체해야 한다.

온수의 양이 평소보다 줄어들었다면 아래쪽 온도 조절 장치와 가열봉을 점검한다.

교체용 온도 조절 장치와 가열봉은 전문 상가에서 구입할 수 있다. 제품 설명서의 안내를 따르면 교체는 어렵지 않다. 작업 전에 차단기를 꼭 내리도록 한다.

가스 온수기 Gas Water Heater

작동 원리

후드 아래에서 공기가 연통으로 흡입되어 아래에 있는 버너에서부터 공기 흐름이 최적의 상태로 일정하게 유지 되도록 해준다. ④

교체식 아연 전극은 탱크 내부의 녹을 방지하고 탱크의 수명을 늘린다. 설치 후 1년이 지나면 점검한다. 이때 상태가 괜찮다면 이후로는 3년에 한 번씩 점검한다. ⑧

냉수가 탱크의 아래쪽으로 공급된다. ①

⑤ 온수가 탱크 상부에서 외부로 공급된다.

⑥ 압력 제한 밸브가 탱크 내부의 압력이 너무 올라가지 않도록 조절한다.

③ 탱크 중앙부를 관통하는 연통이 가열되며 탱크 내부의 물을 덥힌다.

② 수온이 설정값 이하로 내려갔을 때 가스버너를 켤 수 있도록 온도/가스 조절기가 작은 점화용 불꽃을 유지한다.

⑦ 실외 호스 연결용 수도꼭지를 열어서 물을 쓰거나 탱크 내부를 씻어낼 수 있다. 탱크 내부의 물을 적어도 1년에 한 번은 모두 빼내야 한다.

수리를 요청하기 전에

가스가 정상적으로 공급되고 있는데 온수가 나오지 않는다면 점화용 불꽃이 꺼져 있을 가능성이 높다.
점화용 불꽃을 다시 켜는 방법은 대개 조절기 근처에 적혀 있으므로 이 안내를 따른다. 그래도 점화용 불꽃이 켜지지 않거나 바로 꺼진다면 가스 공급에 문제가 있는 것이다.

무탱크식 전기 순간온수기
Electric Tankless Heater

작동 원리

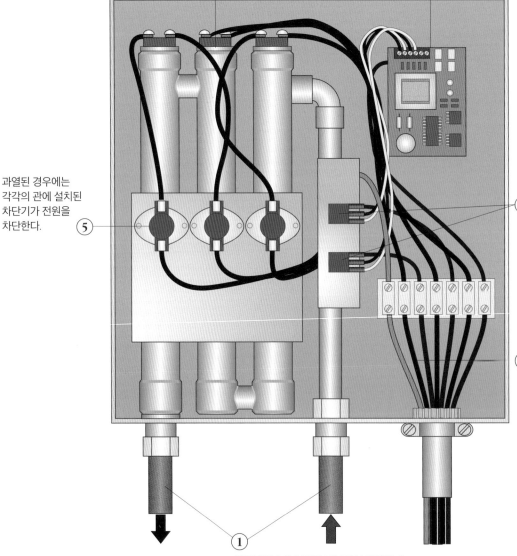

④ 전기 저항에서 발생하는 열을 이용해서 관 내부에 흐르는 물을 가열한다.

③ 제어용 컴퓨터는 물의 온도가 설정값을 유지하도록 가열 장치를 조절한다.

과열된 경우에는 각각의 관에 설치된 차단기가 전원을 차단한다.

⑤

② 물의 온도와 유량을 측정해서 제어용 컴퓨터로 보낸다.

⑥ 세 개의 관에 각각의 가열용 전기가 공급된다. 이 그림의 난방기는 교류 240V 전원을 이용해서 총 27,000W(92,000BTUh*)의 열을 공급한다.

① 공급된 냉수를 난방기 내부에서 가열한 후 밖으로 내보낸다.

* 열량 단위. 대기압 상태에서 1파운드의 물을 1°F 올리기 위한 열량.

무탱크식 가스 순간온수기 Gas Tankless Heater

작동 원리

물탱크가 딸린 방식의 온수기는 물을 보관하고 있는 대기 상태에서도 전체 에너지의 10~20% 사이의 에너지가 상시 소비된다. 순간온수기에는 온수를 저장하는 물탱크가 없으므로 이런 에너지 손실이 발생하지 않는다. 대신 짧은 시간에 다량의 온수를 공급하는 능력은 제한되므로 제품의 사양을 꼼꼼히 확인하여 어느 쪽이 용도에 맞는지 판단할 필요가 있다.

배출되는 온수의 온도를 측정해 컴퓨터에 알려주고 가열량을 조절한다.

⑤

④ 열 교환기가 가스로 가열된 연통의 열 대부분을 관 내부의 물로 전달한다.

⑥ 컴퓨터로 제어되는 소형 팬은 연소 효율이 최적 상태를 유지하도록 공기의 흐름을 유지한다.

③ 컴퓨터가 가스의 공급과 점화를 조절한다.

① 순간온수기에 공급된 냉수가 가열되어 샤워기, 욕조, 세면대, 싱크대 등으로 보내진다.

② 적절한 온도로 가열되도록 공급되는 냉수의 양을 측정하여 제어용 컴퓨터에 알려준다.

BoilerMate™ 온수기 BoilerMate™ Water Heater

1

작동 원리

보일러 내부의 물을 물탱크 없이 전기 코일로 가열해서 가정용 온수를 공급하는 방식은 난방이 필요 없는 시기에는 비효율적이다.* 보일러의 불충분한 단열재와 연통을 통해서 상당한 양의 열이 손실된다.

BoilerMate™ 온수 저장 탱크는 하루에 몇 차례만 보일러를 가동하고, 단열 처리를 두껍게 해서 열손실을 절반으로 줄여준다.

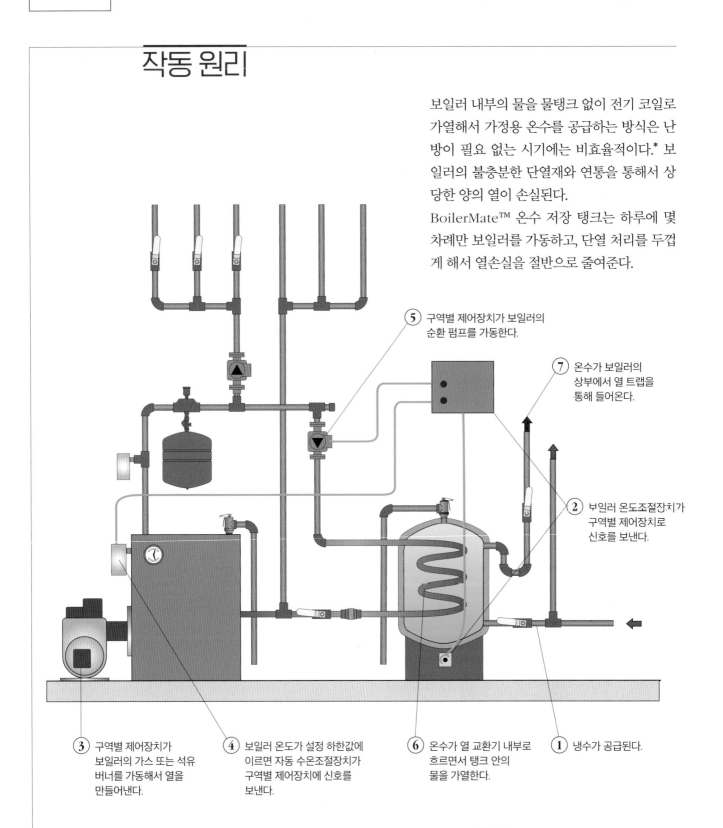

(5) 구역별 제어장치가 보일러의 순환 펌프를 가동한다.

(7) 온수가 보일러의 상부에서 열 트랩을 통해 들어온다.

(2) 보일러 온도조절장치가 구역별 제어장치로 신호를 보낸다.

(3) 구역별 제어장치가 보일러의 가스 또는 석유 버너를 가동해서 열을 만들어낸다.

(4) 보일러 온도가 설정 하한값에 이르면 자동 수온조절장치가 구역별 제어장치에 신호를 보낸다.

(6) 온수가 열 교환기 내부로 흐르면서 탱크 안의 물을 가열한다.

(1) 냉수가 공급된다.

* 여기서 보일러는 더운 물을 순환시키는 방식의 난방기를 뜻한다. 난방+온수를 하나의 장치로 대응하므로, 온수만을 위해서 이 장치를 쓰는 것은 비효율적이라는 의미이다.

카트리지식 활성탄 필터 Charcoal Cartridge Filter

작동 원리

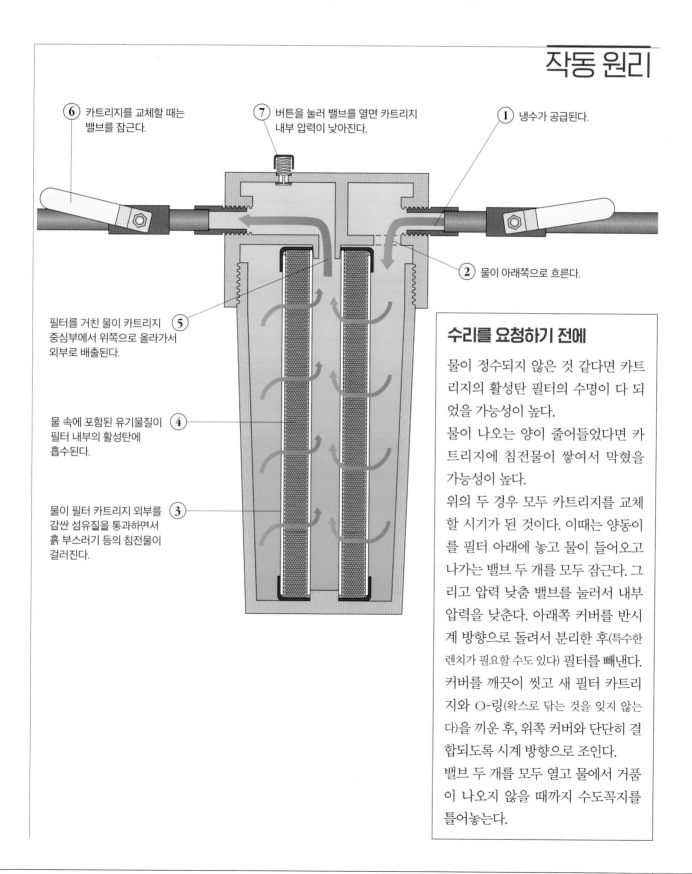

⑥ 카트리지를 교체할 때는 밸브를 잠근다.

⑦ 버튼을 눌러 밸브를 열면 카트리지 내부 압력이 낮아진다.

① 냉수가 공급된다.

② 물이 아래쪽으로 흐른다.

⑤ 필터를 거친 물이 카트리지 중심부에서 위쪽으로 올라가서 외부로 배출된다.

④ 물 속에 포함된 유기물질이 필터 내부의 활성탄에 흡수된다.

③ 물이 필터 카트리지 외부를 감싼 섬유질을 통과하면서 흙 부스러기 등의 침전물이 걸러진다.

수리를 요청하기 전에

물이 정수되지 않은 것 같다면 카트리지의 활성탄 필터의 수명이 다 되었을 가능성이 높다.

물이 나오는 양이 줄어들었다면 카트리지에 침전물이 쌓여서 막혔을 가능성이 높다.

위의 두 경우 모두 카트리지를 교체할 시기가 된 것이다. 이때는 양동이를 필터 아래에 놓고 물이 들어오고 나가는 밸브 두 개를 모두 잠근다. 그리고 압력 낮춤 밸브를 눌러서 내부 압력을 낮춘다. 아래쪽 커버를 반시계 방향으로 돌려서 분리한 후(특수한 렌치가 필요할 수도 있다) 필터를 빼낸다. 커버를 깨끗이 씻고 새 필터 카트리지와 O-링(왁스로 닦는 것을 잊지 않는다)을 끼운 후, 위쪽 커버와 단단히 결합되도록 시계 방향으로 조인다.

밸브 두 개를 모두 열고 물에서 거품이 나오지 않을 때까지 수도꼭지를 틀어놓는다.

1 탱크식 필터 Tank Filter

작동 원리

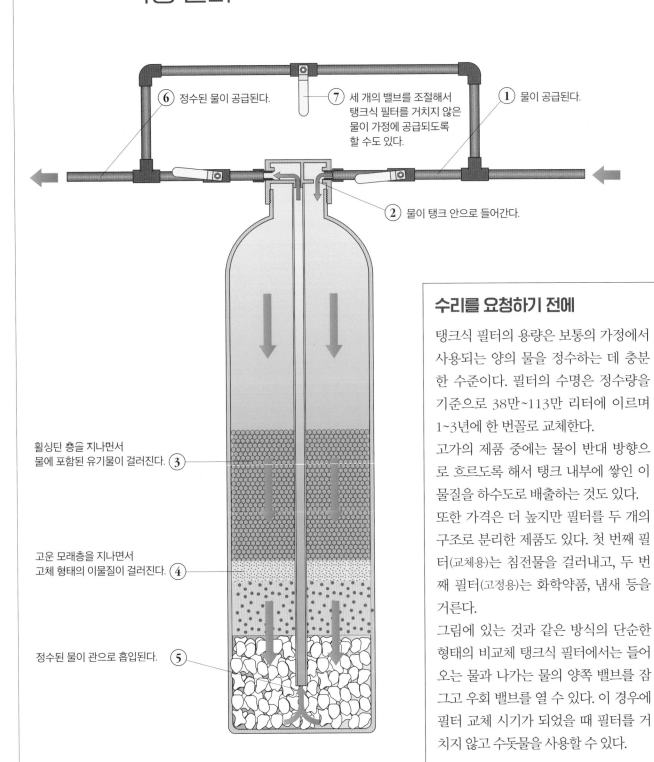

⑥ 정수된 물이 공급된다.

⑦ 세 개의 밸브를 조절해서 탱크식 필터를 거치지 않은 물이 가정에 공급되도록 할 수도 있다.

① 물이 공급된다.

② 물이 탱크 안으로 들어간다.

휠싱틴 층을 지나면서 물에 포함된 유기물이 걸러진다. ③

고운 모래층을 지나면서 고체 형태의 이물질이 걸러진다. ④

정수된 물이 관으로 흡입된다. ⑤

수리를 요청하기 전에

탱크식 필터의 용량은 보통의 가정에서 사용되는 양의 물을 정수하는 데 충분한 수준이다. 필터의 수명은 정수량을 기준으로 38만~113만 리터에 이르며 1~3년에 한 번꼴로 교체한다.

고가의 제품 중에는 물이 반대 방향으로 흐르도록 해서 탱크 내부에 쌓인 이물질을 하수도로 배출하는 것도 있다.

또한 가격은 더 높지만 필터를 두 개의 구조로 분리한 제품도 있다. 첫 번째 필터(교체용)는 침전물을 걸러내고, 두 번째 필터(고정용)는 화학약품, 냄새 등을 거른다.

그림에 있는 것과 같은 방식의 단순한 형태의 비교체 탱크식 필터에서는 들어오는 물과 나가는 물의 양쪽 밸브를 잠그고 우회 밸브를 열 수 있다. 이 경우에 필터 교체 시기가 되었을 때 필터를 거치지 않고 수돗물을 사용할 수 있다.

역삼투압식 필터 Reverse Osmosis Filter

작동 원리

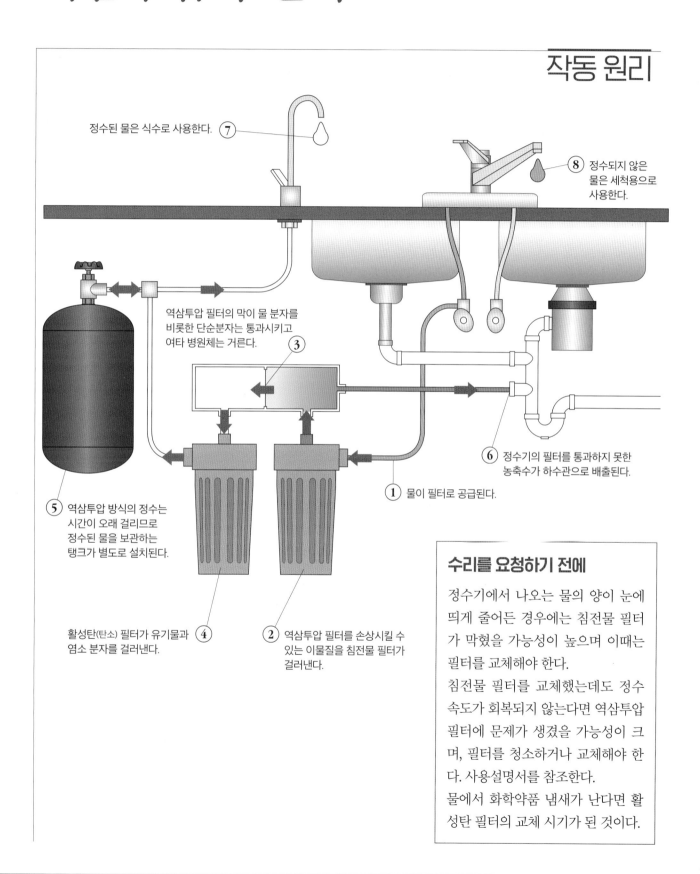

정수된 물은 식수로 사용한다. (7)

(8) 정수되지 않은 물은 세척용으로 사용한다.

역삼투압 필터의 막이 물 분자를 비롯한 단순분자는 통과시키고 여타 병원체는 거른다. (3)

(6) 정수기의 필터를 통과하지 못한 농축수가 하수관으로 배출된다.

(1) 물이 필터로 공급된다.

(5) 역삼투압 방식의 정수는 시간이 오래 걸리므로 정수된 물을 보관하는 탱크가 별도로 설치된다.

활성탄(탄소) 필터가 유기물과 (4) 염소 분자를 걸러낸다.

(2) 역삼투압 필터를 손상시킬 수 있는 이물질을 침전물 필터가 걸러낸다.

수리를 요청하기 전에

정수기에서 나오는 물의 양이 눈에 띄게 줄어든 경우에는 침전물 필터가 막혔을 가능성이 높으며 이때는 필터를 교체해야 한다.
침전물 필터를 교체했는데도 정수 속도가 회복되지 않는다면 역삼투압 필터에 문제가 생겼을 가능성이 크며, 필터를 청소하거나 교체해야 한다. 사용설명서를 참조한다.
물에서 화학약품 냄새가 난다면 활성탄 필터의 교체 시기가 된 것이다.

1

연수기 Water Softener

작동 원리

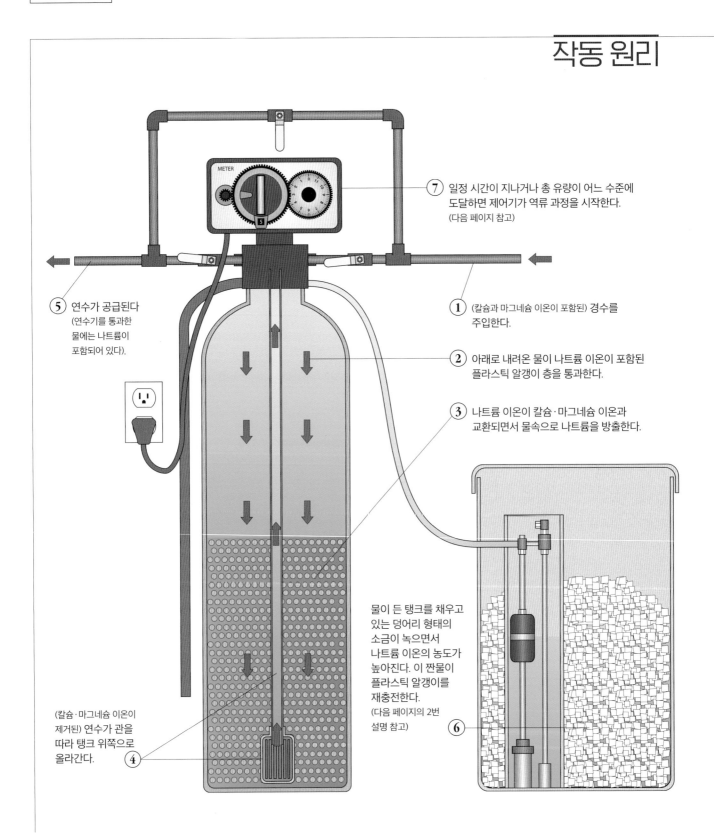

⑦ 일정 시간이 지나거나 총 유량이 어느 수준에 도달하면 제어기가 역류 과정을 시작한다. (다음 페이지 참고)

⑤ 연수가 공급된다 (연수기를 통과한 물에는 나트륨이 포함되어 있다).

① (칼슘과 마그네슘 이온이 포함된) 경수를 주입한다.

② 아래로 내려온 물이 나트륨 이온이 포함된 플라스틱 알갱이 층을 통과한다.

③ 나트륨 이온이 칼슘·마그네슘 이온과 교환되면서 물속으로 나트륨을 방출한다.

물이 든 탱크를 채우고 있는 덩어리 형태의 소금이 녹으면서 나트륨 이온의 농도가 높아진다. 이 짠물이 플라스틱 알갱이를 재충전한다. (다음 페이지의 2번 설명 참고)

(칼슘·마그네슘 이온이 제거된) 연수가 관을 따라 탱크 위쪽으로 올라간다. ④

⑥

플라스틱 알갱이 층 재충전하기

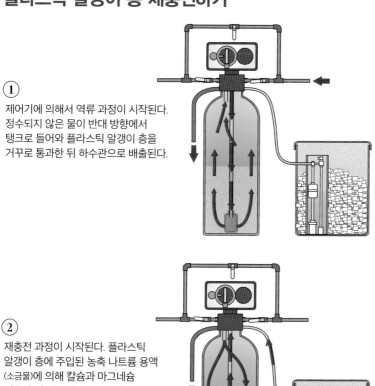

① 제어기에 의해서 역류 과정이 시작된다. 정수되지 않은 물이 반대 방향에서 탱크로 들어와 플라스틱 알갱이 층을 거꾸로 통과한 뒤 하수관으로 배출된다.

② 재충전 과정이 시작된다. 플라스틱 알갱이 층에 주입된 농축 나트륨 용액 (소금물)에 의해 칼슘과 마그네슘 이온이 나트륨 이온으로 교환된다. 이온이 교환된 용액은 하수관으로 배출된다.

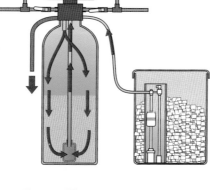

③ 플라스틱 알갱이 층을 정수되지 않은 물로 세척한다. 이때는 넘치는 물을 하수관으로 배출하지 않고 보조 탱크로 보낸다.

④ 보조 탱크에 들어 있는 덩어리 소금은 시간이 지남에 따라 녹아 없어지므로 정기적으로 보충해주어야 한다.

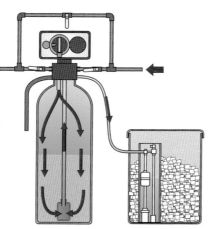

수리를 요청하기 전에

연수기에서 나오는 물이 점점 경수가 되고 있다면 보조 탱크를 확인한다. 덩어리 소금을 보충해주어야 할 시기인 경우가 많다(전문 상가에서 손쉽게 구입할 수 있다).

보조 탱크에 덩어리 소금이 많이 남아 있다면 짠물 탱크의 수위를 확인한다. 대략 반 정도 차 있어야 한다. 이보다 수위가 낮으면 물을 바로 보충한다.

연수기에서 나오는 물이 경수와 연수 상태를 주기적으로 반복한다면 플라스틱 알갱이의 효과가 거의 다한 것이다. 제어기를 초기화해서 재충전 과정을 더 자주 실행해야 한다. 이 과정에 대해서는 해당 제품의 사용설명서를 참조한다.

1 자외선 정수기 UV Purifier

작동 원리

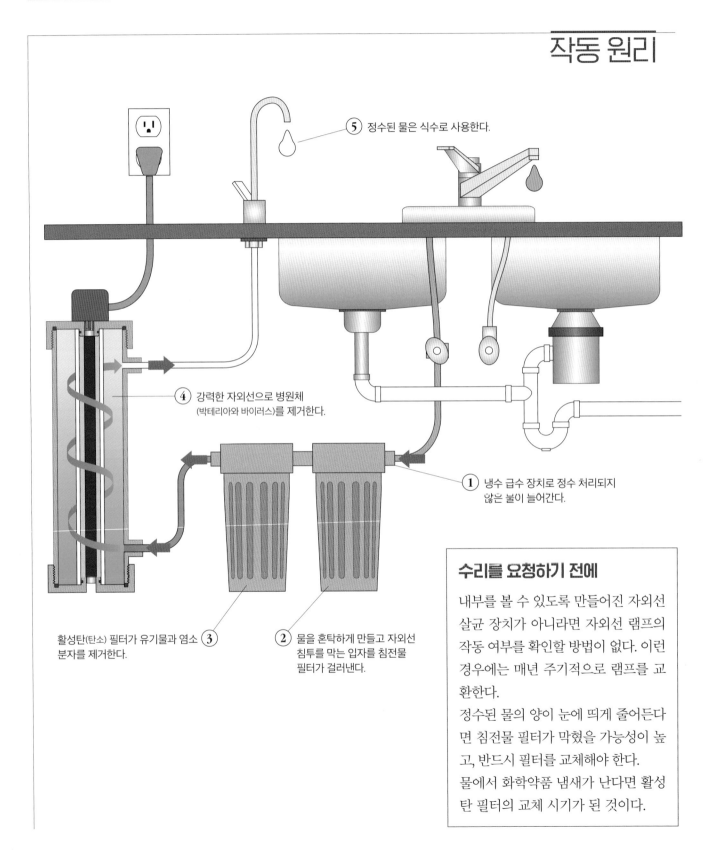

⑤ 정수된 물은 식수로 사용한다.

④ 강력한 자외선으로 병원체 (박테리아와 바이러스)를 제거한다.

① 냉수 급수 장치로 정수 처리되지 않은 물이 들어간다.

활성탄(탄소) 필터가 유기물과 염소 ③ 분자를 제거한다.

② 물을 혼탁하게 만들고 자외선 침투를 막는 입자를 침전물 필터가 걸러낸다.

수리를 요청하기 전에

내부를 볼 수 있도록 만들어진 자외선 살균 장치가 아니라면 자외선 램프의 작동 여부를 확인할 방법이 없다. 이런 경우에는 매년 주기적으로 램프를 교환한다.

정수된 물의 양이 눈에 띄게 줄어든다면 침전물 필터가 막혔을 가능성이 높고, 반드시 필터를 교체해야 한다.

물에서 화학약품 냄새가 난다면 활성탄 필터의 교체 시기가 된 것이다.

화재 방지용 스프링클러 Fire Sprinkler

스프링클러의 분출구는 글리세린을 채운 유리 앰풀이 장착된 마개로 막혀 있다.

온도가 올라가면 글리세린이 팽창한다. 주변 온도가 68℃에 도달하면 1~2분 이내에 유리 앰풀이 깨지면서 플러그가 분리된다.

압력을 받던 물이 디플렉터(반사판)를 가격하면서 넓은 영역으로 분사된다. 공기 온도가 낮아지면서 대체로 다른 스프링클러는 작동 온도에 이르지 않는다.

밀폐된 공간에서 화재가 일어나면 가열된 뜨거운 공기가 천장 쪽으로 올라간다. 천장 부근의 공기 온도가 지속적으로 상승해서 일정 온도에 도달하면 스프링클러가 작동한다. 이 온도는 대략 65℃ 정도로 사람이 호흡하기에 곤란한 공기의 온도나 가구와 건축 자재의 발화점보다는 훨씬 낮다.

발화점에서 가장 가까운 스프링클러가 작동해서 화염에 물을 뿌리면 물이 곧바로 증발하면서 실내의 공기와 가연성 소재의 온도를 낮춘다(더운 여름날 소나기가 오면 시원해지는 것과 마찬가지 원리다). 열을 빼앗긴 화염은 점차 사그라지며 불이 꺼진다.

안타까운 사실은 스프링클러는 누군가 직접 잠그기 전까지는 계속 물을 뿌린다는 점이다!

가정에서의 전형적인 스프링클러의 배치 예

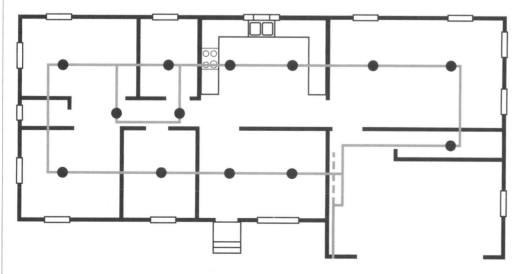

How
Your
House
Works

2

전기 배선

Wiring

전기에 대한 지식이 충분치 않은 사람들은 대체로 전기 배선 다루는 것을 두려워한다. 하지만 전기가 어떻게 흐르는지 기본적으로 이해하고(이 장의 내용이 도움이 될 것이다) 안전에 관한 단 하나의 단순한 원칙만 지킨다면 간단한 전기 관련 고장은 겁내지 않고 해결할 수 있을 것이다.

전기를 사용하는 회로, 설비, 기기를 다룰 때 지켜야 하는 기본적인 안전 규칙은 모든 작업을 하기 전에 반드시 전원을 차단하는 것이다. 기기의 전원선을 콘센트에서 뽑거나, 분전반의 차단기를 내리거나, 집으로 들어오는 주전원의 차단기를 내려야 한다. 그리고 후속 작업을 하기 전에 멀티미터*를 이용해서 전원이 확실히 차단되었는지 재확인한다.

* 전압, 전류, 저항을 측정하는 기기로 보통 '멀티미터' 혹은 '테스터'라고 부른다.

2 전기 회로 Electrical Circuit

작동 원리

수력 회로

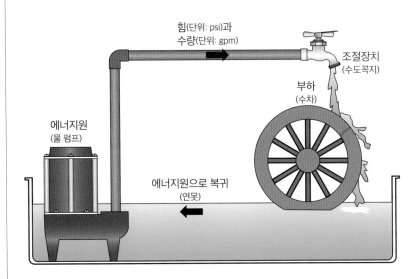

힘(단위: psi)과
수량(단위: gpm)

조절장치
(수도꼭지)

부하
(수차)

에너지원
(물 펌프)

에너지원으로 복귀
(연못)

전력 회로

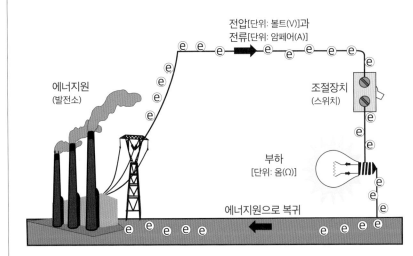

전압[단위: 볼트(V)]과
전류[단위: 암페어(A)]

조절장치
(스위치)

에너지원
(발전소)

부하
[단위: 옴(Ω)]

에너지원으로 복귀

핵반응을 제외한 기본 물리 법칙 중 하나는 물질은 만들어지지도 사라지지도 않는다는 것이다. 왼쪽 그림에서 보면 수차를 돌리는 물은 항상 펌프로 되돌아간다.

펌프는 에너지를 수도관을 통해서 압력의 형태로 전달한다. 수압이 있는 물의 흐름의 정도는 분당 갤런(gpm, gallon per minute)의 단위로 표현되고, 수도꼭지를 열거나 잠가서 물을 흐르게 하거나 막을 수 있다. 수도꼭지에서 떨어지는 물은 에너지를 수차로 전달한다. 최종적으로 에너지가 없어진 물은 에너지원인 펌프로 돌아간다.

이 설명은 전기 회로에도 동일하게 적용할 수 있다. 전기 회로에서는 에너지원인 발전소에서 전기의 힘[전압, 단위는 볼트(V)]이 만들어진다. 에너지를 가진 전자의 흐름(전류)의 세기는 암페어(A, 1A는 1초에 6.24×10^{18}개의 전자가 흘러가는 정도)로 측정된다. 회로를 여닫는 스위치는 전류를 흐르게 하거나 막는다. 물을 이용하는 수차와 달리, 전자가 가진 에너지는 전기 모터, 혹은 그림에서처럼 전구로 전달된다. 물 분자와 마찬가지로, 에너지를 소모한 전자는 전도성을 가진 통로를 통해서 에너지원으로 돌아간다. 전자가 에너지원으로 돌아갈 경로가 있어야만(닫힌회로) 전기가 흐른다. 전압이 0V이면서 에너지원으로 돌아가는 경로는 '그라운드ground'라고 불리며, 대지大地 혹은 전기 에너지원과 연결된 도체가 이 역할을 한다. 돌아가는 경로는 중성선中性線일 수도 있다.

옴의 법칙 Ohm's Law

작동 원리

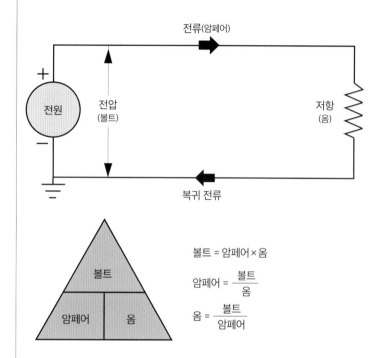

게오르크 지몬 옴은 1827년 전기 회로에서 필요한 물리량을 정의하고 다음과 같은 법칙을 발견했다. 이 법칙을 옴의 법칙이라고 한다.

$$I = V/R$$

I: **전류**[단위는 암페어(A)]

V: **전압**[단위는 볼트(V)]

R: **저항**[단위는 옴(Ω)]

옴의 법칙은 전류, 전압, 저항 사이의 관계를 나타내므로 전류, 전압, 저항의 세 값 중 둘의 값이 정해지면 나머지 하나의 값도 정해진다. 왼쪽의 삼각형에서 하나의 값을 알고 싶다면 오른쪽의 식에서 나머지 둘의 값을 이용해 구할 수 있다.

볼트 = 암페어×옴

암페어 = 볼트 / 옴

옴 = 볼트 / 암페어

옴의 법칙을 회로에 적용하기

① 가정에 공급되는 전력선은 분전반까지 도달한다. 여기서부터 전력을 가정 내의 여러 곳으로 나누어 공급한다.

② 교류 120V 회로에 여러 개의 부하를 연결할 수 있다. (그림에서는 두 개)

스위치를 이용해서 부하를 회로에 연결하거나 차단한다. ③

⑥ 연결할 수 있는 전원 콘센트와 부하의 수는 가정에 공급되는 총 전류의 양에 의해 제한된다.

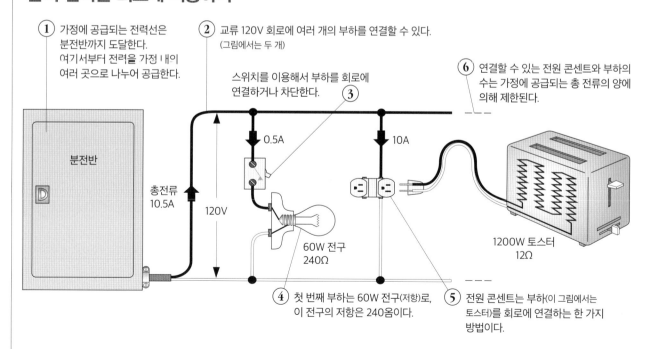

분전반

총전류 10.5A

120V

0.5A

10A

60W 전구 240Ω

1200W 토스터 12Ω

④ 첫 번째 부하는 60W 전구(저항)로, 이 전구의 저항은 240옴이다.

⑤ 전원 콘센트는 부하(이 그림에서는 토스터)를 회로에 연결하는 한 가지 방법이다.

2 멀티미터 사용법 Using a Test Meter

작동 원리

측정 범위 자동 조절식 디지털 멀티미터

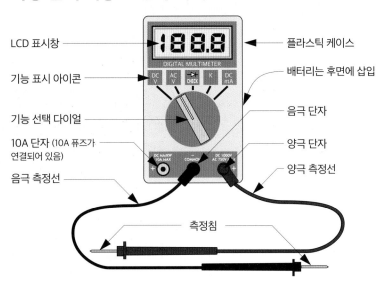

LCD 표시창

기능 표시 아이콘

기능 선택 다이얼

10A 단자 (10A 퓨즈가 연결되어 있음)

음극 측정선

플라스틱 케이스

배터리는 후면에 삽입

음극 단자

양극 단자

양극 측정선

측정침

멀티미터를 이용하면 옴의 법칙에 등장하는 세 가지 값인 전압, 전류, 저항을 모두 측정할 수 있다. 가장 저렴한 멀티미터도 ±0.5%의 정확도를 갖고 있지만, 멀티미터를 올바르게 사용하려면 전기 회로와 옴의 법칙을 잘 이해하고 있어야 한다.

아래 그림은 자동차 등에서 흔히 이용되는 직류 12V 전구 회로이다. 이 예를 이용해서 이후의 항목에서 볼트, 암페어, 옴의 측정 방법을 설명한다.

직류 12V 백열전구 회로의 예

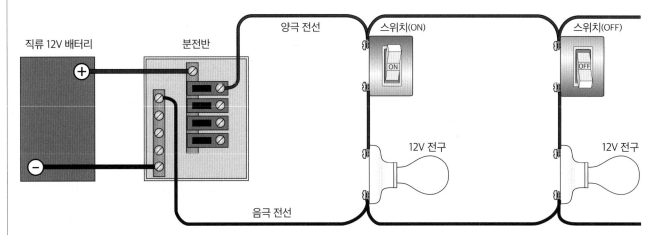

직류 12V 배터리

분전반

양극 전선

스위치(ON)

스위치(OFF)

12V 전구

12V 전구

음극 전선

그림의 회로는 자동차용 직류 12V 배터리를 전원으로 사용한다. 배터리의 양극선(적색)과 음극선(흑색)이 분전반에 연결된 여러 개의 개별 회로에(그림에서는 하나의 회로만 표현되어 있음) 전력을 공급한다. 각각의 회로마다 차단기를 설치해서 보호한다.

각각의 백열전구는 별도의 스위치로 켜고 끌 수 있다. 적색선에 연결된 스위치를 켜면(ON) 전구가 배터리에서 전압 12V의 전기를 공급받고, 스위치를 끄면(OFF) 단자와의 연결이 끊어지므로 적색선의 전압은 0V가 된다.

백열전구 내부의 필라멘트는 저항이다. 만약 저항값이 0Ω이면 옴의 법칙에 의해 흐르는 전류가 무한대가 되므로 차단기가 작동할 것이다.

전압 측정하기 (볼트)

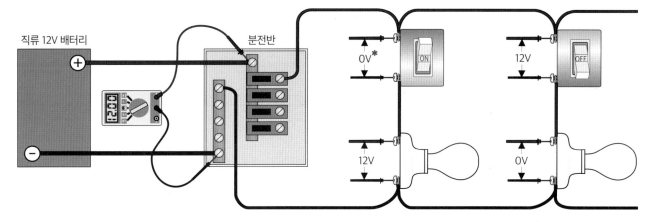

전류 측정하기 (암페어)

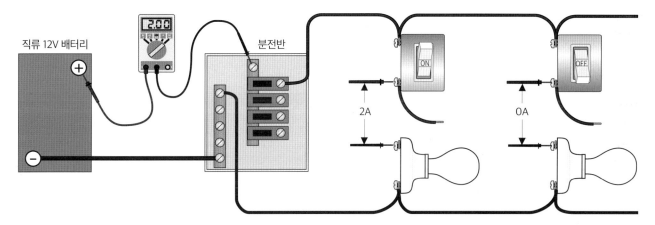

저항 측정하기 (옴)

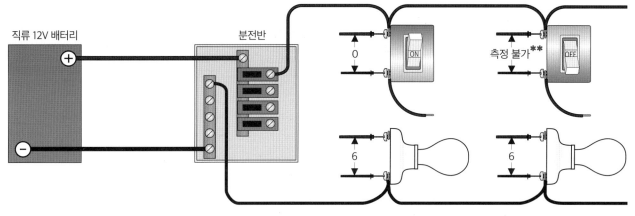

* 그림처럼 멀티미터의 적/흑 측정침을 대면 0V가 측정된다는 뜻. 나머지 그림도 동일하다.

** 저항이 무한대이므로 측정되지 않음.

2 교류 120V와 240V* 120 & 240 VAC

작동 원리

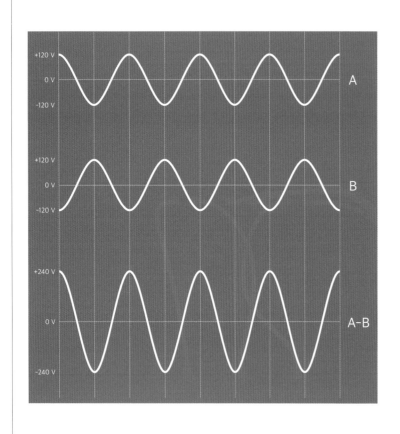

미국의 경우 가정에 공급되는 전압은 모두 교류 120V라고 생각하기 쉽지만, 실제로는 세 가지 전압이 공급된다. 어떤 원리에 의해서 가정에서 120V용과 240V용 기기를 모두 사용할 수 있는 것일까? 전기레인지나 건조기 같은 일부 가전제품은 120V와 240V의 전기를 모두 사용할 수 있도록 만들어져 있다.

방법은 이렇다. 아래 그림의 전신주에 달린 변압기에서 전선 A, B, C가 집으로 들어온다. 왼편의 그래프에 나타나듯, 전선 A와 B의 전압은 모두 교류 120V이지만 파형은 서로 반대다. 전선 C는 중성선neutral 혹은 접지선ground이라고 부른다. 그러므로 A와 C 또는 B와 C를 짝지음으로써 120V의 전기를 공급받을 수 있다.

이제 까다로운 대목이다. A와 B의 파형이 반대이므로 두 선을 연결해서 전기를 공급받으면 교류 240V의 전기가 얻어진다.

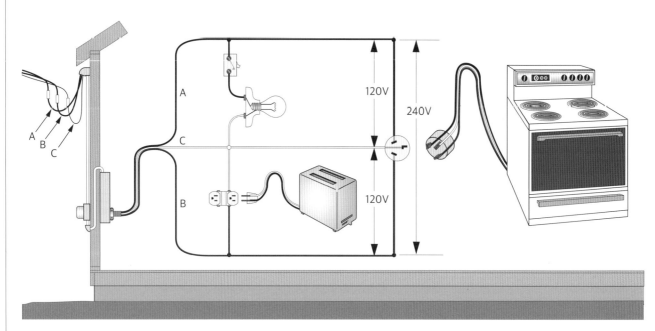

---

* 이 방식은 단상삼선식單相三線式이라고 불린다. 국내의 가정용 전기에서는 찾아보기 힘들다.

차단기와 퓨즈 Circuit Breakers & Fuses

자석식 차단기

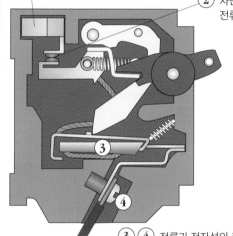

① 위쪽의 양극 단자(금속 도체판)를 통해서 전류가 들어온다.

② 차단기가 켜져 있으면(ON) 전류가 닫힌 접점을 통해서 흐른다.

손잡이를 이용해서 접점을 다시 붙일 수 있다. ⑦

⑥ 접점이 떨어져서 전류가 흐르지 못한다.

⑤ 전류가 제한값 이상으로 흐르면 자석이 레버를 아래로 당긴다.

③④ 전류가 전자석의 코일(③)을 통해서 출력 단자(④)로 흐른다.

퓨즈

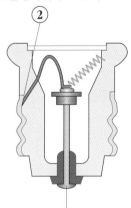

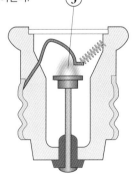

전류가 가운데의 기둥과 납땜 된 전선을 통해 외피로 흐른다.

②

전류가 많이 흐르면 납땜 뒤 부위의 온도가 한계치를 넘으면서 납이 녹는다. 스프링이 전선을 잡아당기면서 전선이 가운데 기둥과 떨어지고 접점도 떨어진다.

③

① 전류가 바닥 가운데의 단자를 통해서 들어온다.

수리를 요청하기 전에

전기가 들어오지 않으면 우선 분전반을 살펴본다. 내부를 볼 수 있는 퓨즈가 끊어졌다면 쉽게 확인할 수 있다. 유리가 흐려졌거나 금속 리본 부위가 녹아 있을 것이다. 때로는 차단기의 연결 상태를 확실히 알기 힘들 수도 있다. 보통은 손잡이가 한쪽으로 완전히 내려오지만 가끔은 움직임이 작아서 손잡이가 내려온 것인지 불분명할 수도 있다. 어떤 경우이건 차단기를 일단 모두 내렸다가 다시 올려본다. 과부하가 있거나 회로의 단락이 있는 경우라면 차단기가 즉시 다시 내려오면서 전기의 공급을 끊는다. 차단기가 올라가 있는 상태로 유지되는데도 여전히 전기가 들어오지 않는다면 원인은 다른 곳에 있다.

2 전봇대에서 가정으로 연결되는 전선

Service Drop

작동 원리

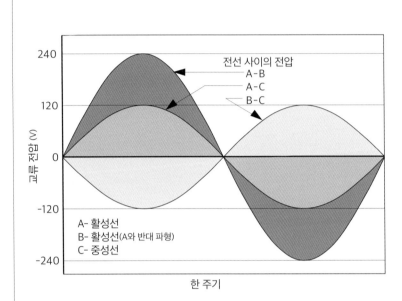

전봇대의 변압기에서 가정으로 전기를 공급하는 전선은 세 가닥으로 이루어져 있다. 왼쪽 그림에서 보듯 전선 A와 B는 교류 120V를 공급하는데, A의 전압이 양의 최고점에 이를 때 B의 전압은 음의 최고점(=최저점)에 이른다. 전선 C(중성선 혹은 접지선이라고 함)의 전압은 항상 0V이다.

이 세 가닥의 전선 중 어느 두 가닥을 이용해서도 전기를 공급받을 수 있으므로, 실질적으로는 가정에서 세 가지의 전기를 사용할 수 있는 셈이다.

A와 C = 교류 120V

B와 C = 교류 120V

A와 B = 교류 240V

전선 사이의 전압
A-B
A-C
B-C

A- 활성선
B- 활성선(A와 반대 파형)
C- 중성선

한 주기

240
120
0
-120
-240

곱류 전압(V)

변압기

빗물 막이

전선 A (활성선)
전선 B (활성선)
전선 C (중성선)

인입선

전력량계

접지봉

수리를 요청하기 전에

전기가 갑자기 끊어졌다면 정전 신고를 하기 전에 다음 사항을 먼저 확인한다.

• 이웃집도 전기가 끊어졌는지 확인한다.

• 분전반을 열어서 차단기가 내려왔는지 확인한다. 내려와 있다면 차단기를 올려서 다시 연결해본다. 차단기를 올려도 곧바로 내려온다면 집 안 어딘가에 과부하가 있는 것이다.

• 집 안 곳곳을 살펴보며 작동하는 전기 장치가 있는지 확인한다. 만약 하나라도 작동한다면 원인은 집 내부의 어딘가에 있는 것이다.

• 집 안의 모든 곳에 전기가 공급되지 않는다면 분전반 맨 위에 있는 주 차단기를 내렸다가 다시 올려본다.

• 여전히 전기가 들어오지 않는다면 정전 신고를 한다.

기계식 전력량계 Electromechanical Meter

작동 원리

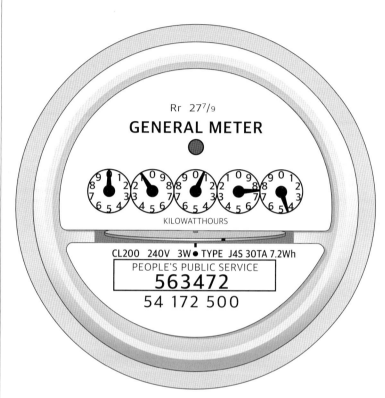

전력은 전기 에너지가 사용되거나 만들어지는 순간적인 정도를 나타내는 값이다. 단위는 와트(W)다.

와트(W) = 암페어(A) · 볼트(V)

사용된 전체 전력량은 사용하는 전력과 사용 시간을 곱해서 얻어진다. 1Wh(1와트의 전력을 1시간 동안 사용한 양)는 아주 작은 값이므로 전력회사는 이것의 1,000배인 KWh(1,000Wh) 단위로 사용한 전력량을 측정해서 요금을 부과한다.

기계식 전력량계의 내부에는 전력량계를 통과하는 전류의 양에 비례하는 속도로 회전하는 작은 모터가 들어 있다. 그러므로 모터가 회전한 횟수를 측정하면 사용한 전력량을 계산할 수 있다.

전력량계의 앞면에는 계량기의 종류와 규격, 용량, 사용 전력량, 공급 전압 등을 알려주는 다양한 숫자가 표시되어 있다. 그림의 예에서 7.2Wh는 이 계량기의 모터에 달린 원판이 7.2Wh의 전력이 사용될 때 한 바퀴 회전한다는 뜻이다.

계량기 내부에는 모터의 회전을 숫자판 바늘에 연동하는 톱니바퀴가 여러 개 들어 있다. 매월 검침 때(최근에는 원격 검침을 하기도 한다) 바늘이 가리키는 값을 읽어서 지난달에 검침된 값과의 차이를 계산해서 전기요금을 청구한다.

전력량계는 왼쪽에서 오른쪽으로 읽으며, 바늘이 숫자와 숫자 사이에 있을 때는 작은 값을 읽는다. 예를 들어 그림에서는 01074가 측정된 값이다.

바늘의 회전 방향은 톱니바퀴의 구조에 따라 시계 방향인 것도 있고 반시계 방향인 것도 있다(그림에서도 두 번째와 네 번째는 나머지와 회전 방향이 다르다).

수리를 요청하기 전에

전기 요금에 민감한 사용자라면 전력량계가 고장 나지 않을까 우려할 수 있다. 고장의 가능성은 낮지만 고장 여부는 손쉽게 확인할 수 있다. 분전반의 차단기를 하나만 남기고 모두 내린다. 내리지 않은 차단기에 연결된 단자에 용량을 알고 있는 가전기기(예를 들어 5,000W 히터)를 연결하고 한 시간 동안 켜둔다. 만약 맨 우측의 다이얼이 가리키는 값이 이전보다 5 이상 증가했다면 전력회사 고객센터에 연락한다.

2

스마트 전력량계 Smart Meter

작동 원리

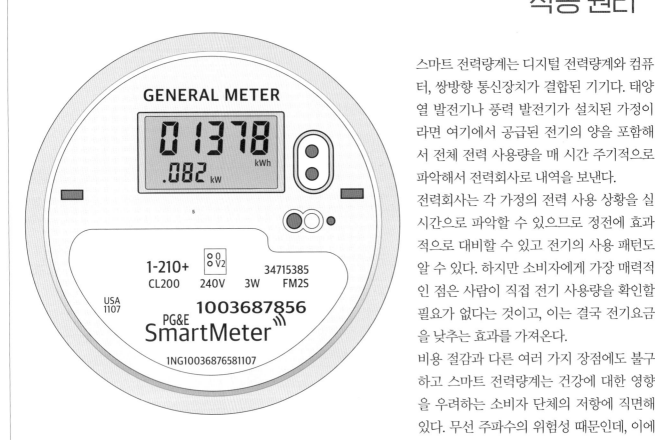

GENERAL METER

01378 kWh

.082 kW

5

1-210+   0 0 / V2   34715385
CL200   240V   3W   FM2S

USA
1107

1003687856

PG&E
SmartMeter

1NG10036876581107

스마트 전력량계는 디지털 전력량계와 컴퓨터, 쌍방향 통신장치가 결합된 기기다. 태양열 발전기나 풍력 발전기가 설치된 가정이라면 여기에서 공급된 전기의 양을 포함해서 전체 전력 사용량을 매 시간 주기적으로 파악해서 전력회사로 내역을 보낸다.

전력회사는 각 가정의 전력 사용 상황을 실시간으로 파악할 수 있으므로 정전에 효과적으로 대비할 수 있고 전기의 사용 패턴도 알 수 있다. 하지만 소비자에게 가장 매력적인 점은 사람이 직접 전기 사용량을 확인할 필요가 없다는 것이고, 이는 결국 전기요금을 낮추는 효과를 가져온다.

비용 절감과 다른 여러 가지 장점에도 불구하고 스마트 전력량계는 건강에 대한 영향을 우려하는 소비자 단체의 저항에 직면해 있다. 무선 주파수의 위험성 때문인데, 이에 대한 법적 판단은 아직 내려지시 않았다.

스마트 전력량계를 이용한 검침

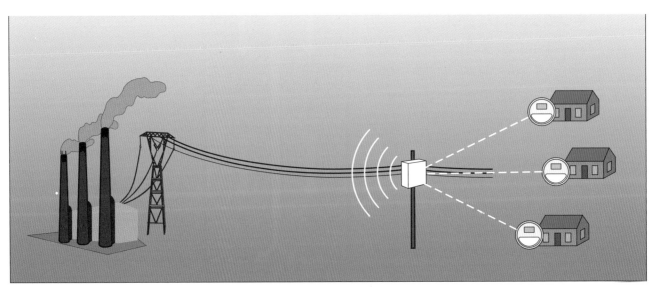

회로의 접지 Circuit Grounding

접지가 되어 있지 않을 때

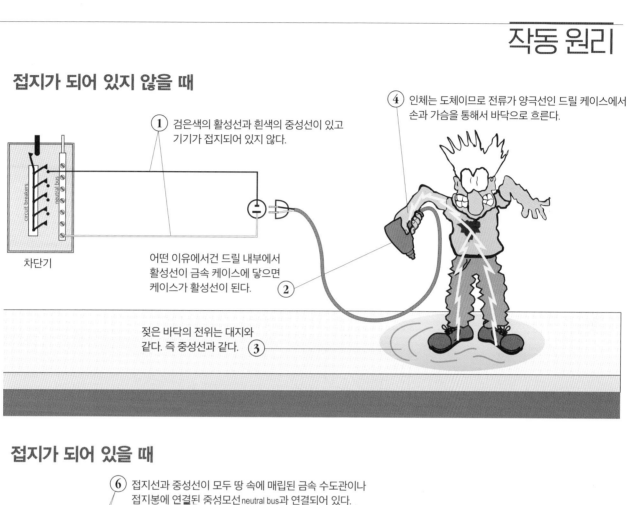

① 검은색의 활성선과 흰색의 중성선이 있고
기기가 접지되어 있지 않다.

차단기

어떤 이유에서건 드릴 내부에서
활성선이 금속 케이스에 닿으면
케이스가 활성선이 된다. ②

④ 인체는 도체이므로 전류가 양극선인 드릴 케이스에서
손과 가슴을 통해서 바닥으로 흐른다.

젖은 바닥의 전위는 대지와
같다. 즉 중성선과 같다. ③

접지가 되어 있을 때

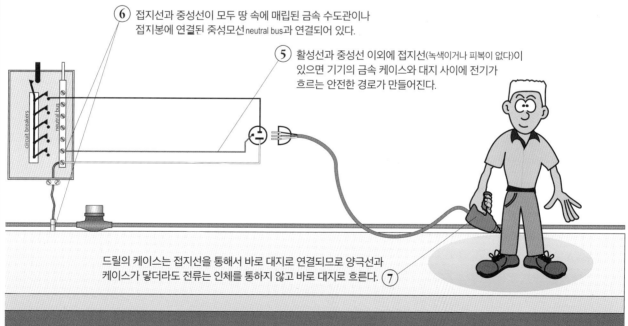

⑥ 접지선과 중성선이 모두 땅 속에 매립된 금속 수도관이나
접지봉에 연결된 중성모선neutral bus과 연결되어 있다.

⑤ 활성선과 중성선 이외에 접지선(녹색이거나 피복이 없다)이
있으면 기기의 금속 케이스와 대지 사이에 전기가
흐르는 안전한 경로가 만들어진다.

드릴의 케이스는 접지선을 통해서 바로 대지로 연결되므로 양극선과
케이스가 닿더라도 전류는 인체를 통하지 않고 바로 대지로 흐른다. ⑦

2

분전반* Electrical Panels

주 분전반

주택 내부의 전기는 모두 주 분전반을 통해서 공급되므로 한곳에서 편리하게 관리할 수 있다. 주 분전반에서 멀리 떨어진 위치에서 다량의 전기를 사용하는 경우에는 주 분전반에 연결된 보조 분전반을 별도로 설치하기도 한다.

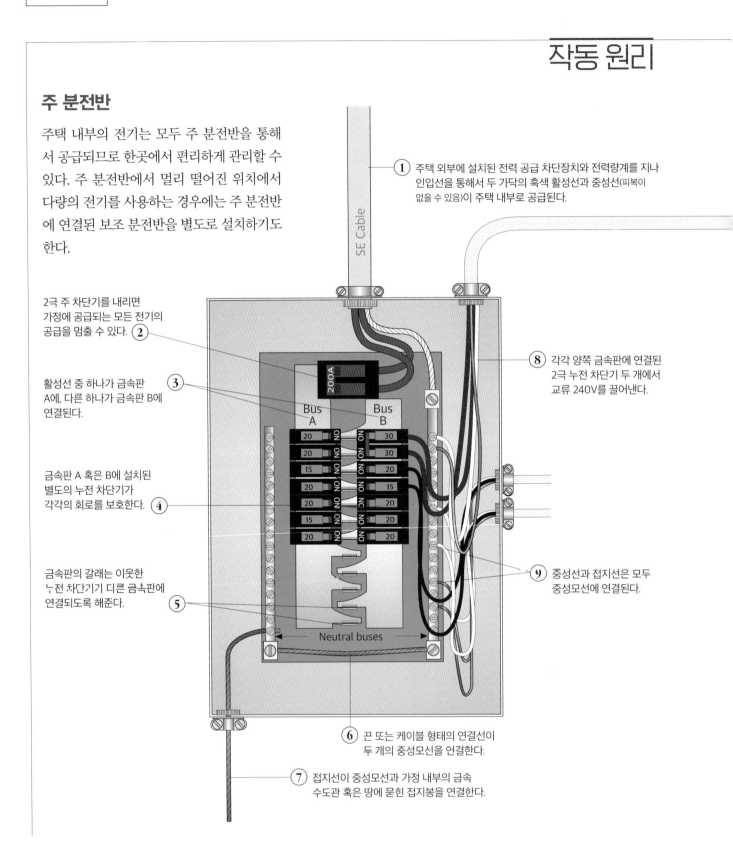

① 주택 외부에 설치된 전력 공급 차단장치와 전력량계를 지나 인입선을 통해서 두 가닥의 흑색 활성선과 중성선(피복이 없을 수 있음)이 주택 내부로 공급된다.

② 2극 주 차단기를 내리면 가정에 공급되는 모든 전기의 공급을 멈출 수 있다.

③ 활성선 중 하나가 금속판 A에, 다른 하나가 금속판 B에 연결된다.

④ 금속판 A 혹은 B에 설치된 별도의 누전 차단기가 각각의 회로를 보호한다.

⑤ 금속판의 갈래는 이웃한 누전 차단기기 디른 금속판에 연결되도록 해준다.

⑧ 각각 양쪽 금속판에 연결된 2극 누전 차단기 두 개에서 교류 240V를 끌어낸다.

⑨ 중성선과 접지선은 모두 중성모선에 연결된다.

⑥ 끈 또는 케이블 형태의 연결선이 두 개의 중성모선을 연결한다.

⑦ 접지선이 중성모선과 가정 내부의 금속 수도관 혹은 땅에 묻힌 접지봉을 연결한다.

보조 분전반

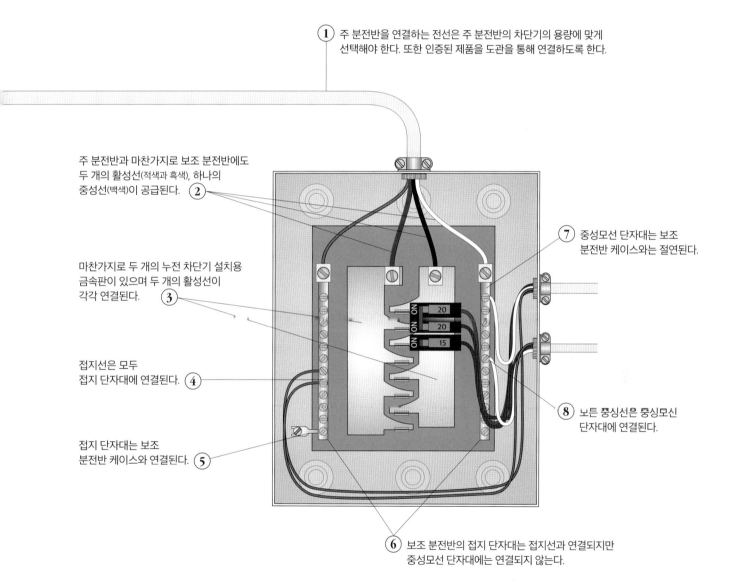

① 주 분전반을 연결하는 전선은 주 분전반의 차단기의 용량에 맞게 선택해야 한다. 또한 인증된 제품을 도관을 통해 연결하도록 한다.

주 분전반과 마찬가지로 보조 분전반에도 두 개의 활성선(적색과 흑색), 하나의 중성선(백색)이 공급된다. ②

마찬가지로 두 개의 누전 차단기 설치용 금속판이 있으며 두 개의 활성선이 각각 연결된다. ③

접지선은 모두 접지 단자대에 연결된다. ④

접지 단자대는 보조 분전반 케이스와 연결된다. ⑤

⑦ 중성모선 단자대는 보조 분전반 케이스와는 절연된다.

⑧ 모든 중성선은 중성모신 단자대에 연결된다.

⑥ 보조 분전반의 접지 단자대는 접지선과 연결되지만 중성모선 단자대에는 연결되지 않는다.

* 미국에서 사용되는 120V 단상삼선식의 경우이다.

2

콘센트 Receptacle

작동 원리

고정 설치용 나사

중성선 단자(긴 구멍)

활성선 단자
(짧은 구멍)

은색 단자
(백색선 연결용)

황동색 단자
(흑색 또는 적색선 연결용)

덮개 연결 구멍

연결선 jumper(분리 가능)

접지 단자
(녹색 또는 피복 없음)

접지선 단자

벽 밀착용 고리

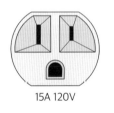
15A 120V

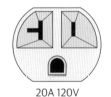
20A 120V

20A 240V

30A 240V

30A 120/240V

50A 120/240V

콘센트는 전기 기기를 회로에 연결하는 단자다. 기기의 플러그를 콘센트에 꽂으면 기기는 회로의 일부가 된다.

연결이 잘못되는 것(활성선이 중성선이나 접지선에 연결되는 등)을 방지하기 위하여 콘센트와 플러그의 단자 모양이 규격화되어 있다. 그림에 나타난 것과 같이 통상적인 15A/120V 콘센트에서는 중성선 연결 구멍이 활성선 연결 구멍보다 길다. 플러그도 마찬가지이므로 중성선과 활성선을 바꾸어 연결하는 것은 불가능하다.

마찬가지로 접지 단자도 플러그의 한쪽 방향에 위치한다. 구형 콘센트에는 접지 단자가 없으므로, 세 개의 발이 달린 플러그는 사용할 수 없다.

왼편 그림은 가정에서 사용되는 콘센트의 형태들을 보여준다. 각각의 콘센트는 미국 전기 규격에 의해서 규정되어 있다. 위에서 설명한 15A/120V 콘센트와 마찬가지로, 이들 콘센트마다 대응하는 규격의 플러그가 있다.

120V 콘센트들 중에서 용량 15A와 20A짜리 사이에는 주목할 만한 차이점이 존재한다. 15A 콘센트의 가격이 20A짜리보다 훨씬 낮아서 종종 20A 회로에 15A 콘센트를 설치하는 경우가 있다(당연히 불법이다). 그나마 다행인 것은 용량 20A 기기의 플러그는 15A 콘센트에 연결이 되지 않는다는 점이다.

통상적인 콘센트 연결법

콘센트의 직렬 연결

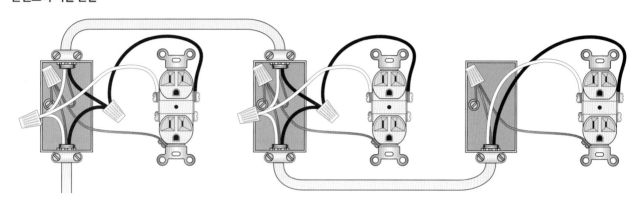

스위치 부착 콘센트(위쪽의 단자를 스위치로 켜고 끔)

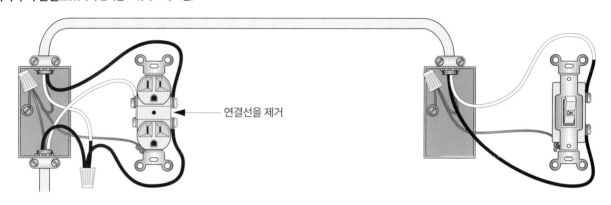

연결선을 제거

위 아래 콘센트가 분리된 회로의 연결(두 개의 별도 회로)

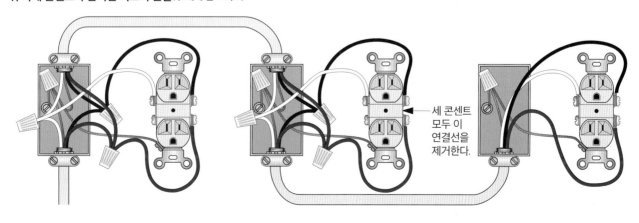

세 콘센트
모두 이
연결선을
제거한다.

2 누전 차단기 GFCI(Ground-Fault Circuit Interrupter)

작동 원리

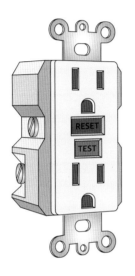

주변이 젖어 있을 때가 많아서 감전 가능성이 높은 곳에서는 누전 차단기를 설치하도록 규정하고 있다.

자석으로 만들어진 고리를 교류 전류가 통과하면 고리에 감긴 코일에 전류가 흐르며 전압이 만들어진다. 정상적인 상태에서는 활성선과 중성선 모두에 전류가 흐른다. 두 전선에 흐르는 전류는 크기가 같고 극성이 반대이므로 이들에 의해서 만들어지는 전압은 상쇄된다. 만약 일부라도 전류가 누전되어 대지로 흘러 나가면 두 선에 흐르는 전류의 양이 달라지고, 자석에 감긴 코일에 전압차가 만들어진다. 누전 감지기는 이 전압을 증폭해서 전자석을 움직여 회로를 차단하고 전류가 더 이상 흐르지 않도록 한다.

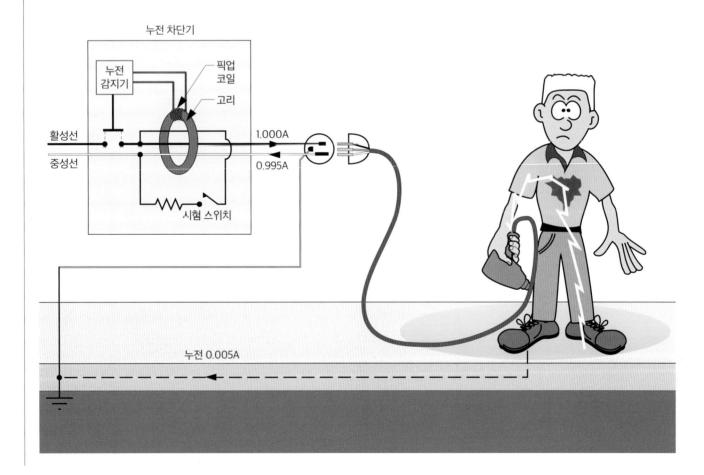

아크 차단기 AFCI(Arc-Fault Circuit Interrupter)

작동 원리

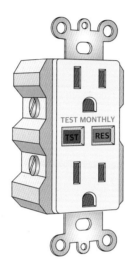

전선의 연결이 풀어지거나 피복이 벗겨져서 전선끼리 서로 닿으면 아크 방전*이 발생하고, 전류가 짧은 공기층을 흐를 수 있다. 전기 아크는 금속을 녹이거나 용접할 때도 이용되며 아크로 인해 벽 안에서 화재가 시작될 수도 있다.

아크 차단기는 누전 차단기의 일종으로 내부에 전압과 전류의 파형이 정상인지를 지속적으로 파악하는 마이크로프로세서가 들어 있다. 아크로 의심되는 파형이 검출되면 전자석을 움직여 회로를 차단해서 전류의 흐름을 멈춘다. 아크 차단기에는 자석식이나 온도 감응식과 같은 표준적인 누전 차단기 구조가 포함되어 있다.

아크기 있는 전류아 전압의 패턴

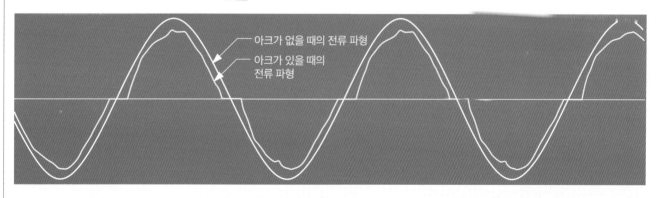

아크가 없을 때의 전류 파형
아크가 있을 때의 전류 파형

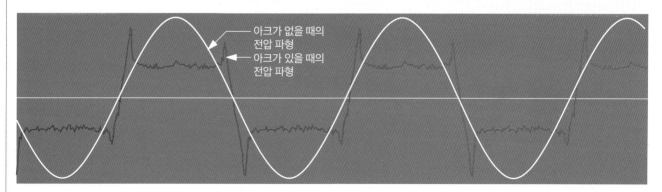

아크가 없을 때의 전압 파형
아크가 있을 때의 전압 파형

* 양과 음의 단자에 고압 전위차를 가할 경우 발생하는 전기 불꽃.

2 단극 스위치 Single-Pole Switch

작동 원리

하나의 전선을 하나의 레버로 ON/OFF 하는 단극단투 스위치(single-pole, single-throw, 單極單投)는 가장 단순한 구조이면서 가장 흔하게 사용되는 형태다. 레버의 위치에 따라 회로에 연결된 활성선(적색 혹은 흑색)을 연결(ON)하거나 차단(OFF)한다.

두 개의 전선을 하나의 레버로 동시에 ON/OFF 하는 쌍극단투 스위치(double-pole, single-throw, 雙極單投)는 기본적으로 단극 1접점 스위치 두 개를 동시에 구동하는 구조로, 활성선 두 개(적색선과 흑색선)를 한꺼번에 연결하거나 차단하며 240V 회로에 사용된다.

미국 전기 안전 규정National Electric Code에 의하면 스위치는 활성선에만 연결할 수 있다. 접지선에 스위치를 부착했을 때의 위험성은 자명하다.

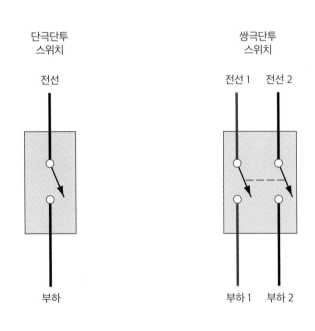

단극단투
스위치

전선

부하

쌍극단투
스위치

전선 1   전선 2

부하 1   부하 2

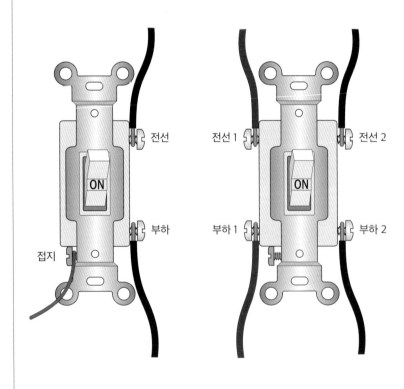

전선

부하

접지

전선 1   전선 2

부하 1   부하 2

수리를 요청하기 전에

전등이나 벽의 스위치에 연동해서 동작하는 기기가 스위치를 켜도 동작하지 않을 때는 우선 다음의 조치를 취해본다.

• 고장 나지 않은 것이 분명한 다른 램프를 연결해본다. 만약 불이 들어온다면 스위치가 고장 난 것이다.

• 역시 동작하지 않는다면 누전 차단기나 퓨즈를 확인해본다.

스위치를 교체하기로 했다면 우선 분전반에서 해당 회로에 연결된 누전 차단기를 내린다. 옛 스위치에 연결된 전선에 표시해 두고 새 스위치의 똑같은 위치에 전선을 다시 연결한다.

일반적인 단극 스위치 회로

위아래 콘센트가 다른 회로인 경우(위쪽 콘센트만 스위치로 조작하는 경우)

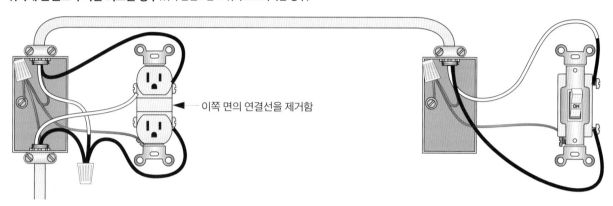

이쪽 면의 연결선을 제거함

회로의 중간에 전구가 있는 경우

※ 주의: 흑색선 대신 백색선을 사용해도 되지만 스위치에 연결되는
부분은 반드시 흑색 테이프로 감거나 검게 칠해야 함.

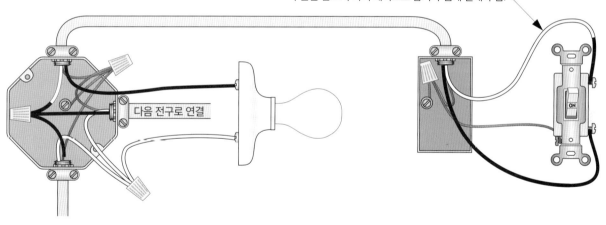

다음 전구로 연결

회로의 끝에 전구가 있는 경우

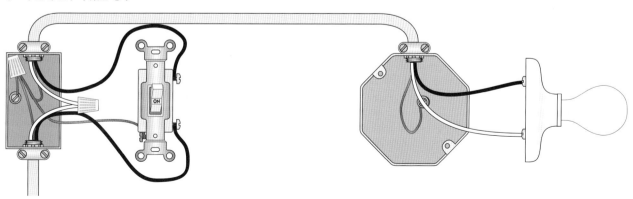

2

3로 및 4로 스위치 3- & 4-Way Switches

작동 원리

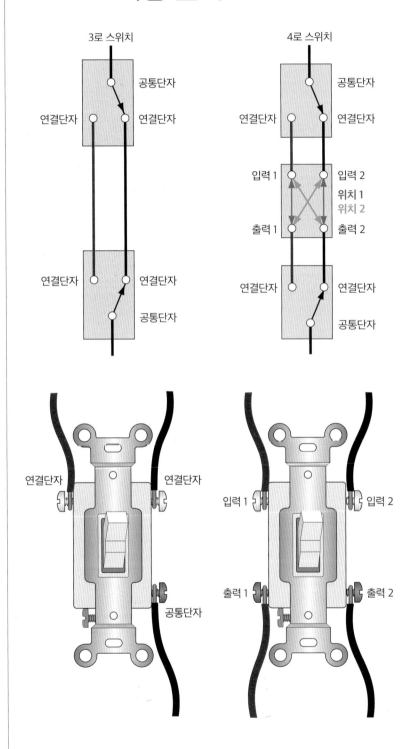

세 가닥의 전선이 연결되는 3로路 스위치를 이용하면 하나의 전구를 두 곳에서 켜고 끌 수 있다. 복도가 좋은 예다. 왼쪽 그림에서 보듯, 위아래의 스위치 어느 것을 이용해서도 회로를 연결(ON)하거나 차단(OFF)할 수 있다. 스위치의 위치에 관계없이 어느 쪽에서도 조작이 가능하므로 전구를 두 곳에서 켜거나 끌 수 있다.

4로 스위치를 사용하면 조작할 수 있는 위치가 두 곳이 아니라 장소의 수에 제한이 없어진다. 4로 스위치는 항상 양쪽에 3로 스위치가 있는 형태로 사용된다. 4로 스위치의 내부에는 위치 1(청색), 위치 2(녹색)의 두 가지 동작 상태가 있다.

3로 스위치 두 개 사이에 4로 스위치 한 개가 있을 때는 셋 중의 어느 한 스위치를 이용해서도 회로를 연결(ON)하거나 차단(OFF)할 수 있다.

3로 스위치의 단자 세 곳 중 한 곳에는 항상 접점이 연결된 상태이며 이곳을 공통단자 COMMON라고 한다. 공통단자에 흑색 나사가 장착되어 있다. 나머지 두 단자는 나사의 색이 밝은색이며, 스위치의 조작에 따라 회로에 연결되기도 하고 차단되기도 한다. 공통단자에 연결되는 전선은 반드시 흑색을 사용하도록 규정되어 있다. 나머지 단자에 연결되는 전선은 적색 혹은 흑색 모두 사용 가능하다.

4로 스위치에도 적색과 흑색 전선이 사용된다. 4개의 단자에는 두 가지의 다른 색상의 나사가 장착되어 있으며 동일 색상의 나사가 있는 단자 두 곳에는 적색/흑색의 전선을 각각 하나씩 연결해야 한다.

3로 스위치의 사용 예

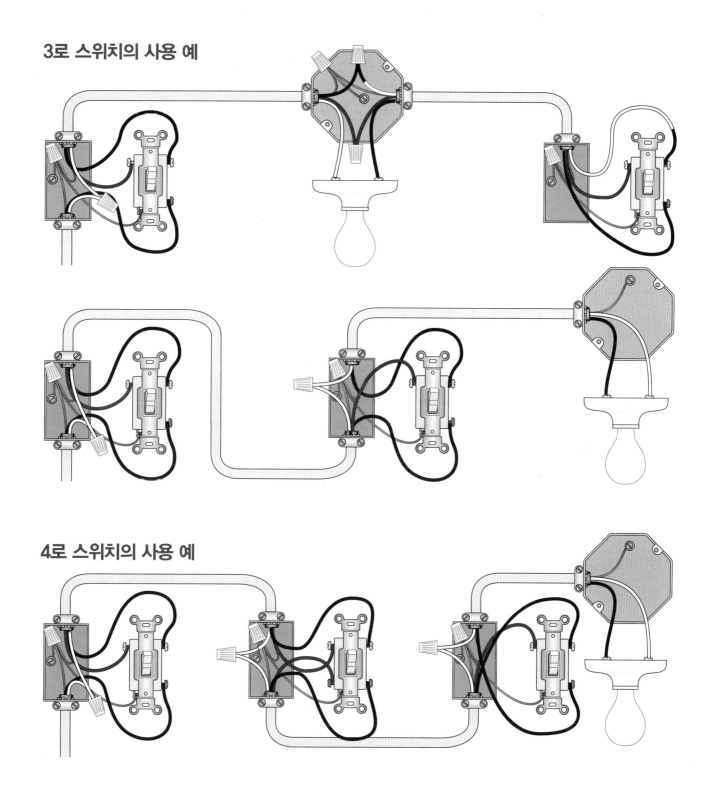

4로 스위치의 사용 예

2 전구 부착식 천장용 선풍기

Ceiling Fan/Light Switch

작동 원리

벽 부착형 스위치 두 개를 사용하는 경우

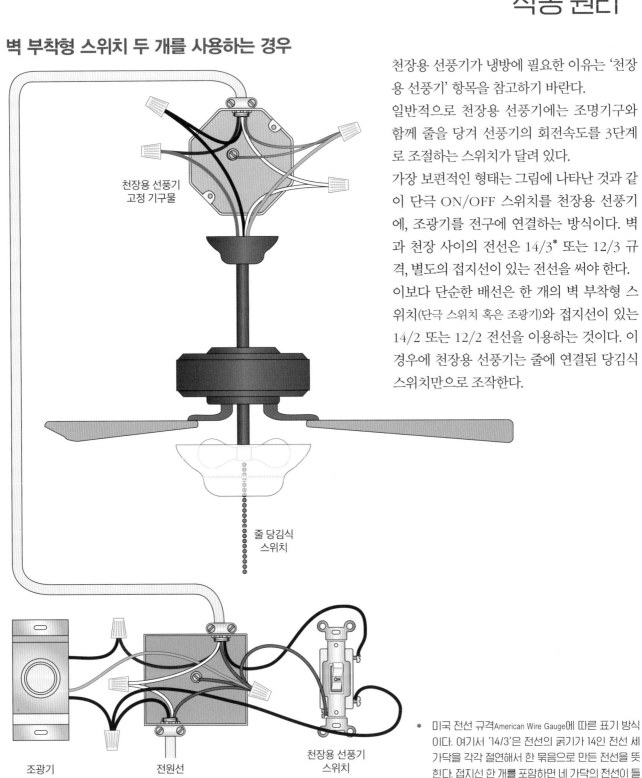

천장용 선풍기 고정 기구물

줄 당김식 스위치

조광기

전원선

천장용 선풍기 스위치

천장용 선풍기가 냉방에 필요한 이유는 '천장용 선풍기' 항목을 참고하기 바란다.

일반적으로 천장용 선풍기에는 조명기구와 함께 줄을 당겨 선풍기의 회전속도를 3단계로 조절하는 스위치가 달려 있다.

가장 보편적인 형태는 그림에 나타난 것과 같이 단극 ON/OFF 스위치를 천장용 선풍기에, 조광기를 전구에 연결하는 방식이다. 벽과 천장 사이의 전선은 14/3* 또는 12/3 규격, 별도의 접지선이 있는 전선을 써야 한다. 이보다 단순한 배선은 한 개의 벽 부착형 스위치(단극 스위치 혹은 조광기)와 접지선이 있는 14/2 또는 12/2 전선을 이용하는 것이다. 이 경우에 천장용 선풍기는 줄에 연결된 당김식 스위치만으로 조작한다.

* 미국 전선 규격American Wire Gauge에 따른 표기 방식이다. 여기서 '14/3'은 전선의 굵기가 14인 전선 세 가닥을 각각 절연해서 한 묶음으로 만든 전선을 뜻한다. 접지선 한 개를 포함하면 네 가닥의 전선이 들어 있다.

벽 부착형 스위치 한 개를 사용하는 경우

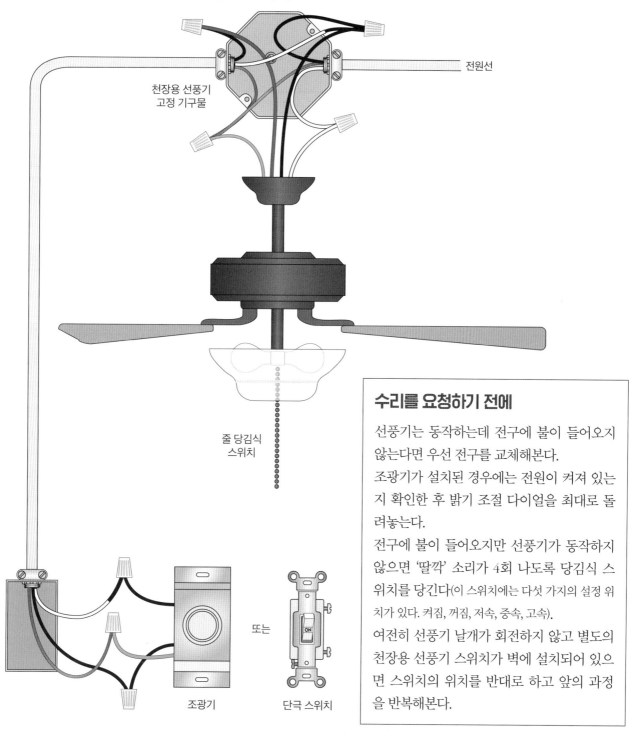

전원선

천장용 선풍기
고정 기구물

줄 당김식
스위치

조광기   또는   단극 스위치

수리를 요청하기 전에

선풍기는 동작하는데 전구에 불이 들어오지
않는다면 우선 전구를 교체해본다.

조광기가 설치된 경우에는 전원이 켜져 있는
지 확인한 후 밝기 조절 다이얼을 최대로 돌
려놓는다.

전구에 불이 들어오지만 선풍기가 동작하지
않으면 '딸깍' 소리가 4회 나도록 당김식 스
위치를 당긴다(이 스위치에는 다섯 가지의 설정 위
치가 있다. 켜짐, 꺼짐, 저속, 중속, 고속).

여전히 선풍기 날개가 회전하지 않고 별도의
천장용 선풍기 스위치가 벽에 설치되어 있으
면 스위치의 위치를 반대로 하고 앞의 과정
을 반복해본다.

2 조광기 Dimmer Switch

조광기의 일반적인 구조

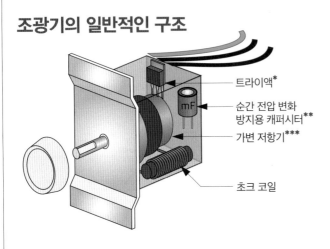

트라이액*
순간 전압 변화
방지용 캐퍼시터**
가변 저항기***
초크 코일

스위치 ON/OFF에 따른 동작

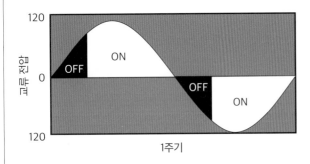

120

전압(볼트)

0

OFF
ON
OFF
ON

120

1주기

조광기 회로

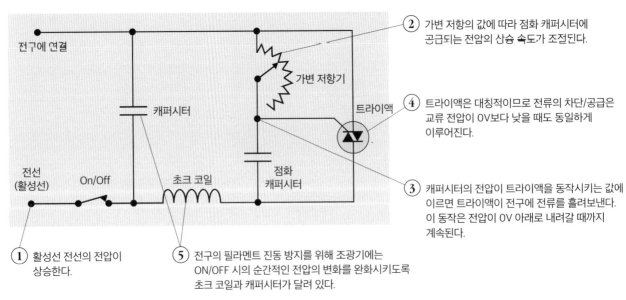

전구에 연결

가변 저항기

캐퍼시터

트라이액

초크 코일

점화
캐퍼시터

전선
(활성선)

On/Off

① 활성선 전선의 전압이
상승한다.

⑤ 전구의 필라멘트 진동 방지를 위해 조광기에는
ON/OFF 시의 순간적인 전압의 변화를 완화시키도록
초크 코일과 캐퍼시터가 달려 있다.

② 가변 저항의 값에 따라 점화 캐퍼시터에
공급되는 전압의 상승 속도가 조절된다.

④ 트라이액은 대칭적이므로 전류의 차단/공급은
교류 전압이 0V보다 낮을 때도 동일하게
이루어진다.

③ 캐퍼시터의 전압이 트라이액을 동작시키는 값에
이르면 트라이액이 전구에 전류를 흘려보낸다.
이 동작은 전압이 0V 아래로 내려갈 때까지
계속된다.

작동 원리

조광기는 전구에 공급되는 전압을 낮추는(=조절하는) 동작을 하는 것이 아니다. 왼편의 그래프에 나타난 것처럼 전구를 켜고 끄는 동작 사이에 전구에 전기가 공급되는 시간의 비율을 조절한다. 하지만 이 동작이 매우 빨라서 (1초에 120번) 사람의 눈이 인지할 수 없을 따름이다.

전구의 밝기와 전력 소모는 전구가 켜진 ON 구간의 비율에 대체로 비례하므로 조광기를 사용하면 전기를 절약할 수 있다. 밝기를 25퍼센트 낮추면 전기 사용량은 20퍼센트 정도 줄어든다. 즉, 50퍼센트 낮추면 40퍼센트 정도 비용을 절감할 수 있다. 게다가 전구의 수명도 늘어난다. 밝기를 10퍼센트만 낮춰도 전구의 수명은 두 배로 늘어난다.

여기서 설명하는 일반적인 조광기는 형광등에는 사용할 수 없다. 형광등용 조광기는 별도의 등 기구용 안정기를 써야 한다.

*　　triac. 3극관 교류 스위치. 교류 전류의 흐름을 ON/OFF 한다.

**　　전기를 저장하는 축전용 부품.

***　　다이얼을 돌리면 저항값이 변하는 부품.

일반적인 조광기 회로의 예

단극 조광기를 사용하는 경우

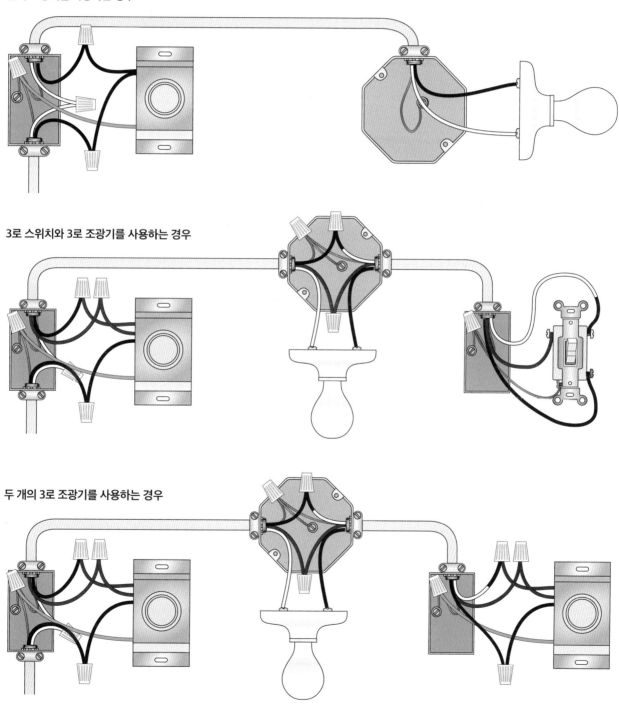

3로 스위치와 3로 조광기를 사용하는 경우

두 개의 3로 조광기를 사용하는 경우

2 동작 감지 스위치 Motion-Activated Switch

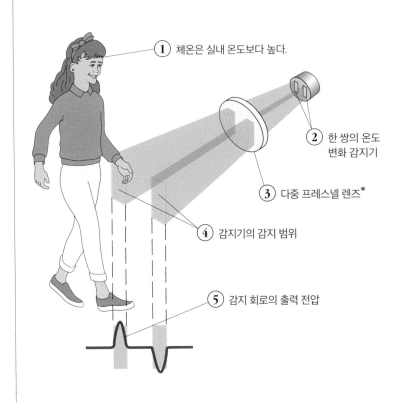

① 체온은 실내 온도보다 높다.

② 한 쌍의 온도 변화 감지기

③ 다중 프레스넬 렌즈*

④ 감지기의 감지 범위

⑤ 감지 회로의 출력 전압

감지 범위

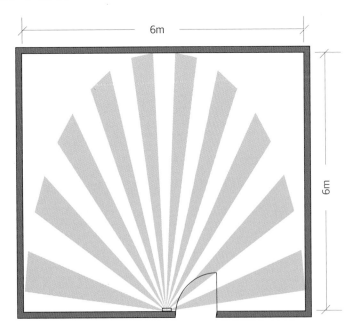

6m

6m

작동 원리

출입문의 자동 개폐와 보안 경보기에 쓰이던 구식 동작 감지 센서는 빛, 레이더, 초음파 감지기 등을 이용했다. 이 세 가지 방식은 모두 기기에서 신호를 내보내므로 "능동형"으로 분류된다.

반면 대부분의 신형 동작 감지기는 '수동형 자외선' 방식이다. 이 방식의 감지기는 인체에서 발산되는 파장 8~12마이크로미터의 적외선을 감지한다. 이 감지기는 1) 움직이는 사람과 정지한 사람, 2) 실내에 있는 체온에 가까운 온도의 물체를 감지한다.

이 기능을 구현하는 방법에는 두 가지가 있다. 첫째, 감지기가 적외선 센서의 특정 순간의 출력 전압이 아니라 출력 전압의 변화량을 측정한다. 둘째, 두 개 이상의 감지기를 이용해서 두 감지기의 출력 전압의 차이를 측정한다.

왼편의 그림을 보면, 나란히 설치된 두 개의 감시기가 감지하는 영역으로 사람이 지나가고 있다. 사람의 이동에 따라 첫 번째 감지기의 출력 전압이 올라갔다가 내려가고, 이어서 두 번째 감지기의 출력 전압이 내려갔다가 올라온다. 두 번째 감지기의 출력은 반대의 극성을 갖도록 되어 있다. 실내 온도의 전반적 상승, 정지한 사람, 또는 예상치 못한 전등의 점멸 등은 두 감지기의 출력을 상쇄하므로 감지기는 아무것도 감지하지 못한다.

아래쪽의 그림은 감지기가 실내 전체를 감지하려면 설치 위치를 세심하게 골라야 함을 보여준다.

---

* fresnel lens. 집광 렌즈의 하나. 요철 표면의 형상에 의해 돋보기 효과를 낸다.

실내등에 적용하는 경우

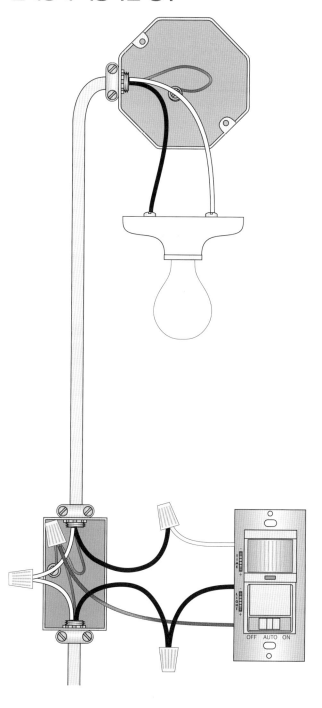

일반적인 조절기의 형태

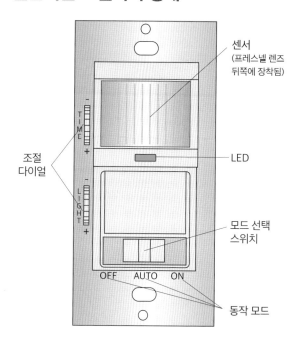

센서
(프레스넬 렌즈
뒤쪽에 장착됨)

LED

모드 선택
스위치

동작 모드

조절
다이얼

OFF   AUTO   ON

수리를 요청하기 전에

AUTO나 ON 모드에서도 불이 들어오지 않으면 전구를 교체한다. 전구를 교체해도 여전히 불이 들어오지 않으면 누전 차단기를 확인한다.

불이 켜진 상태에서 꺼지지 않으면 모드 스위치가 AUTO에 있고 실내에 아무도 없는지 확인한다.

사람이 들어와도 불이 켜지지 않는다면 모든 스위치가 AUTO에 있는지 확인한다.

여전히 불이 들어오지 않으면 조절기의 전면 커버를 떼어낸 후 광량LIGHT 조절 다이얼을 이리저리 돌려본다.

그래도 정상적으로 작동하지 않으면 조절기를 교체한다.

천장 부착식 등기구 Flush-Mount Light Fixture

2

작동 원리

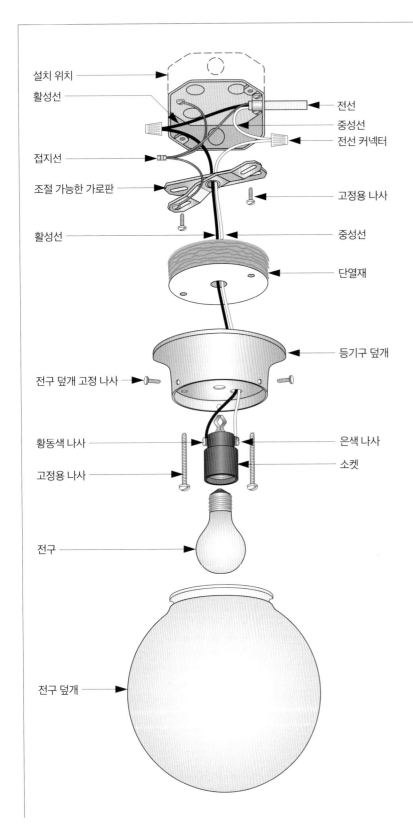

설치 위치
활성선
접지선
조절 가능한 가로판
활성선
전구 덮개 고정 나사
황동색 나사
고정용 나사
전구
전구 덮개

전선
중성선
전선 커넥터
고정용 나사
중성선
단열재
등기구 덮개
은색 나사
소켓

천장에 부착하는 등기구는 여러 개의 부품으로 이루어져 있지만 대부분은 규격화되어 있다.

어느 제품이나 천장에 등기구를 고정하는 고정판이 있다. 등기구 덮개가 충분히 크다면 1.2cm 두께의 팬케이크 상자 크기 정도의 구멍을 천장에 내도 된다.

샹들리에나 일부 천장 부착형 선풍기처럼 등기구가 아주 무겁다면 무게를 지탱하기 위한 별도의 구조물이 필요할 수도 있다.

천장이 높아서 등기구에 손에 닿지 않아 작업이 불편한 경우가 많지만 전선의 극성을 나타내는 색깔은 확실하게 규정을 따라야 한다. 활성선(흑색)이 소켓의 어두운 색 단자에 연결되도록 한다. 이렇게 해야 소켓의 외부가 정상적으로 접지된다.

수리를 요청하기 전에

전구가 켜지지 않는다면 전구가 나갔기 때문일 가능성이 높다(되도록 장수명 전구를 사용하는 것을 권장한다). 전구를 교체하려면 전구 덮개를 분리해야 한다. 보통 전구 덮개 고정 나사를 풀면 쉽게 분리된다.

가끔 전구를 분리하려고 돌리면 전구 소켓이 함께 돌기도 한다. 이런 때는 우선 분전반에서 전원을 차단하고, 고정용 나사를 푼 뒤에 등기구를 천장에서 떼어낸다. 전구를 소켓에서 분리하고 나서 등기구를 조립한 후 새 전구를 끼운 뒤 분전반에서 다시 전원을 공급한다.

천장 줄걸이식 등기구 Hanging Ceiling Fixture

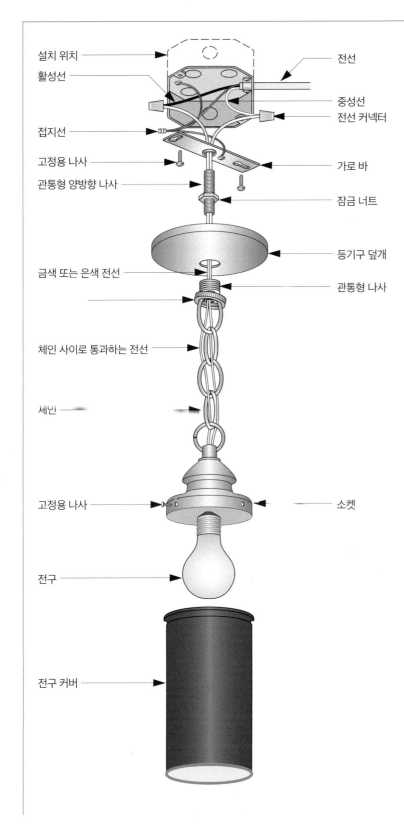

설치 위치

활성선

접지선

고정용 나사

관통형 양방향 나사

금색 또는 은색 전선

체인 사이로 통과하는 전선

세인

고정용 나사

전구

전구 커버

전선

중성선

전선 커넥터

가로 바

잠금 너트

등기구 덮개

관통형 나사

소켓

작동 원리

줄걸이식 등기구는 부착식 등기구보다 구성 부품이 더 많다. 전구의 높이는 체인의 수를 조절해서 원하는 곳에 맞춘다. 체인은 고정되어 있지 않으므로 펜치 두 개를 이용해서 풀 수 있다.

체인의 길이를 조절하면 전선의 길이도 이에 맞춰줘야 한다. 체인과 전선은 백색, 흑색, 갈색, 금색, 은색의 다섯 가지 색상으로 이루어져 있다. 전선 피복 아래의 심선은 색으로 구분되지 않으므로 소켓의 어두운 색 단자에 활성선이 연결되었는지 잘 확인할 필요가 있다.

백열등을 호환되는 규격의 콤팩트 형광 전구로 바꾸면 전력 소모도 줄어들 뿐 아니라 한동아 교체할 필요가 없다.

수리를 요청하기 전에

유리가 깨진 전구를 빼내야 할 때는 크기가 비슷한 통감자를 전구 유리 안쪽에 끼워 넣고 돌리는 것이 효과적이다. 다만 감자는 전기가 통하므로 먼저 전원을 차단하는 것을 잊지 않도록 한다. 천장에 등을 달 때 두 손을 모두 쓸 수 있는 한 가지 방법을 소개한다. S자 고리 두 개를 천장의 부착 위치에 걸고 고리의 반대쪽에 철사 옷걸이의 양쪽 끝을 건다. 그리고 체인과 등기구를 옷걸이에 걸어두고 작업하면 된다.

2 거실 및 테이블 램프 Floor & Table Lamps

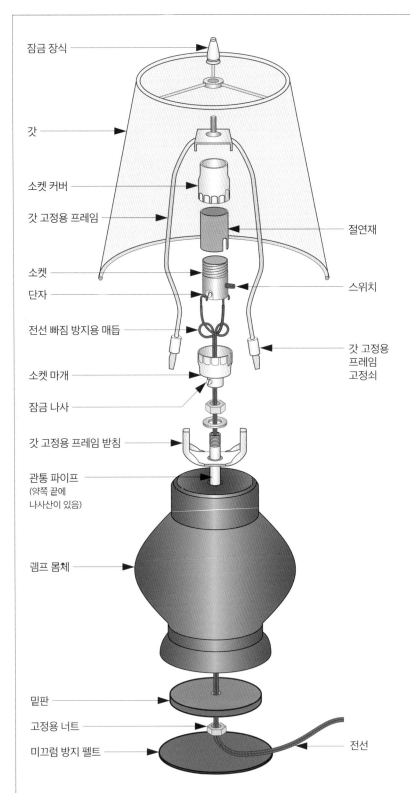

- 잠금 장식
- 갓
- 소켓 커버
- 갓 고정용 프레임
- 절연재
- 소켓
- 단자
- 스위치
- 전선 빠짐 방지용 매듭
- 소켓 마개
- 갓 고정용 프레임 고정쇠
- 잠금 나사
- 갓 고정용 프레임 받침
- 관통 파이프 (양쪽 끝에 나사산이 있음)
- 램프 몸체
- 밑판
- 고정용 너트
- 미끄럼 방지 펠트
- 전선

작동 원리

대대로 물려받은 고장 난 램프를 말끔하게 고치면 보람을 느낄 수 있다. 그림에 나타난 것처럼 오래된 램프는 대체로 구조가 매우 단순하고 부품도 규격화되어 있어서 어렵지 않게 새 부품을 구할 수 있다.

전선은 몸체의 아래쪽 구멍을 통해서 위로 연결된다. 간혹 소켓에 전원선이 직접 연결된 형태의 램프도 있다.

수리를 요청하기 전에

가장 흔히 필요한 수리가 전선 교체다. 강아지가 전선을 물어뜯거나 청소기에 전선이 눌려서 피복이 손상되거나 찢어지기도 한다. 같은 색상의 전선을 알맞은 길이로 구입하고 전선을 램프 몸체에 관통시킨다. 전선 끝부분을 15cm 정도 두 갈래로 가른 뒤, 맨 끝부분 2cm 정도의 피복을 칼로 조심스럽게 벗겨낸다. 전선을 그림처럼 매듭지은 뒤에 단자의 나사에 연결한다.

두 가닥의 전선 중 전원 플러그의 짧은 핀에 연결된 전선*이 소켓의 짙은 색 나사에 연결되어야 하므로 유성펜 등을 이용해서 전선에 표시해둔다.

또 흔하게 필요한 수리가 소켓 교체다. 소켓은 다양한 형태가 있으므로 기존 소켓을 갖고 전문점을 방문해서 동일한 규격의 제품을 구입하도록 한다.

* 미국에서는 플러그의 양쪽 중 한쪽이 접지선으로 연결되기 때문이다.

형광등 Fluorescent Lamp

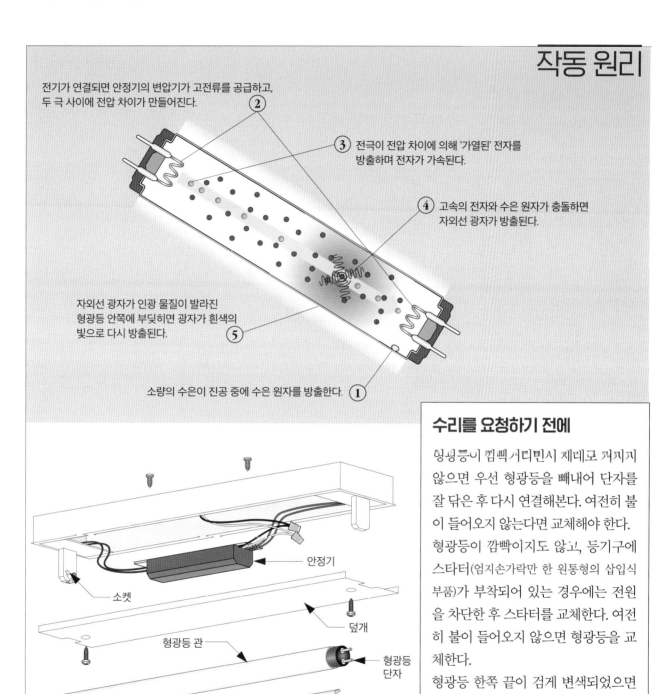

전기가 연결되면 안정기의 변압기가 고전류를 공급하고, 두 극 사이에 전압 차이가 만들어진다. ②

③ 전극이 전압 차이에 의해 '가열된' 전자를 방출하며 전자가 가속된다.

④ 고속의 전자와 수은 원자가 충돌하면 자외선 광자가 방출된다.

자외선 광자가 인광 물질이 발라진 형광등 안쪽에 부딪히면 광자가 흰색의 빛으로 다시 방출된다. ⑤

소량의 수은이 진공 중에 수은 원자를 방출한다. ①

안정기

소켓

덮개

형광등 관

형광등 단자

확산용 덮개

수리를 요청하기 전에

형광등이 깜빡거리면서 제대로 꺼지지 않으면 우선 형광등을 빼내어 단자를 잘 닦은 후 다시 연결해본다. 여전히 불이 들어오지 않는다면 교체해야 한다. 형광등이 깜빡이지도 않고, 등기구에 스타터(엄지손가락만 한 원통형의 삽입식 부품)가 부착되어 있는 경우에는 전원을 차단한 후 스타터를 교체한다. 여전히 불이 들어오지 않으면 형광등을 교체한다.

형광등 한쪽 끝이 검게 변색되었으면 형광등을 빼내어 방향을 바꾸어 끼운다. 양쪽 끝이 모두 검게 변색된 경우에는 형광등과 스타터를 모두 교체한다. 등기구에 스타터가 있는 구조이면서 형광등이 한쪽 끝에서만 깜빡거린다면 스타터를 교체한다.

2 콤팩트 형광 램프 Compact Fluorescent Lamp

작동 원리

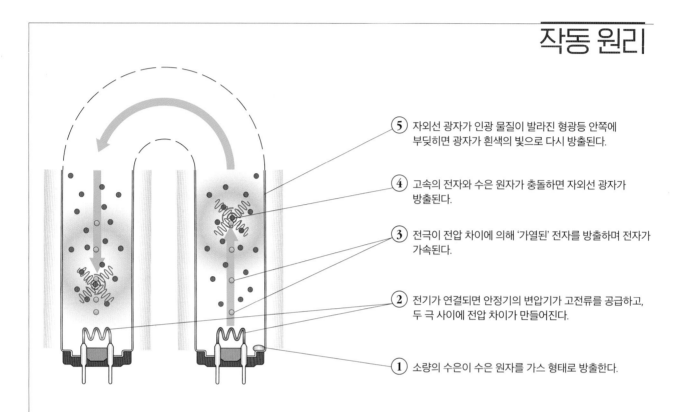

⑤ 자외선 광자가 인광 물질이 발라진 형광등 안쪽에 부딪히면 광자가 흰색의 빛으로 다시 방출된다.

④ 고속의 전자와 수은 원자가 충돌하면 자외선 광자가 방출된다.

③ 전극이 전압 차이에 의해 '가열된' 전자를 방출하며 전자가 가속된다.

② 전기가 연결되면 안정기의 변압기가 고전류를 공급하고, 두 극 사이에 전압 차이가 만들어진다.

① 소량의 수은이 수은 원자를 가스 형태로 방출한다.

수리를 요청하기 전에

불이 들어오지 않으면 새 전구로 바꾸어 본다.

전구를 교체해도 불이 들어오지 않으면, 누전 차단기를 껐다가 다시 켜본다.

탁상용 혹은 거실용 조명기구의 경우에는 다른 콘센트에 램프를 연결해본다. 여전히 불이 들어오지 않는다면 형광등이 고장 난 것이다.

벽에 달린 스위치를 이용해서 전구를 조작하도록 되어 있는 경우에는 우선 전원을 차단하고 전구 소켓 중앙부의 핀을 위쪽으로 향하도록 조금 구부려본다.

여전히 불이 들어오지 않으면 벽 스위치를 교체한다.

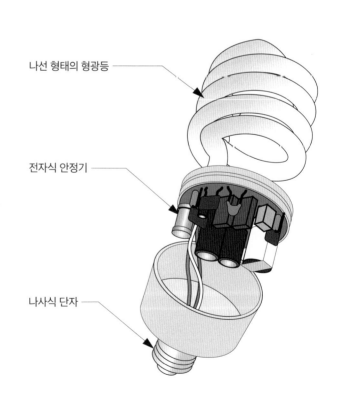

나선 형태의 형광등

전자식 안정기

나사식 단자

LED 전구 LED Lamp

작동 원리

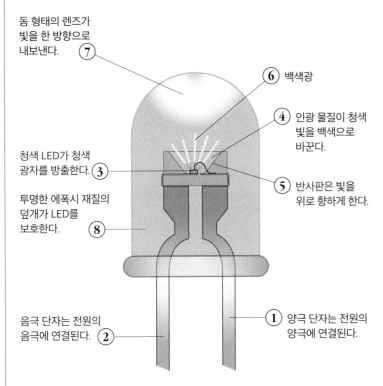

돔 형태의 렌즈가 빛을 한 방향으로 내보낸다. ⑦

⑥ 백색광

④ 인광 물질이 청색 빛을 백색으로 바꾼다.

청색 LED가 청색 광자를 방출한다. ③

⑤ 반사판은 빛을 위로 향하게 한다.

투명한 에폭시 재질의 덮개가 LED를 보호한다. ⑧

음극 단자는 전원의 음극에 연결된다. ②

① 양극 단자는 전원의 양극에 연결된다.

LED(light emitting diode, 발광 다이오드)는 얇은 반도체가 겹쳐진 것이다. LED에 전압이 가해지면 전류가 양극 단자에서 음극 단자 방향으로 흐르지만 그 반대 방향으로는 흐르지 못한다. 반도체의 접합부를 지나는 전자는 높은 에너지 상태에서 낮은 에너지 상태로 변하면서 광자(빛)를 방출한다.

사용되는 반도체의 소재에 따라 광자는 적색, 녹색, 청색을 띤다. 백색 LED는 적, 녹, 청 LED를 결합하거나 그림에서처럼 청색 LED를 노란색의 인광 물질로 덮어서 만들 수 있다.

가장 보편적인 LED 전구

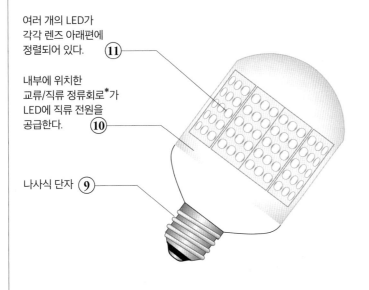

여러 개의 LED가 각각 렌즈 아래편에 정렬되어 있다. ⑪

내부에 위치한 교류/직류 정류회로*가 LED에 직류 전원을 공급한다. ⑩

나사식 단자 ⑨

수리를 요청하기 전에

불이 들어오지 않는다면 새 전구로 교체해본다.

새 전구 역시 점등되지 않으면, 전구가 연결된 회로의 누전 차단기를 내렸다가 다시 올려본다.

탁상용 혹은 거실용 조명기구의 경우에는 다른 콘센트에 램프를 연결해본다. 여전히 불이 들어오지 않는다면 형광등이 고장 난 것이다.

벽에 달린 스위치를 이용해서 전구를 조작하도록 되어 있는 경우에는 우선 전원을 차단하고 전구 소켓 중앙부의 핀을 위쪽으로 향하도록 조금 구부려본다.

여전히 불이 들어오지 않으면 벽 스위치를 교체한다.

---

* rectifier. 정류 소자를 이용해 교류를 직류로 변환하는 기기를 말한다.
    참고: transformer(교류→교류), inverter(직류→교류), converter(직류→직류).

2 일산화탄소 경보기 CO Detector

작동 원리

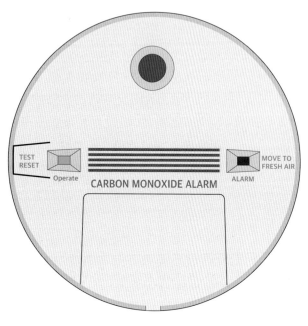

일산화탄소(CO) 경보기는 다음의 화학 반응을 감지한다.

$$CO + H_2O \Rightarrow CO_2 + 2H^+ + 2e^-$$

이 반응은 전극과 전해액(전도성 액체 혹은 젤)이 담긴 통 안에서 일어난다. 이 통은 닫혀 있지만 통의 벽 부위에는 가스가 통과할 수 있는 필름이 부착되어 있어서 일산화탄소(CO), 이산화탄소(CO_2), 산소(O_2), 공기가 통과할 수 있다.

이 경보기는 공기만 사용하므로 수명이 아주 길다.

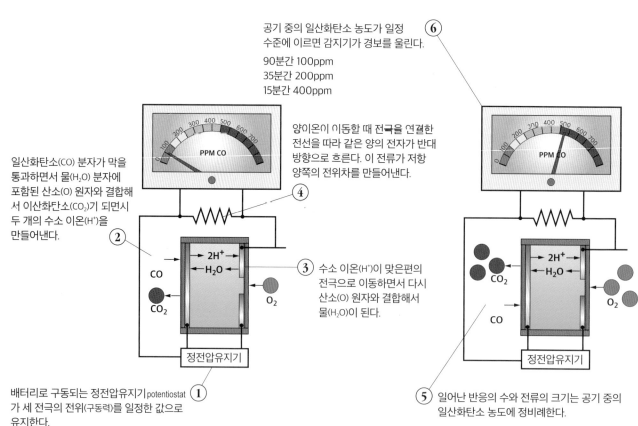

공기 중의 일산화탄소 농도가 일정 수준에 이르면 감지기가 경보를 울린다. **⑥**

90분간 100ppm
35분간 200ppm
15분간 400ppm

양이온이 이동할 때 전극을 연결한 전선을 따라 같은 양의 전자가 반대 방향으로 흐른다. 이 전류가 저항 양쪽의 전위차를 만들어낸다.

일산화탄소(CO) 분자가 막을 통과하면서 물(H_2O) 분자에 포함된 산소(O) 원자와 결합해서 이산화탄소(CO_2)가 되면서 두 개의 수소 이온(H^+)을 만들어낸다. **②**

③ 수소 이온(H^+)이 맞은편의 전극으로 이동하면서 다시 산소(O) 원자와 결합해서 물(H_2O)이 된다.

배터리로 구동되는 정전압유지기potentiostat **①** 가 세 전극의 전위(구동력)를 일정한 값으로 유지한다.

⑤ 일어난 반응의 수와 전류의 크기는 공기 중의 일산화탄소 농도에 정비례한다.

배터리 구동식 화재 감지기

Battery Smoke Detector

작동 원리

화재 감지기는 광전식과 이온식의 두 가지 방식이 있다.

광전식 감지기는 감지기 내부의 어두운 공간의 한쪽에서 빛을 쏜다. 연기 입자에 반사된 빛이 빛을 전기로 바꾸는 광전 소자에 흐르는 전류의 양을 변화시키면 경보음을 내는 구조이다. 이 방식은 연기가 많이 발생하는 화재에는 아주 유용하지만, 화재 중에 연기가 별로 나지 않는 경우도 많다.

그림에 나타난 이온식 감지기는 눈에 보이는 연기와 보이지 않는 연기 입자 모두에 반응한다. 또한 전력 소모도 작고 가격도 저렴하다.

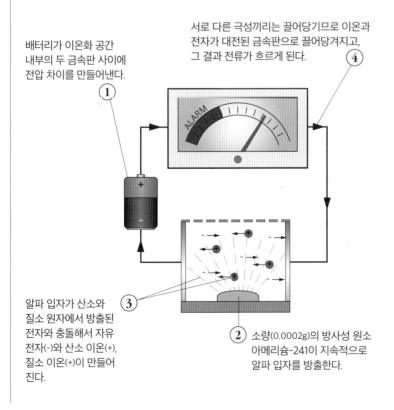

배터리가 이온화 공간 내부의 두 금속판 사이에 전압 차이를 만들어낸다. ①

서로 다른 극성끼리는 끌어당기므로 이온과 전자가 대전된 금속판으로 끌어당겨지고, 그 결과 전류가 흐르게 된다. ④

알파 입자가 산소와 질소 원자에서 방출된 전자와 충돌해서 자유 전자(-)와 산소 이온(+), 질소 이온(+)이 만들어진다. ③

② 소량(0.0002g)의 방사성 원소 아메리슘-241이 지속적으로 알파 입자를 방출한다.

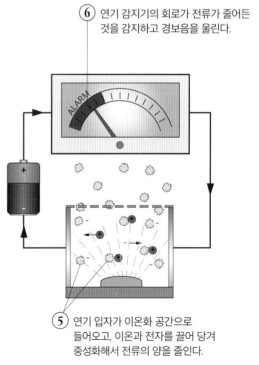

⑥ 연기 감지기의 회로가 전류가 줄어든 것을 감지하고 경보음을 울린다.

⑤ 연기 입자가 이온화 공간으로 들어오고, 이온과 전자를 끌어 당겨 중성화해서 전류의 양을 줄인다.

2 교류 전원 구동식 화재 감지기

Wired Smoke Detectors

작동 원리

대부분의 화재 연기 감지기는 배터리 구동식이다.

그러나 감지기의 배터리를 교체하는 것을 잊는 일이 많으므로 미국 소방 규정에서는 모든 신축 건물에서 교류 전원(AC 110V) 감지기를 사용하도록 요구하고 있다.

또한 모든 감지기는 상호 연결되어 있어서 한 감지기가 경보음을 울리면 나머지 감지기도 모두 경보음을 낸다.

첫 번째 감지기는 접지선이 있는 비금속 피복 NM* 14/2 규격의 전선에 연결된다. 그리고 나머지 감지기는 NM 14/3 규격 전선으로 차례로 연결된다. 흑색선과 백색선이 전력을 공급하고, 경보기들끼리는 적색선으로 연결된다. 전원선은 기존의 배선에서 끌어와도 되지만, 전등에 연결된 선에서 끌어와선 안 되고 별도의 ON/OFF 스위치를 부착하지 않도록 한다.

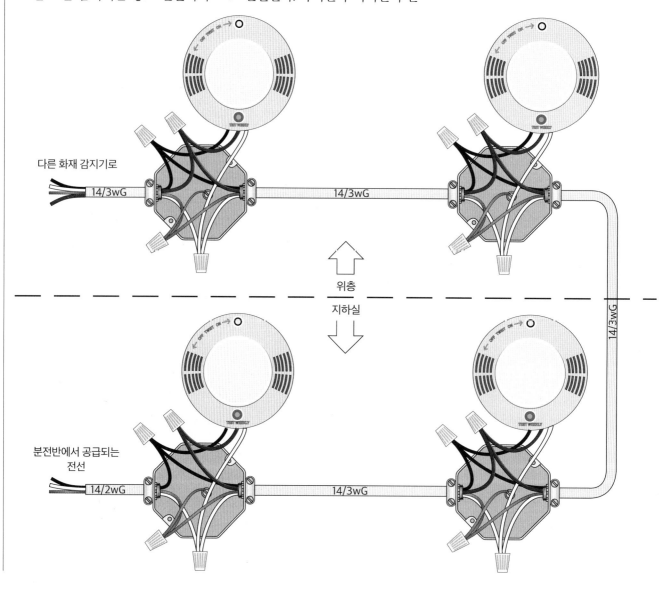

다른 화재 감지기로

14/3wG 14/3wG

위층

지하실

14/3wG

분전반에서 공급되는
전선

14/2wG 14/3wG

대표적인 관련 규정

일반 사항

다음 장소에는 화재 감지기가 반드시 설치되어야 한다.

- 주거용으로 사용되는 모든 층
- 모든 계단의 맨 아래쪽 바로 위의 천장
- 모든 침실 바깥쪽의 천장

배터리 구동식과 교류 전원 구동식 모두 사용할 수 있다.
각 위치에 설치되는 화재 감지기는 광전식과 이온식 두 가지가 함께 설치되거나, 두 기능이 결합된 방식의 단일 감지기가 설치되어야 한다.

주방, 욕조가 설치된 욕실에서 6미터 이내의 거리에는 광전식 화재 감지기만 설치할 수 있다.**

신축 주택

위의 일반적 규정에 더해, 신축 주택에서는 다음의 항목이 지켜져야 한다.

- 교류 전원 구동 방식이면서 비상시에는 배터리로 구동되는 방식을 사용해

야 한다.
- 한 감지기가 경보를 울리면 모든 감지기가 함께 경보음을 내도록 감지기끼리 연결되어야 한다.
- 모든 침실 내부에는 감지기가 설치되어

야 한다.
- 각 층의 주거 공간 어디에서든 최소한 면적 111.5제곱미터마다 화재 감지기가 하나씩 설치되어야 한다.

규정 설치 위치

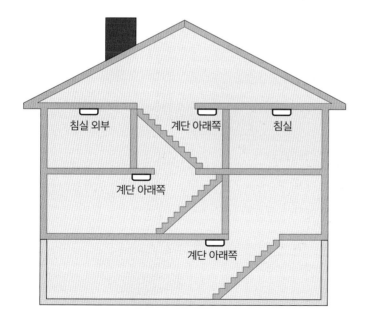

침실 외부 · 계단 아래쪽 · 침실

계단 아래쪽

계단 아래쪽

* non-metallic. 전선의 피복이 비금속성인 것을 말한다.
** 수증기에 의한 오작동 때문이다.

수리를 요청하기 전에

일주일에 한 번은 화재 감지기의 '테스트' 버튼을 눌러서 경보음이 나는지 확인한다. 2인 이상이 함께 참여해서 집 안 곳곳의 경보기 모두에서 소리가 나는지 확인한다.

매달 한 번씩 화재 감지기에 연결된 누전 차단기를 내리고 각각의 감지기가 비상용 배터리로도 작동하는지 확인한다. 작동하지 않는 감지기는 배터리를 교체한다. 모든 감지기를 확인한 후 누전 차단기를 다시 올리는 것을 잊지 않도록 한다.

배터리 교체 후에도 작동하지 않는 감지기가 있으면 동일 유형의 새 감지기로 교체한다.

2 스마트 주택 The Smart Home

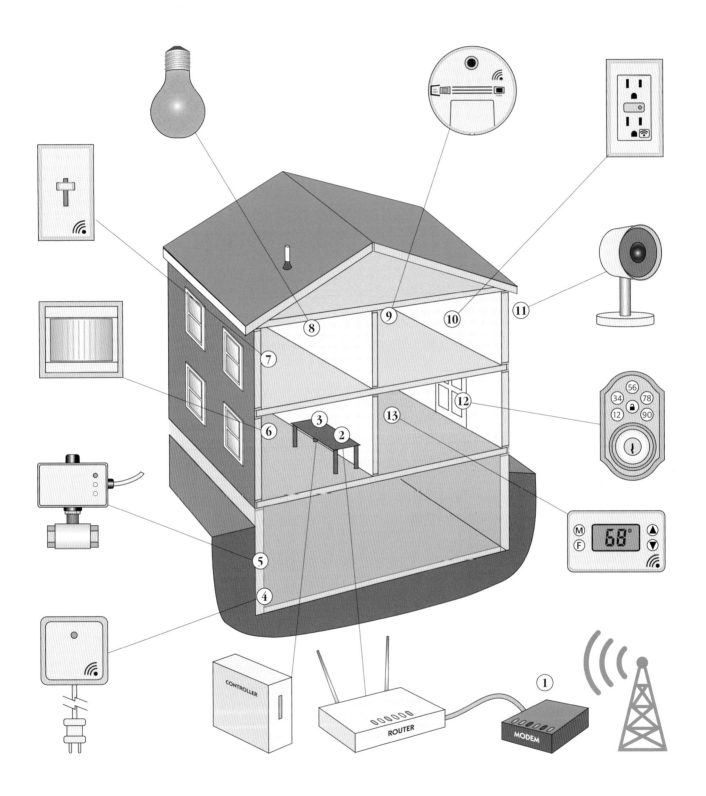

'스마트 주택'은 '사물 인터넷'이 어떻게 활용되는지를 보여주는 아주 좋은 예다. 사물 인터넷에서는 전기 기기들이 인터넷을 통해서 서로 신호를 주고받는다. 이 개념이 처음 소개되었을 때는 신기술에 관심이 높은 일부 사람들에게만 주목을 받았지만, 사물 인터넷의 응용 범위는 단지 편리함을 높여주는 수준에 머물지 않는다. 문을 열거나 잠그고, 보안용 감시 카메라를 켜거나 끄고, 온도 조절장치를 조작하고, 조리를 시작하거나 조명의 색을 바꾸는 등의 모든 작업을 스마트폰으로 할 수 있다.

관련 산업이 성장하면서 거의 모든 대기업이 독자적으로 개발한 기술과 규격으로 시장에 뛰어들고 있다. 이 과정에서 시장에서 성공하는 기업과 그렇지 못한 기업이 나뉘게 될 것이다. 시장에서 사라지는 제품을 선택하지 않으려면 주의할 사항이 몇 가지 있다.

- 대상 시스템의 제어기는 안드로이드 혹은 iOS를 사용하는 스마트폰에서 조작할 수 있어야 한다.
- 모든 스마트 기기는 제조사와 무관하게 시스템의 제어기와 호환되어야 한다.
- 시스템 제어기 제조사는 모든 기기를 개별적으로 조작할 수 있도록 해주는 스마트폰용 앱을 제공해야 한다.

앞쪽의 그림에서 스마트 주택에서 사용되는 스마트 기기의 사례를 볼 수 있다.

1. 인터넷에 접속되어 있어야 한다.
2. 무선 공유기를 이용하면 스마트폰과 컴퓨터를 비롯한 다양한 기기가 무선으로 인터넷에 접속할 수 있다.
3. 스마트 주택의 심장이라고 할 수 있는 '시스템 제어기'가 개별 기기와 무선으로 신호를 주고받는다.
4. 지하실에 물이 들어와 물 센서의 접촉면이 잠기면 경보음을 울린다.
5. 물 센서가 경보를 울리면 급수 차단기가 작동해서 집 안으로 물이 공급되지 않는다.
6. 동작 감지기가 움직이는 물체를 감지하면 경보를 보낸다. 여러 개의 동작 감지기를 이용하면 주택 안과 밖을 모두 감시할 수 있다.
7. 스마트폰을 이용해서 무선으로 조명의 밝기를 조절한다.
8. LED 전구를 사용해서 조명의 밝기와 색깔을 취향에 맞게 바꾸어 분위기와 행사에 맞는 조명을 연출한다.
9. 지능형 화재 감지기는 경보음을 낼 뿐만 아니라 소방서에 화재 발생 사실을 곧바로 알려준다.
10. 지능형 콘센트를 이용해서 전원을 차단하거나 공급할 수 있다.
11. 스마트폰을 이용해서 지능형 카메라를 원격으로 조작할 수 있고 녹화도 가능하다.
12. 지능형 도어락은 스마트폰으로 조작할 수 있다. 당신이 집에서 1600km 이상 떨어져 있어도 친구나 가족, 수리기사에게 문을 열어줄 수 있다. 전기 공급이 중단되는 사태에 대비해서 모든 지능형 도어락은 별도의 비상용 열쇠를 제공한다.
13. 지능형 온도 조절기를 이용하면 스마트폰에서 냉난방 설정을 할 수 있다.

How
Your
House
Works

난방

Heating

고품질의 난방 시스템은 제대로 설치해 놓으면 40년 이상 별다른 고장 없이 작동한다. 다만 치아 관리와 마찬가지로 적절한 유지 보수를 반드시 계속해야 한다. 관련 기술을 훈련받은 사람만이 전용 장비를 이용해서 내부 청소와 필요한 조정을 할 수 있다. 다만 필터 교체나 온도 설정, 송풍기 벨트의 조절이나 교체 같은 단순 작업에는 전문 지식이나 도구가 필요하지 않다. 실제로 정기 점검을 통해서 난방 비용을 절감하고 내부에 이물질이 쌓이는 등의 유해한 상태를 예방할 수 있다.

두 가지만 지키면 난방 시스템에 대해서는 별로 걱정할 것이 없다. 첫째, 이번 장의 항목을 살펴보고 현재 사용하는 난방 설비가 어떤 종류인지 파악한다. 그리고 난방 전문가에게 집의 난방 설비를 둘러봐달라고 요청한다. 비상용 스위치, 보일러 초기화 버튼, 필터의 위치, 구역별 온도 조절 장치 등의 위치를 파악한다. 아마 대부분의 서비스 업체가 기꺼이 응할 것이다. 그저 초기화 버튼 한 번만 누르면 되는 일 때문에 한겨울 새벽 두 시에 수리 요청 전화 받는 걸 반길 사람은 아무도 없다는 점을 기억하자.

3 온풍 순환식 가스 화로[*]

Gas Warm Air Furnace

작동 원리

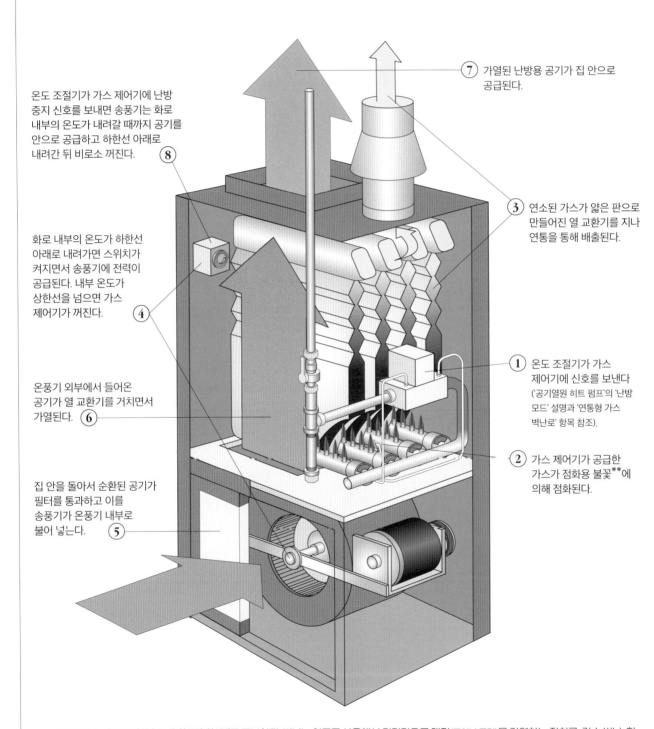

온도 조절기가 가스 제어기에 난방 중지 신호를 보내면 송풍기는 화로 내부의 온도가 내려갈 때까지 공기를 안으로 공급하고 하한선 아래로 내려간 뒤 비로소 꺼진다. **(8)**

화로 내부의 온도가 하한선 아래로 내려가면 스위치가 켜지면서 송풍기에 전력이 공급된다. 내부 온도가 상한선을 넘으면 가스 제어기가 꺼진다. **(4)**

온풍기 외부에서 들어온 공기가 열 교환기를 거치면서 가열된다. **(6)**

집 안을 돌아서 순환된 공기가 필터를 통과하고 이를 송풍기가 온풍기 내부로 불어 넣는다. **(5)**

(7) 가열된 난방용 공기가 집 안으로 공급된다.

(3) 연소된 가스가 얇은 판으로 만들어진 열 교환기를 지나 연통을 통해 배출된다.

(1) 온도 조절기가 가스 제어기에 신호를 보낸다 ('공기열원 히트 펌프'의 '난방 모드' 설명과 '연통형 가스 벽난로' 항목 참조).

(2) 가스 제어기가 공급한 가스가 점화용 불꽃^{**}에 의해 점화된다.

---

* 이 책에서는 '보일러'와 '버너', '화로', '히터'를 구분한다. 버너는 연료를 사용해서 직접적으로 매질(물이나 공기)을 가열하는 장치로, 가스 버너, 휘발유 버너 등이 있다. 물을 가열하는 방식만 '보일러'라고 한다.

** pilot flame. 작은 불꽃이 점화용으로 항상 켜져 있다.

온수 순환식 가스 보일러 Gas Hot Water Boiler

작동 원리

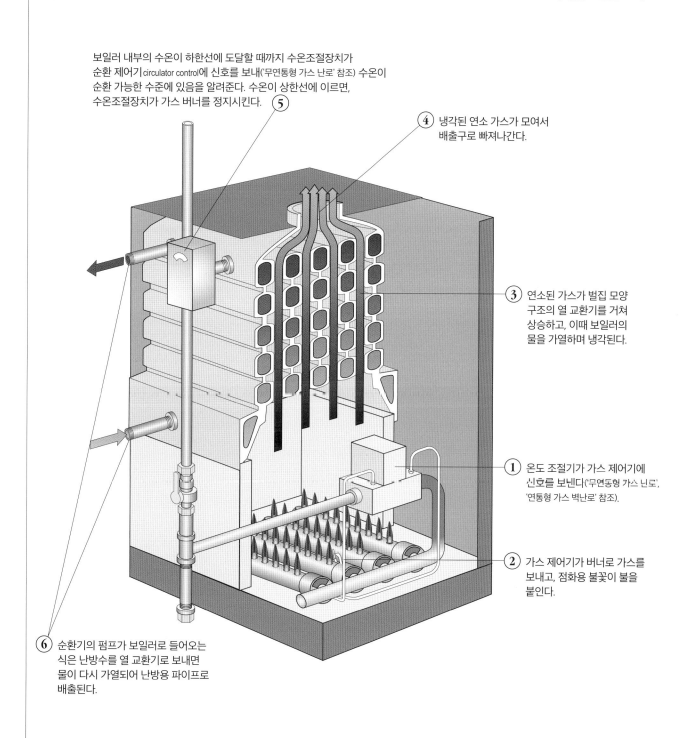

보일러 내부의 수온이 하한선에 도달할 때까지 수온조절장치가 순환 제어기circulator control에 신호를 보내('무연통형 가스 난로' 참조) 수온이 순환 가능한 수준에 있음을 알려준다. 수온이 상한선에 이르면, 수온조절장치가 가스 버너를 정지시킨다. **⑤**

④ 냉각된 연소 가스가 모여서 배출구로 빠져나간다.

③ 연소된 가스가 벌집 모양 구조의 열 교환기를 거쳐 상승하고, 이때 보일러의 물을 가열하며 냉각된다.

① 온도 조절기가 가스 제어기에 신호를 보낸다('무연통형 가스 난로', '연통형 가스 벽난로' 참조).

② 가스 제어기가 버너로 가스를 보내고, 점화용 불꽃이 불을 붙인다.

⑥ 순환기의 펌프가 보일러로 들어오는 식은 난방수를 열 교환기로 보내면 물이 다시 가열되어 난방용 파이프로 배출된다.

3 공기 순환식 석유 화로 Oil Warm Air Furnace

작동 원리

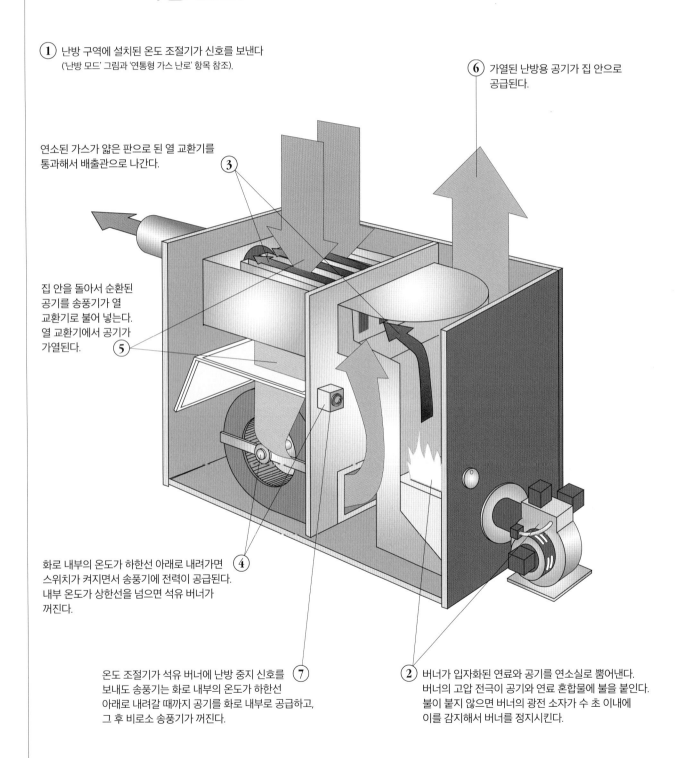

① 난방 구역에 설치된 온도 조절기가 신호를 보낸다
('난방 모드' 그림과 '연통형 가스 난로' 항목 참조).

⑥ 가열된 난방용 공기가 집 안으로 공급된다.

연소된 가스가 얇은 판으로 된 열 교환기를 통과해서 배출관으로 나간다. ③

집 안을 돌아서 순환된 공기를 송풍기가 열 교환기로 불어 넣는다. 열 교환기에서 공기가 가열된다. ⑤

화로 내부의 온도가 하한선 아래로 내려가면 ④ 스위치가 켜지면서 송풍기에 전력이 공급된다. 내부 온도가 상한선을 넘으면 석유 버너가 꺼진다.

온도 조절기가 석유 버너에 난방 중지 신호를 ⑦ 보내도 송풍기는 화로 내부의 온도가 하한선 아래로 내려갈 때까지 공기를 화로 내부로 공급하고, 그 후 비로소 송풍기가 꺼진다.

② 버너가 입자화된 연료와 공기를 연소실로 뿜어낸다. 버너의 고압 전극이 공기와 연료 혼합물에 불을 붙인다. 불이 붙지 않으면 버너의 광전 소자가 수 초 이내에 이를 감지해서 버너를 정지시킨다.

온수 순환식 석유 보일러 Oil Hot Water Boiler

작동 원리

① 난방 구역에 설치된 온도 조절기가 신호를 보낸다
('난방 모드' 그림과 '연통형 가스 난로' 항목 참조).

보일러 내부의 수온이 하한선에 도달할 때까지
수온조절장치가 순환 제어기에 신호를 보내
수온이 난방 가능한 수준에 있음을 알려준다.
수온이 상한선에 이르면, 수온조절장치가
석유 버너를 정지시킨다.

④ 냉각된 연소 가스가 모여 외부로 배출된다.

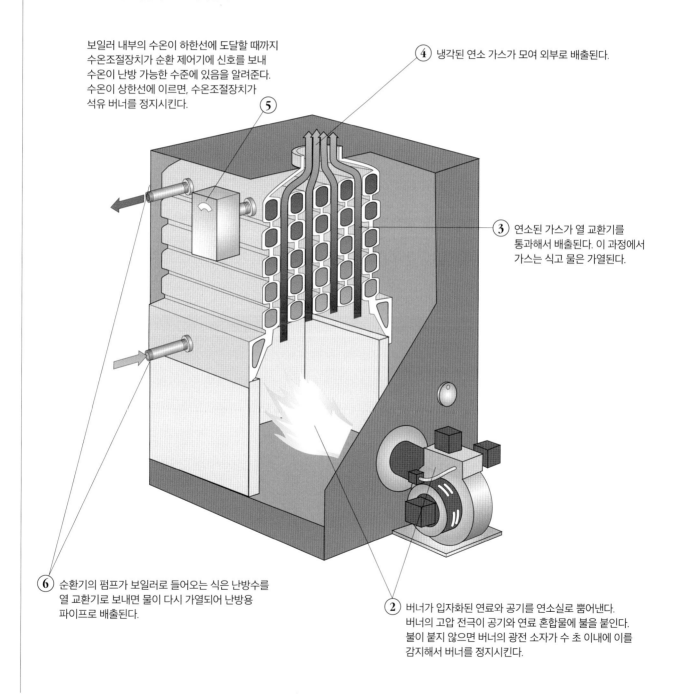

③ 연소된 가스가 열 교환기를
통과해서 배출된다. 이 과정에서
가스는 식고 물은 가열된다.

⑥ 순환기의 펌프가 보일러로 들어오는 식은 난방수를
열 교환기로 보내면 물이 다시 가열되어 난방용
파이프로 배출된다.

② 버너가 입자화된 연료와 공기를 연소실로 뿜어낸다.
버너의 고압 전극이 공기와 연료 혼합물에 불을 붙인다.
불이 붙지 않으면 버너의 광전 소자가 수 초 이내에 이를
감지해서 버너를 정지시킨다.

3 석유 버너 Oil Burner

작동 원리

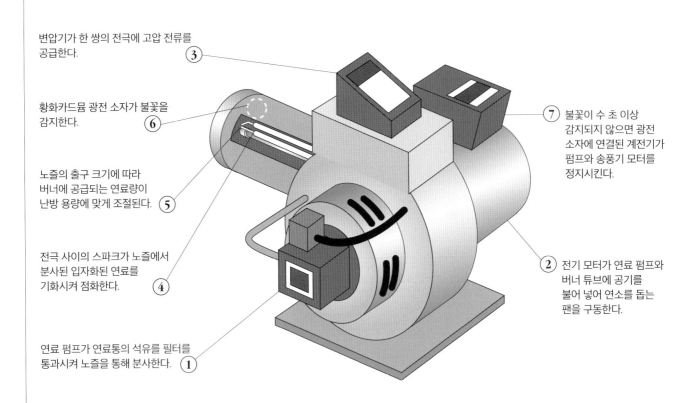

변압기가 한 쌍의 전극에 고압 전류를 공급한다. **③**

황화카드뮴 광전 소자가 불꽃을 감지한다. **⑥**

노즐의 출구 크기에 따라 버너에 공급되는 연료량이 난방 용량에 맞게 조절된다. **⑤**

전극 사이의 스파크가 노즐에서 분사된 입자화된 연료를 기화시켜 점화한다. **④**

연료 펌프가 연료통의 석유를 필터를 통과시켜 노즐을 통해 분사한다. **①**

⑦ 불꽃이 수 초 이상 감지되지 않으면 광전 소자에 연결된 계전기가 펌프와 송풍기 모터를 정지시킨다.

② 전기 모터가 연료 펌프와 버너 튜브에 공기를 불어 넣어 연소를 돕는 팬을 구동한다.

수리를 요청하기 전에

만약 기능이 완전히 정지된 것 같고 아무 소리도 나지 않는다면, 분전반의 누전 차단기나 퓨즈를 섬섬해 보고, 화로 혹은 그 주변의 전원 스위치를 살펴본다. 화로에서는 소리가 나는데 가열이 되지 않는다면 우선 연료 탱크에 연료가 있는지 확인한다. 연료 잔량이 1/8 이하이면 가동되지 않을 수 있다. 연료가 있다면 리셋 버튼을 눌러서 보일러를 재시동한다. 그래도 버너가 작동하지 않으면 수리를 요청한다.
화로가 작동하는데(연료가 타는 소리가 들린다) 곧 꺼진다면 연료 필터가 막혔거나 교체해야 하기 때문일 수 있고, 연료 공급 파이프에 공기가 찼기 때문일 수

도 있다. 이때는 공기를 제거해야 한다.
연료 필터를 교체하거나 연료관의 공기를 빼는 작업은 자동차 연료 필터를 교체할 수 있는 사람이라면 손쉽게 할 수 있다. 직접 해보려면 다음 '연료 필터' 항목을 참조한다. 유튜브에도 관련 동영상이 많이 나와 있다.
필터를 교체하고 연료관의 공기를 빼냈는데도 버너가 작동하지 않으면 광전 소자나 변압기의 고장 같은 다른 문제 때문일 가능성이 높다. 이때는 전문가에게 수리를 요청한다. 겨울이 시작되기 전에 잊지 않고 보일러를 점검하도록 한다.

연료 필터 Fuel Oil Filter

일반적인 연료 필터의 구조

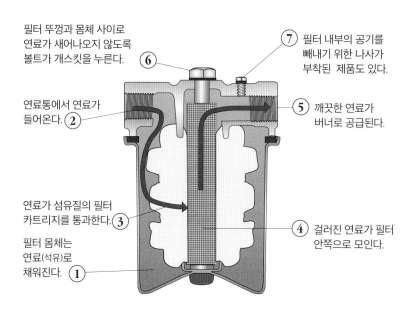

필터 뚜껑과 몸체 사이로 연료가 새어나오지 않도록 볼트가 개스킷을 누른다. ⑥

⑦ 필터 내부의 공기를 빼내기 위한 나사가 부착된 제품도 있다.

연료통에서 연료가 들어온다. ②

⑤ 깨끗한 연료가 버너로 공급된다.

연료가 섬유질의 필터 카트리지를 통과한다. ③

필터 몸체는 연료(석유)로 채워진다. ①

④ 걸러진 연료가 필터 안쪽으로 모인다.

연료관의 공기 빼내기

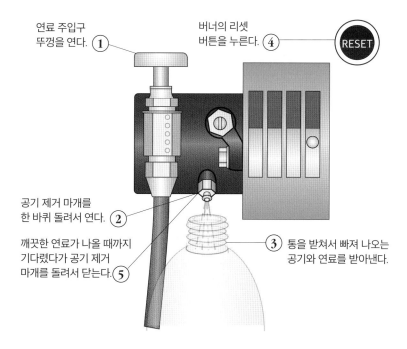

연료 주입구 뚜껑을 연다. ①

버너의 리셋 버튼을 누른다. ④

RESET

공기 제거 마개를 한 바퀴 돌려서 연다. ②

깨끗한 연료가 나올 때까지 기다렸다가 공기 제거 마개를 돌려서 닫는다. ⑤

③ 통을 받쳐서 빠져 나오는 공기와 연료를 받아낸다.

온풍 순환식 석유 화로, 온수 순환식 석유 보일러 모두 동일한 유형의 버너를 사용해서 공기와 물을 덥힌다. 두 방식 모두 겨울철이 시작되기 전에 점검을 받아야 한다. 기계적, 전기적 부품은 매번 교체할 필요가 없게 만들어졌지만 연료 필터는 주기적으로 교체해주어야 한다.

연료통 내부에 수분이 많아지면 연료가 오염되기 매우 쉽다. 연료통 내의 수분은 바닥에 가라앉아서(물은 석유보다 무겁다) 연료통에 녹을 발생시키고 그 결과 검고 끈끈한 침전물이 쌓인다.

연료 필터는 연료통이나 버너 근처에 부착되어 있다. 모든 연료는 반드시 필터를 통과한다. 연료가 없거나 필터가 막히면 연료 공급이 중단되고 버너는 작동하지 않는다. 필터 교환 자체는 간단하지만 필터 몸체를 닦고 필터를 교체하는 것을 비롯해 필터 내부에 연료를 채우고, 연료관 내부의 공기를 빼내는 과정까지 마무리하려면 손이 더러워질 것을 각오해야 한다.

유튜브에 관련 동영상이 많으니 찾아보기를 권한다. 직접 연료 필터 교체 작업을 할 생각이라면 처음 한 번은 전문가의 작업 과정을 살펴보는 편이 좋다. 단계별로 작업 과정을 메모하고 필터의 구입처도 확인해둔다.

난방 설비는 여전히 자격을 갖춘 사람이 점검하고 청소할 필요가 있지만 일부라도 직접 하면 비용을 줄일 수 있다.

3 공기열원 히트 펌프 Air-Source Heat Pump

작동 원리

R-410A 냉매

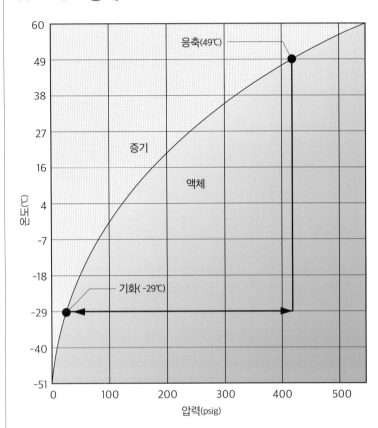

수리를 요청하기 전에

히트 펌프가 작동하지 않으면 누전 차단 기나 퓨즈를 먼저 살펴본다.

히트 펌프는 작동하는데 냉방이나 난방 이 예전처럼 되지 않는다면 필터와 집 내외부의 열 교환기 코일을 청소한다. 또 한 낙엽 등의 이물질이 공기의 흐름을 막고 있는 것이 아닌지 확인해본다.

물은 대기압일 때 100℃에서 끓지만, (압력 솥처럼) 기압이 높아지면 더 높은 온도가 되 어야 끓는다. 끓으면서 증발하는 물은 많 은 열을 흡수하는데(더운 여름날 비가 오면 기 온이 내려가듯이) 여기서 냉장고, 에어컨, 히 트 펌프의 작동 원리를 짐작할 수 있을 것 이다.

그래프에서 보듯이 R-410A 냉매는 압력 이 42psi(27psig*)일 때 -29℃에서, 기압이 420psig일 때는 49℃에서 기화한다.

다음 쪽에 설명된 히트 펌프 위쪽 그림에 서 냉매는 압축기 안에서 최소 420psig로 압축되며, 온도가 49℃로 상승한다.

고온의 압축된 냉매 가스가 집 안의 열 교 환기를 통과한다. 팬이 공기를 코일 쪽 으로 불어내면 냉매의 온도가 응축점 condensation point 아래로 내려가면서 다시 액 체가 된다.

고온의 액체 냉매는 열 교환기에서 팽창 밸브로 흘러가고, 집 외부에 설치된 두 번 째 열 교환기와 팬을 만난다. 팽창 밸브는 냉매의 압력을 30psig로 떨어뜨려서 액체 상태의 냉매가 -29℃에서 끓도록(기화하도 록) 만든다. 열 교환기를 지나며 외부의 열 이 흡수되어 다시 집 안으로 보내진다.

외부 열 교환기에서, 식혀진 증기 상태의 냉매가 다시 압축기로 들어와 위의 과정을 반복한다.

* pound per square inch, guage. 압력의 단위로, 대기 압일 때를 0으로 본 것이다. 대략 psi = psig + 15.

난방 모드

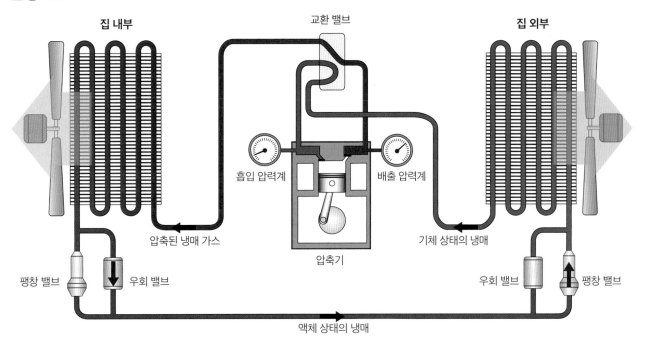

집 내부　　　　　　교환 밸브　　　　　　집 외부

흡입 압력계　　　　배출 압력계

압축된 냉매 가스　　　　기체 상태의 냉매

압축기

팽창 밸브　　우회 밸브　　　　　　우회 밸브　　팽창 밸브

액체 상태의 냉매

냉방 모드

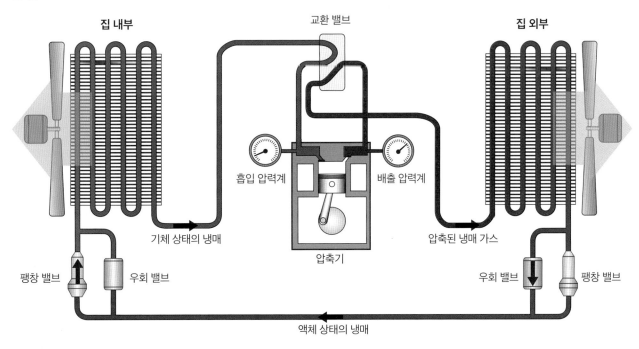

집 내부　　　　　　교환 밸브　　　　　　집 외부

흡입 압력계　　　　배출 압력계

기체 상태의 냉매　　　　압축된 냉매 가스

압축기

팽창 밸브　　우회 밸브　　　　　　우회 밸브　　팽창 밸브

액체 상태의 냉매

3 지열원 히트 펌프 Ground-Source Heat Pump

수직 매립식

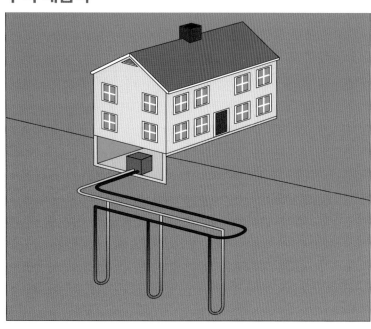

겹침 매립식

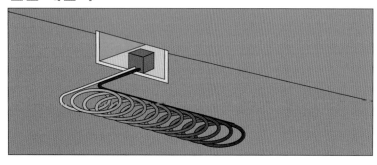

수평 매립식

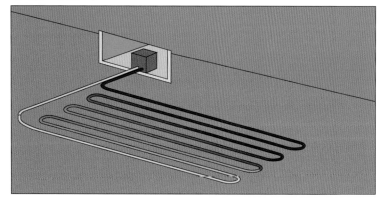

작동 원리

외부 공기를 이용하는 공기열원 히트 펌프와 달리 지열원 히트 펌프는 땅을 이용해서 열을 교환한다.

땅의 열 용량은 엄청나게 크다. 대체로 기온은 −34~38℃ 사이를 오르내리는 반면, 6미터 이하의 땅의 온도는 해당 지역의 연평균 기온과 비슷한 수준을 유지한다. 미국의 경우 가장 남쪽의 주를 제외하면 대체로 7~16℃ 사이다.

히트 펌프의 효율은 열원의 온도에 크게 영향을 받으므로 지열원 히트 펌프는 가장 추운 기간 동안 공기열원 히트 펌프보다 효율이 훨씬 좋다. 미국 북부의 추운 주에서는 난방 효율 지수(HSPF: Heating Season Performance Factors)*의 값이 250~350% 수준이다. HSPF는 히트 펌프가 전달한 열량을 소비된 전력으로 나눈 값이다. 난방용 가스 가격이 매우 낮거나 전기 요금이 아주 높은 지역을 제외하면, 지열원 히트 펌프는 가장 경제적인 냉난방 공조 시스템이다.

하지만 높은 효율을 얻으려면 감수해야 할 것도 있다. 우선 설치비가 가스나 석유를 이용하는 방식에 비해 최대 5배에 이를 수도 있다. 비용 상승은 대부분 파이프를 매립하는 과정에서 발생한다. 가장 일반적인 파이프 매립 방식이 왼쪽 그림에 나타나 있다. 겹침 방식이 가장 비용이 적게 들지만 효율도 가장 낮다. 넓은 땅을 확보할 수 있다면 수평 매립식이 가장 효율이 높다. 수직 매립식은 나머지 두 방식을 적용하기엔 토지 면적이 부족할 때 사용하는 방식이다.**

* BTU/Wh의 값으로 계산된다.

** 우리나라는 수직 매립식만 신재생에너지로 인정하고 있다.

겨울철 난방시

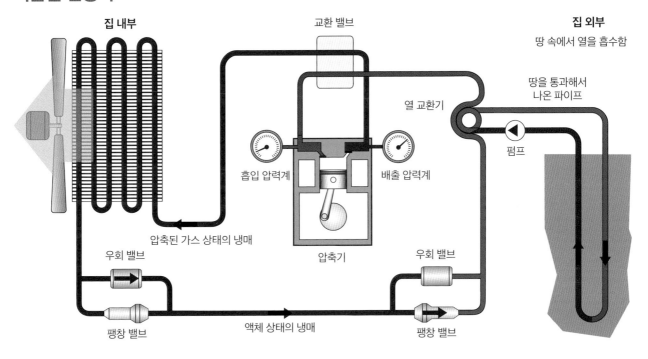

집 내부

교환 밸브

집 외부
땅 속에서 열을 흡수함

땅을 통과해서
나온 파이프

열 교환기

흡입 압력계

배출 압력계

펌프

압축된 가스 상태의 냉매

압축기

우회 밸브

우회 밸브

팽창 밸브

액체 상태의 냉매

팽창 밸브

여름철 냉방시

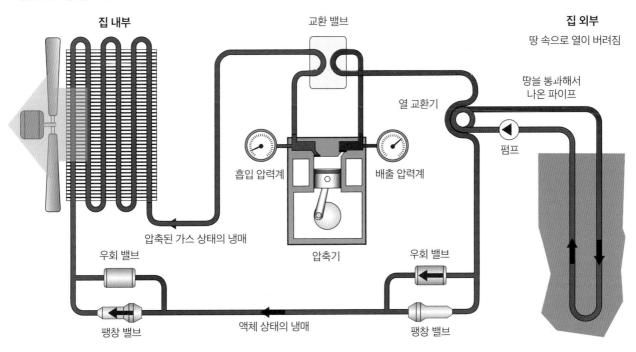

집 내부

교환 밸브

집 외부
땅 속으로 열이 버려짐

땅을 통과해서
나온 파이프

열 교환기

흡입 압력계

배출 압력계

펌프

압축된 가스 상태의 냉매

압축기

우회 밸브

우회 밸브

팽창 밸브

액체 상태의 냉매

팽창 밸브

3 무연통형 가스 난로 Ventless Gas Heater

작동 원리

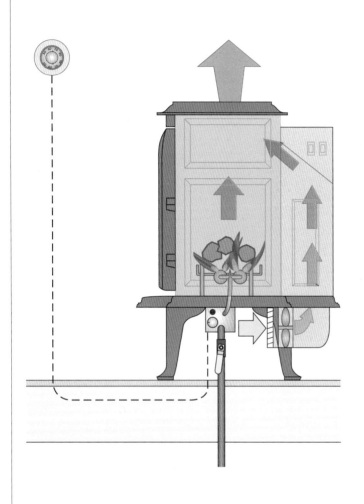

무연통형 가스 난로는 연소 가스를 외부로 배출하는 연통형 가스 난로와 달리 실내에서 연소 가스를 직접 배출한다.

이 방식의 난로에는 두 가지 문제점이 있다.

- 실내에 습기가 너무 많으면(수증기는 연소 과정에서 만들어지는 두 가지 주요 부산물 중 하나다) **곳곳에 때가 낀다.**
- 실내 일산화탄소의 양이 위험한 수준에 이를 수 있다.

실제로 무연통형 가스 난로는 상대습도를 10~15% 정도 상승시킨다. 대부분의 주택은 겨울철에 매우 건조하므로, 이 문제는 외부 차단이 잘 되는 신축 주택에 주로 해당된다. 현대식 무연통형 가스 난로는 공기 중의 산소 농도를 측정해서 일산화탄소 농도가 너무 높아지지 않도록 미리 가스 공급을 차단한다. 이 내용은 다음 항목에 설명되어 있다.

무연통형 가스 난로의 지역별 적정 용량

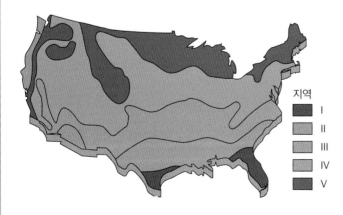

지역
- I
- II
- III
- IV
- V

난방 체적에 따른 BTUh/cu.ft*

지역	주택의 단열 정도		
	하	중	상
I	2.3	1.9	1.5
II	3.4	2.2	1.8
III	4.3	2.6	2.2
IV	5.4	3.2	2.4
V	5.4	3.2	2.7

• 자동 온도 조절 장치로 조절되는 것으로 가정함.

산소량 감지기

산소량이 정상일 때

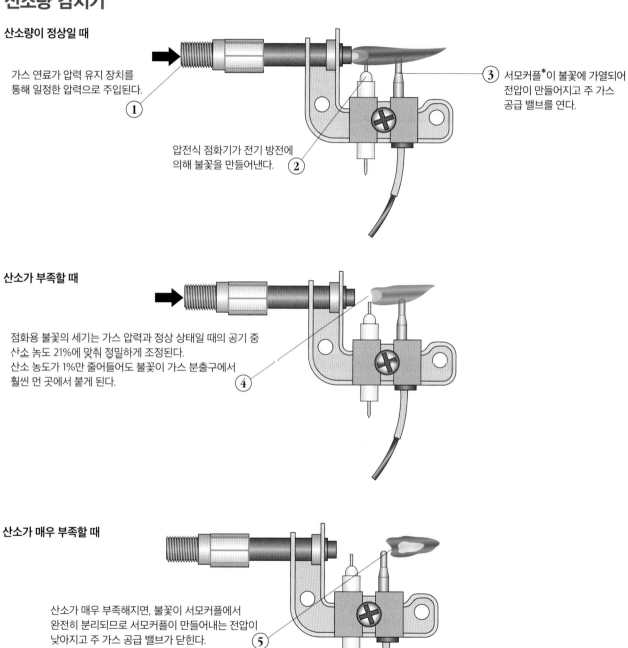

가스 연료가 압력 유지 장치를
통해 일정한 압력으로 주입된다.
①

압전식 점화기가 전기 방전에
의해 불꽃을 만들어낸다.
②

③ 서모커플*이 불꽃에 가열되어
전압이 만들어지고 주 가스
공급 밸브를 연다.

산소가 부족할 때

점화용 불꽃의 세기는 가스 압력과 정상 상태일 때의 공기 중
산소 농도 21%에 맞춰 정밀하게 조정된다.
산소 농도가 1%만 줄어들어도 불꽃이 가스 분출구에서
훨씬 먼 곳에서 붙게 된다.
④

산소가 매우 부족할 때

산소가 매우 부족해지면, 불꽃이 서모커플에서
완전히 분리되므로 서모커플이 만들어내는 전압이
낮아지고 주 가스 공급 밸브가 닫힌다.
⑤

* thermocouple. 가열되면 전압이 만들어지는 기구로, 열전대熱電對라고도 한다. 온도 센서로 활용할 수 있다.

3 연통형 가스 난로 Direct-Vent Gas Heater

작동 원리

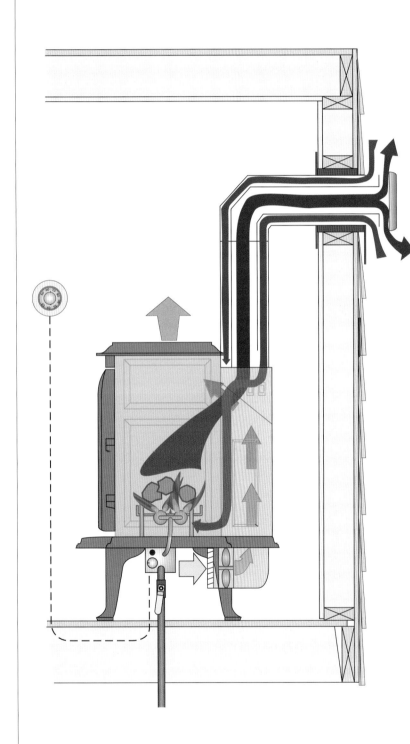

연통형 가스 난로를 사용하면 굴뚝이 필요 없고 뜨거운 연소 가스가 외부로 연결된 연통을 통해서 들어오는 찬 공기에 의해서 식혀진다. 외부에서 들어온 공기는 데워지고, 연소된 가스의 온도는 낮아지는 열 교환이 일어난다.

겨울철에는 난로 내부의 점화용 불꽃이 항상 점화되어 있어서 온도 조절기에서 신호를 보내면 바로 난로가 켜진다. 산소량 감지기가 점화용 불꽃의 모양을 감지해서 산소량이 부족한 경우에는 가스 공급을 차단한다.

실내 공기 온도는 대류 현상, 혹은 그림에서처럼 작은 순환용 팬에 의해서 전체적으로 올라간다.

수리를 요청하기 전에

점화용 불꽃이 꺼져 있다면 우선 가스가 공급되고 있는지 확인한다. 밸브가 열려 있는지부터 살펴보아야 한다.

사용하는 가스가 프로판이나 압축천연가스(CNG)라면 가스통의 잔량을 확인한다.

설명서에 나타난 안내에 따라 점화용 불꽃을 다시 점화해본다. 여전히 점화가 되지 않는다면 서비스 센터에 수리를 요청한다. 사용자 설명서에 지시된 내용 이외에는 다른 조작을 하지 말아야 한다.

가스 냄새가 난다면 가스 공급 회사에 연락한다. 절대로 라이터를 이용해서 파일럿 불꽃을 붙이려고 시도하지 말 것!

연통형 가스 벽난로 Direct-Vent Gas Fireplace

작동 원리

이중 구조의 연통은 단열이 잘 되어 있으며 외부의 찬 공기를 벽난로 내부로 끌어들여 연소에 사용한다. 또한 연통을 주택의 벽체와 직접 닿도록 설치할 수 있으므로 높은 설치 비용이 필요한 굴뚝을 만들지 않아도 된다. ⑦

④ 뜨거운 연소 가스가 이중 구조로 된 연통을 따라 위로 올라간다.

주의: 연통의 높이는 겨울철에 눈이 쌓이는 높이보다 높아야 한다.

벽난로의 불은 수동으로, 혹은 온도 조절기를 이용해서 자동으로 켜고 끈다. 온도 조절기에서 가스 제어기에 신호를 보내어 벽난로를 켠다. ③

⑤ 연소에 필요한 공기는 이중 구조 연통의 바깥쪽 통로를 따라 들어오며 연통을 식히고 동시에 예열된다.

스파크 발생기가 점화용 불꽃을 만들어 낸다. 점화용 불꽃은 난방을 필요로 하는 시간 동안 계속 유지된다. ②

⑥ 별도의 온도 조절기가 벽난로의 온도를 감지해서 팬을 가동시켜 집 안 내부로 공기를 순환시킨다.

① 프로판 가스 혹은 압축천연가스를 연료로 이용한다.

3

팰릿 난로 Pellet Stove

작동 원리

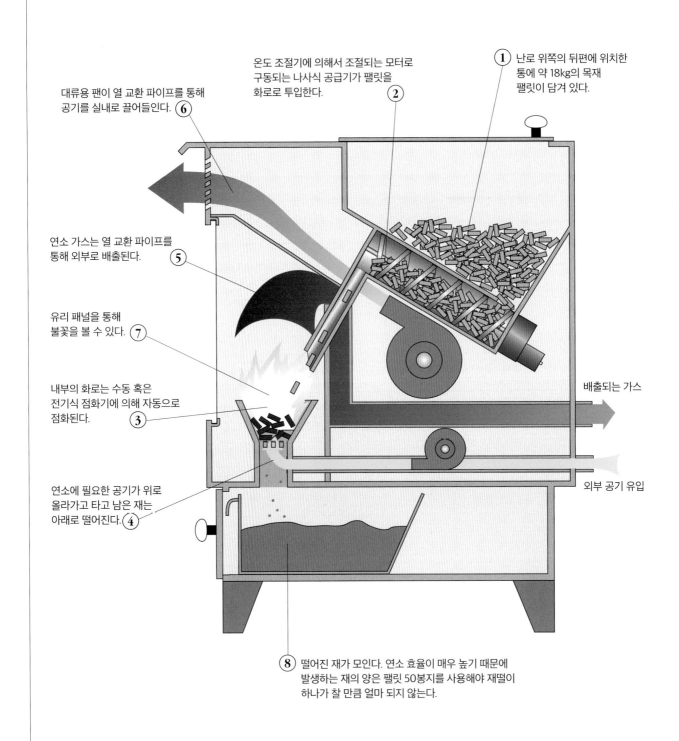

온도 조절기에 의해서 조절되는 모터로 구동되는 나사식 공급기가 팰릿을 화로로 투입한다. ②

① 난로 위쪽의 뒤편에 위치한 통에 약 18kg의 목재 팰릿이 담겨 있다.

대류용 팬이 열 교환 파이프를 통해 공기를 실내로 끌어들인다. ⑥

연소 가스는 열 교환 파이프를 통해 외부로 배출된다. ⑤

유리 패널을 통해 불꽃을 볼 수 있다. ⑦

내부의 화로는 수동 혹은 전기식 점화기에 의해 자동으로 점화된다. ③

배출되는 가스

외부 공기 유입

연소에 필요한 공기가 위로 올라가고 타고 남은 재는 아래로 떨어진다. ④

⑧ 떨어진 재가 모인다. 연소 효율이 매우 높기 때문에 발생하는 재의 양은 팰릿 50봉지를 사용해야 재떨이 하나가 찰 만큼 얼마 되지 않는다.

팰릿 난로의 연통 연결

밀착형 연통

외부 공기 인입 통로(선택 사항)

열 함유량과 상대적 오염 정도

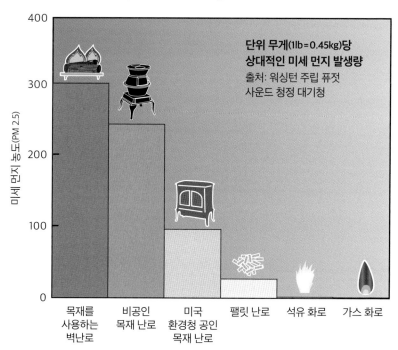

단위 무게(1lb=0.45kg)당
상대적인 미세 먼지 발생량
출처: 워싱턴 주립 퓨젓
사운드 청정 대기청

미세 먼지 농도(PM 2.5)

목재를
사용하는
벽난로

비공인
목재 난로

미국
환경청 공인
목재 난로

팰릿 난로

석유 화로

가스 화로

팰릿 난로에 공급되는 외부 공기와 배출 가스는 모두 연소용 송풍기를 이용해서 처리된다. 연소된 가스가 자연스럽게 외부로 배출되므로 배출용 연통은 크기가 작거나(직경 7~10cm 정도) 수평으로 설치되어도 무방하다(하지만 정전을 대비해서 수직으로 설치하는 편이 좋다).

팰릿 난로용 L자형 연통은 난로에 꼭 맞을 뿐더러 수명 또한 난로 본체만큼 길기 때문에 가장 적합하다.

직경 6, 7, 8인치의 가공 목재 연료용 연통(Class A 연통)도 사용 가능하지만 가격이 매우 높으므로 굳이 직경이 큰 것을 쓸 필요는 없다.

목재 팰릿에는 약 8,000Btu/파운드의 에너지가 들어 있다. 연소 효율이 100%라면(실제 연소 효율은 이보다 낮지만 비율대로 계산하면 된다) 1톤의 팰릿이 가진 에너지는 0.64cord*의 붉은 참나무나 북미산 사탕단풍나무, 432리터의 등유, 160ccf의 천연가스, 4,700kWh의 전력에 해당하는 양이다.

목재 팰릿은 목새의 섬유질로 이루어져 있으므로 연소 시에 발생하는 연기를 어떻게 처리할지 충분히 고려해야 한다. 그러나 건조된 목재의 수분 함량이 20%인 것에 비해 목재 팰릿은 5~10%의 수분만 포함하고 있고, 목재 팰릿 난로 내부의 환경은 일정한 수준으로 통제되므로 연소 효율이 매우 높다. 결과적으로 왼편 그림에 나타난 바와 같이, 팰릿 난로에서 발생되는 미세 먼지(연기)는 다른 고체 연료를 사용하는 경우보다 현저히 적다.

* 목재 1cord는 보통 4인치×4인치×8피트(128ft³)를 가리킨다.

3 밀폐형 장작 난로 Air-Tight Wood Stove

작동 원리

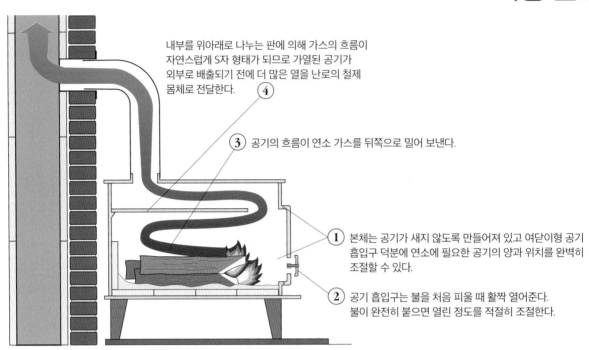

내부를 위아래로 나누는 판에 의해 가스의 흐름이 자연스럽게 S자 형태가 되므로 가열된 공기가 외부로 배출되기 전에 더 많은 열을 난로의 철제 몸체로 전달한다. (4)

(3) 공기의 흐름이 연소 가스를 뒤쪽으로 밀어 보낸다.

(1) 본체는 공기가 새지 않도록 만들어져 있고 여닫이형 공기 흡입구 덕분에 연소에 필요한 공기의 양과 위치를 완벽히 조절할 수 있다.

(2) 공기 흡입구는 불을 처음 피울 때 활짝 열어준다. 불이 완전히 붙으면 열린 정도를 적절히 조절한다.

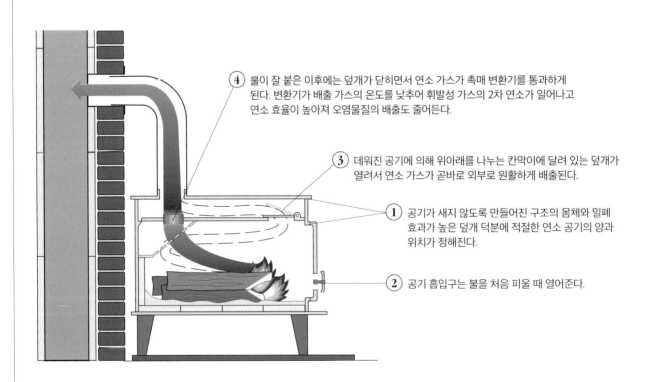

(4) 물이 잘 붙은 이후에는 덮개가 닫히면서 연소 가스가 촉매 변환기를 통과하게 된다. 변환기가 배출 가스의 온도를 낮추어 휘발성 가스의 2차 연소가 일어나고 연소 효율이 높아져 오염물질의 배출도 줄어든다.

(3) 데워진 공기에 의해 위아래를 나누는 칸막이에 달려 있는 덮개가 열려서 연소 가스가 곧바로 외부로 원활하게 배출된다.

(1) 공기가 새지 않도록 만들어진 구조의 몸체와 밀폐 효과가 높은 덮개 덕분에 적절한 연소 공기의 양과 위치가 정해진다.

(2) 공기 흡입구는 불을 처음 피울 때 열어준다.

바닥 설치식 전기 방열판 Electric Baseboard

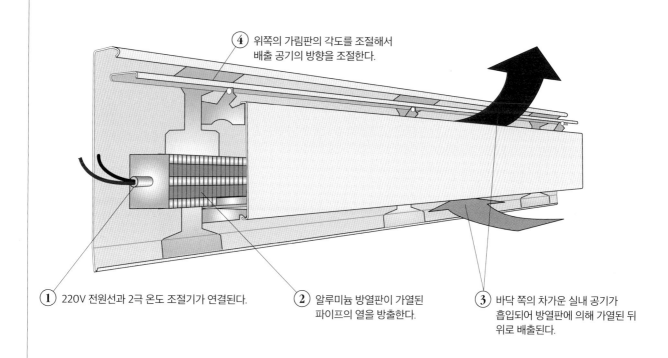

④ 위쪽의 가림판의 각도를 조절해서 배출 공기의 방향을 조절한다.

① 220V 전원선과 2극 온도 조절기가 연결된다.

② 알루미늄 방열판이 가열된 파이프의 열을 방출한다.

③ 바닥 쪽의 차가운 실내 공기가 흡입되어 방열판에 의해 가열된 뒤 위로 배출된다.

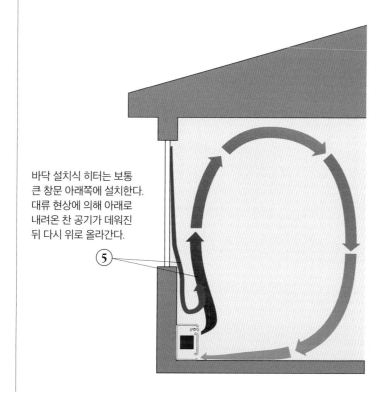

바닥 설치식 히터는 보통 큰 창문 아래쪽에 설치한다. 대류 현상에 의해 아래로 내려온 찬 공기가 데워진 뒤 다시 위로 올라간다.

⑤

수리를 요청하기 전에

온도 조절기가 최고 온도로 설정되어 있는데도 히터가 작동하지 않는다면 누전 차단기를 먼저 확인한다. 누전 차단기를 내렸다가 다시 올린다.

여전히 열이 나오지 않으면 동일 규격의 히터로 교체한다. 교체 시에 반드시 누전 차단기를 내리도록 한다. 바닥 설치식 전기 히터는 저렴할 뿐만 아니라 전구와 마찬가지로 교체하기 쉽다.

1년에 한 번 청소기로 방열판에 쌓인 먼지를 제거하면 공기의 흐름을 원활하게 유지할 수 있다.

3 난방용 온수의 순환 Hydronic Distribution

작동 원리

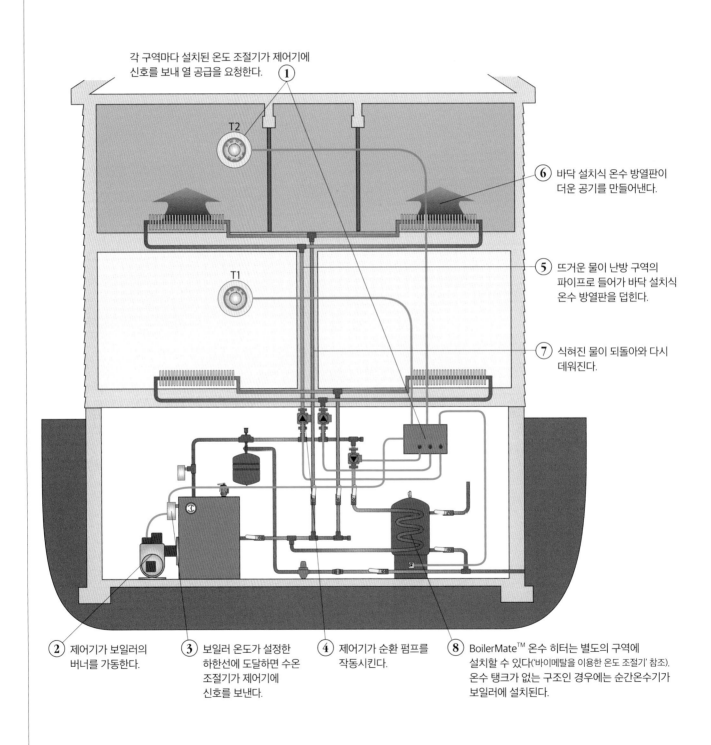

각 구역마다 설치된 온도 조절기가 제어기에 신호를 보내 열 공급을 요청한다. ①

⑥ 바닥 설치식 온수 방열판이 더운 공기를 만들어낸다.

⑤ 뜨거운 물이 난방 구역의 파이프로 들어가 바닥 설치식 온수 방열판을 덥힌다.

⑦ 식혀진 물이 되돌아와 다시 데워진다.

② 제어기가 보일러의 버너를 가동한다.

③ 보일러 온도가 설정한 하한선에 도달하면 수온 조절기가 제어기에 신호를 보낸다.

④ 제어기가 순환 펌프를 작동시킨다.

⑧ BoilerMate™ 온수 히터는 별도의 구역에 설치할 수 있다('바이메탈을 이용한 온도 조절기' 참조). 온수 탱크가 없는 구조인 경우에는 순간온수기가 보일러에 설치된다.

난방용 공기의 순환 Warm Air Distribution

작동 원리

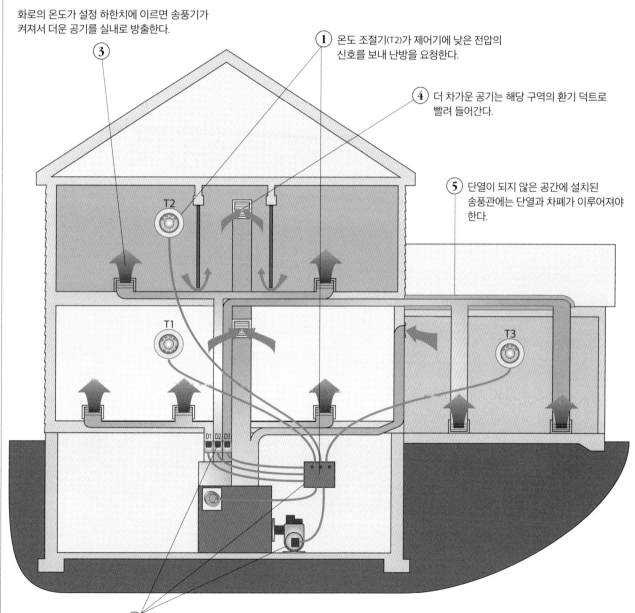

화로의 온도가 설정 하한치에 이르면 송풍기가
켜져서 더운 공기를 실내로 방출한다.

③

① 온도 조절기(T2)가 제어기에 낮은 전압의
신호를 보내 난방을 요청한다.

④ 더 차가운 공기는 해당 구역의 환기 덕트로
빨려 들어간다.

⑤ 단열이 되지 않은 공간에 설치된
송풍관에는 단열과 차폐가 이루어져야
한다.

T2

T1

D1 D2 D3

T3

② 제어기가 난방이 필요한 구역의 송풍구 덮개를 열고
버너를 가동시켜 열을 만들어낸다.

온수 온돌 난방 Hot Water Radiant Heat

작동 원리

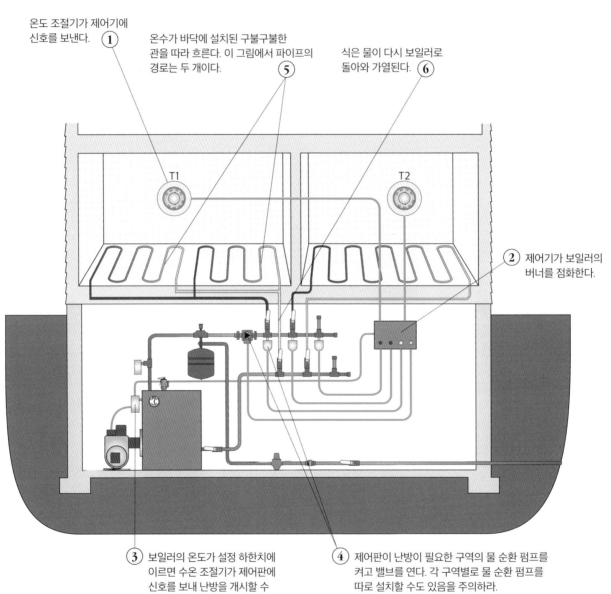

온도 조절기가 제어기에 신호를 보낸다. ①

온수가 바닥에 설치된 구불구불한 관을 따라 흐른다. 이 그림에서 파이프의 경로는 두 개이다. ⑤

식은 물이 다시 보일러로 돌아와 가열된다. ⑥

T1

T2

② 제어기가 보일러의 버너를 점화한다.

③ 보일러의 온도가 설정 하한치에 이르면 수온 조절기가 제어판에 신호를 보내 난방을 개시할 수 있음을 알린다.

④ 제어판이 난방이 필요한 구역의 물 순환 펌프를 켜고 밸브를 연다. 각 구역별로 물 순환 펌프를 따로 설치할 수도 있음을 주의하라.

바이메탈을 이용한 온도 조절기
Bimetallic Thermostat

작동 원리

수은 바이메탈 스위치

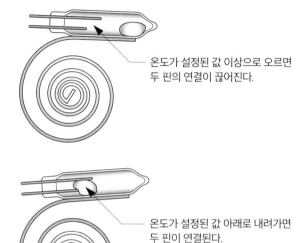

온도가 설정된 값 이상으로 오르면 두 핀의 연결이 끊어진다.

온도가 설정된 값 아래로 내려가면 두 핀이 연결된다.

서로 다른 종류의 금속판을 붙여서 만든 판은 두 가지 금속(bi-metal)의 열 팽창 특성이 다르므로 온도가 변하면 한쪽으로 휜다. 이런 판을 코일 모양으로 감으면 불과 몇 도의 온도 차이에도 상당히 많이 회전하게 된다.

온도 조절기는 이를 전도성이 있는 액체 수은과 결합해서 스위치를 켜거나 끄는 데 활용한 것이다. 작은 유리관 속에 수은이 들어 있고 유리관 끝 쪽에는 두 개의 단자가 있다. 이 유리관은 바이메탈 코일의 끝부분에 부착되어 있다. 온도가 올라가면 유리관 속의 수은이 유리관의 한쪽 구석으로 흘러가며 스위치가 꺼진다. 온도가 내려가면 유리관이 반대쪽으로 기울어지며 수은이 단자 쪽으로 흘러 내려와 두 단자를 연결해서 스위치가 켜진다.

온도 조절기

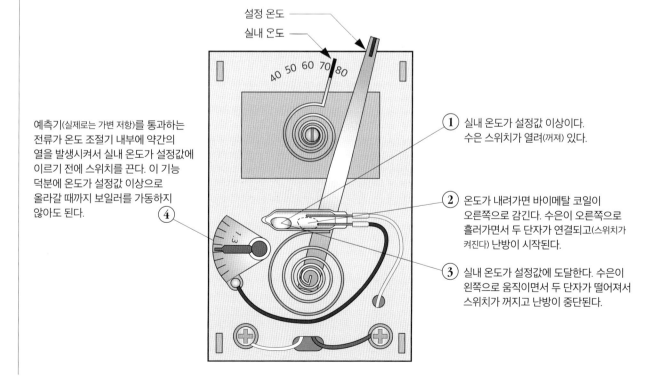

설정 온도

실내 온도

40 50 60 70 80

예측기(실제로는 가변 저항)를 통과하는 전류가 온도 조절기 내부에 약간의 열을 발생시켜서 실내 온도가 설정값에 이르기 전에 스위치를 끈다. 이 기능 덕분에 온도가 설정값 이상으로 올라갈 때까지 보일러를 가동하지 않아도 된다.

④

① 실내 온도가 설정값 이상이다. 수은 스위치가 열려(꺼져) 있다.

② 온도가 내려가면 바이메탈 코일이 오른쪽으로 감긴다. 수은이 오른쪽으로 흘러가면서 두 단자가 연결되고(스위치가 켜진다) 난방이 시작된다.

③ 실내 온도가 설정값에 도달한다. 수은이 왼쪽으로 움직이면서 두 단자가 떨어져서 스위치가 꺼지고 난방이 중단된다.

3 디지털 온도 조절기 Digital Clock Thermostat

작동 원리

온도 조절기

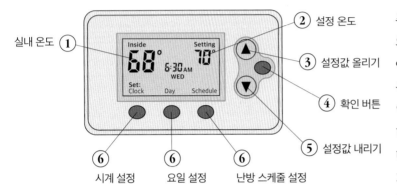

실내 온도 ①
② 설정 온도
③ 설정값 올리기
④ 확인 버튼
⑤ 설정값 내리기

⑥ 시계 설정
⑥ 요일 설정
⑥ 난방 스케줄 설정

주택이 열을 잃는(냉방되는) 속도는 실내외의 온도차에 비례한다. 난방의 경우, 실내에 사람이 없을 때와 취침 중에 실내 온도를 낮게 설정해두면 실내외의 온도차를 줄일 수 있으므로 난방비를 절감할 수 있다. 대체로 설정 온도를 항상 1℃ 낮게 설정할 때마다 난방비가 6% 정도, 밤에만 1℃ 낮게 해두면 2% 정도 줄어든다고 볼 수 있다. 일반적인 주택에서의 시간별 권장 온도 설정값은 왼쪽의 표에 나타난 것과 같다. 디지털 시계가 달린 온도 조절기를 이용하면 각자의 환경에 맞게 온도를 설정할 수 있다. 아래의 그래프는 왼편 그림에서의 설정값을 적용했을 때의 난방 에너지 절감 정도를 보여준다(이 예에서는 15%).

온도 조절기

냉난방 절감 효과를 극대화하는 에너지스타* 권장 설정값(℉, 괄호는 ℃)

시간대	난방(월-금)	냉방(월-금)	난방(토-일)	냉방(토-일)
아침(오전 6시)	70°(21°)	65°(18°)	70°(21°)	75°(24°)
출근(오전 8시)	62°(17°)	83°(28°)	62°(17°)	83°(28°)
귀가(오후 6시)	70°(21°)	75°(24°)	70°(21°)	75°(24°)
수면(오후 10시)	62°(17°)	83°(28°)	62°(17°)	83°(28°)

온도 설정 스케줄에 따른 연료 절감

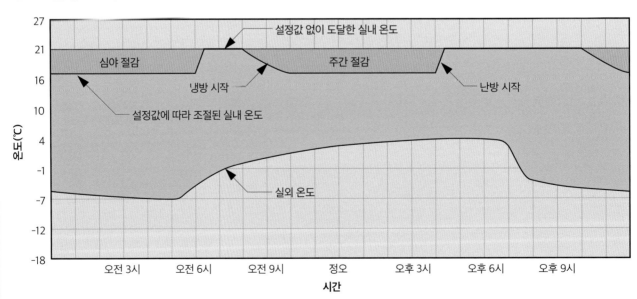

* EnergyStar. 에너지 절약을 장려하기 위해 미국 환경 보호국(EPA)과 에너지국(DOE)에서 운영하는 프로그램

4

냉방

Cooling

더운 여름철엔 냉방이 필요하다. 뜨거운 여름날을 별다른 냉방 기구 없이 버텨야 했던 과거와 달리, 요즘에는 누구나 실내와 자동차 안에서의 냉방을 당연하게 여긴다. 그러나 냉방은 비용이 많이 드는 일이고 흔히 생각하듯 꼭 필요한 것도 아니다.

이 장에서는 우선 '온도에 따른 쾌적성'에 대해 살펴본다. 쾌적함은 단지 온도에 의해서만 느껴지는 것이 아니라 여러 요소들이 연관되어 있음을 알 수 있을 것이다. 이런 지식을 잘 활용하면 다양한 상황에서 에어컨을 켜지 않아도 쾌적하게 지낼 수 있다.

그러나 자연 냉방의 효과는 제한적이므로 에어컨의 작동 원리와 함께 효율적으로 에어컨을 가동하는 방법도 살펴본다. 난방 설비와 마찬가지로 냉방 설비도 송풍구 덮개 청소, 압축기 청소와 필터 교체 등의 유지 보수가 필요하다.

4 자연 냉방 Natural Ventilation

작동 원리

기압 차에 의한 주택 안에서의 공기 흐름

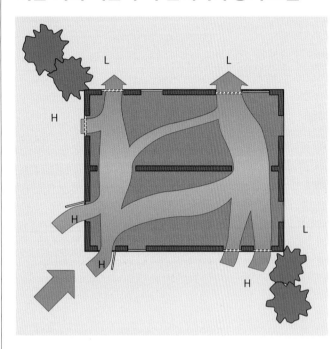

굴뚝 효과를 이용한 통풍

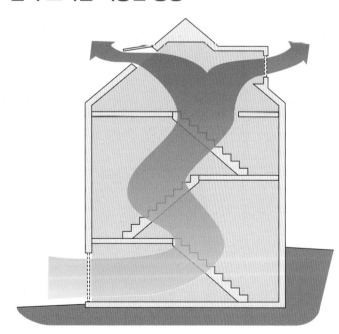

100년 전까지만 해도 사람들은 창문을 통해서 이루어지는 통풍과 더운 공기는 위로 올라간다는 특성에만 의존해서 실내 온도를 낮출 수 있었다. 전 세계 대부분의 지역에서 여름철에 부는 바람의 방향은 잘 알려져 있다. 해안 지역이라면 더운 날 낮에는 바다에서 육지 쪽으로 바람이 불고, 밤이 되면 바람의 방향이 바뀐다.

그러므로 주택의 방향을 해당 지역의 바람의 방향에 맞게 짓고, 바람이 드나드는 쪽에 커다란 창문을 설치하면 가장 효과적으로 바람을 이용할 수 있다.

왼편의 그림에서 보듯 창문과 나무를 적절히 배치하면 기압의 배치를 어느 정도 조절할 수 있고, 이를 통해 기압이 높은 곳(H)에서 낮은 쪽(L)으로 바람이 불게 할 수 있다. 기존 주택에서도 이를 염두에 두면 나무를 심을 때 기준으로 활용할 수 있다. 더운 공기는 찬 공기보다 가벼워 위로 올라간다. 이를 '굴뚝 효과'라고 하는데, 공장 등에서 이 현상을 이용해서 별도의 송풍기기 없이도 연기가 빠져나가도록 건물을 설계한다.

동일한 효과를 주택에서도 낼 수 있다. 특히 매우 더운 날 저녁에는 실내 온도가 아직 높지만 외부 기온은 많이 내려간 상태다. 그러므로 건물의 제일 낮은 곳과 높은 곳에 공기가 드나들 수 있는 통로를 만들어두면 공기의 흐름이 극대화된다. 특히 공기가 들어오는 문의 크기와 배출되는 문의 크기가 같을 때 공기가 건물을 통과하는 양이 최대가 된다. 참고로 특정한 창문(예를 들어 침대 바로 옆)의 바람 속도를 최대로 하고 싶다면 바람이 나가는 창의 전체 크기가 들어오는 창보다 두 배는 커야 한다.

천장 부착식 선풍기 Ceiling Fan

실내의 공기 흐름

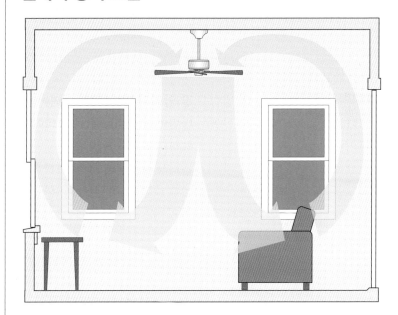

온도/습도와 쾌적 구역

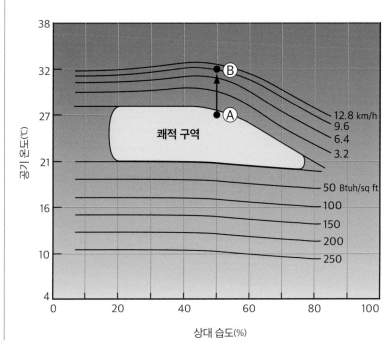

천장 부착식 선풍기는 실내 온도를 낮춰 주지는 않지만 실내의 공기를 순환시킴으로써 탁월한 냉방 효과를 만들어낸다. 이를 이해하려면 쾌적함을 느끼는 조건을 살펴볼 필요가 있다.

인체는 체내에서 발생하는 열을 방출하거나 외부에서 흡수하는 방법으로 체온을 일정하게 유지한다. 열의 전달은 몇 가지 방법으로 이루어진다.

- 전도(접촉에 의한)
- 대류(공기의 움직임에 의한)
- 증발(피부에서 수분이 열을 빼앗는 형태로)
- 복사(온도가 높은 물체에서 낮은 물체로)

쾌적함이란 옷을 입은 상태에서 너무 덥지도 춥지도 않다고 느끼는 것이다. 왼쪽 그림은 일반적인 사람이 쾌적함을 느끼는 범위를 나타낸다. 이 범위는 바람이나 복사열이 없는 상태에서 공기의 온도와 상대 습도에 의해서 정해진다.

아래쪽의 선들은 햇빛과 같은 복사열이 있을 때 쾌적 구역이 온도가 낮은 쪽으로 내려감을 보여준다. 위쪽의 선들은 바람이 불 때 쾌적 구역이 온도가 높은 쪽으로 이동하는 것을 나타낸다.

왼쪽 위 그림의 의자에 앉아 있는 경우를 생각해보자. 천장 부착형 선풍기가 꺼져 있는 상태에서는 실내 온도가 27℃일 때까지 쾌적함을 느낀다(아래 그림의 그래프에서 A 위치). 천장 부착형 선풍기를 켜면 시속 9.6km의 바람이 만들어지고, 실내 온도가 32℃가 되어도 여전히 쾌적함을 느끼게 된다(그래프에서 B 위치).

4 중앙 설치식 환기용 송풍기
Whole-House Fan

작동 원리

여름철에는 일교차가 대략 11℃ 이상에 이르는 날이 흔하고, 최고 온도는 오후 3시경, 최저 온도는 일출 직전에 도달한다. 아주 단순하고 복잡하지 않은 기술인 중앙 설치식 환기용 송풍기를 이용하면 하루 중의 기온 차를 이용해서 집 안의 열을 외부로 내보낼 수 있다.

작동 원리는 이렇다. 외부 기온이 실내 온도보다 상승하면 모든 창문을 닫고 햇빛을 막은 뒤 건물의 질량과 단열에 의존해서 실내 온도가 상승하는 것을 억제한다.

해가 진 뒤 외부 기온이 떨어져 실내 온도보다 낮아지면 창문을 열고 강력한 환기 송풍기를 가동한다. 연면적 2,000제곱피트(186m²), 각 층의 높이가 8피트(2.4m)인 전형적인 주택의 내부 체적은 16,000ft³(453m³)이다. 흔히 볼 수 있는 0.5마력(375W)짜리 송풍기가 1분마다 4,000ft³(113m³)의 공기를 외부로 내보낸다(4,000cfm).* 이런 송풍기를 이용하면 외부의 시원한 공기가 들어와 시간당 열다섯 차례씩 집 안의 공기가 바뀐다.

꼭대기의 다락방에 설치된 환기창만으로는 넓은 주택 내부의 공기를 바꾸는 데 송풍기를 이용한 것만큼 효과를 보기 힘들다. 기본적으로 환기구 면적 1ft²(0.09m²)가 750cfm의 송풍기와 비슷한 효과를 낸다.

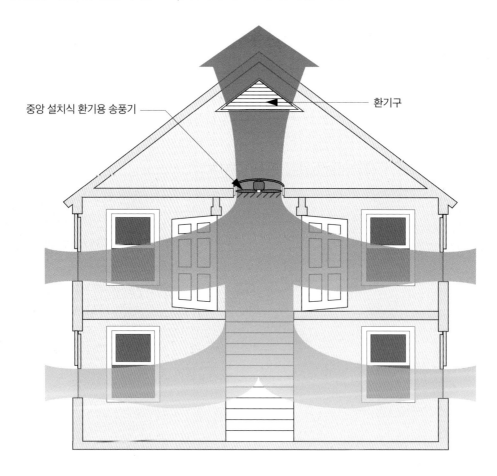

중앙 설치식 환기용 송풍기 — 환기구

* cfm은 유량을 표시하는 단위로 분당 세제곱피트를 나타낸다.

창문형 에어컨 Window Air Conditioner

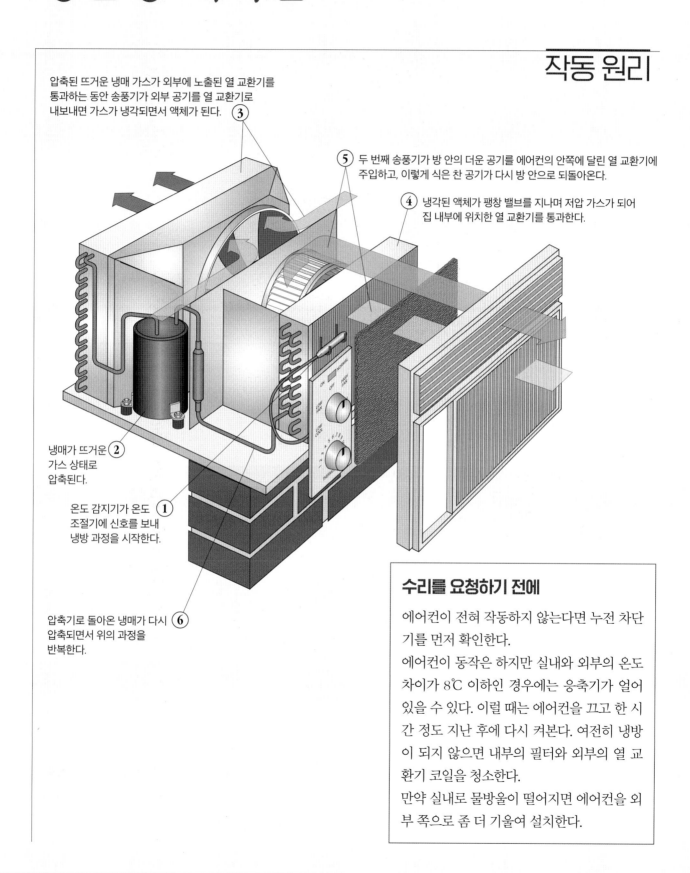

작동 원리

압축된 뜨거운 냉매 가스가 외부에 노출된 열 교환기를 통과하는 동안 송풍기가 외부 공기를 열 교환기로 내보내면 가스가 냉각되면서 액체가 된다. ③

⑤ 두 번째 송풍기가 방 안의 더운 공기를 에어컨의 안쪽에 달린 열 교환기에 주입하고, 이렇게 식은 찬 공기가 다시 방 안으로 되돌아온다.

④ 냉각된 액체가 팽창 밸브를 지나며 저압 가스가 되어 집 내부에 위치한 열 교환기를 통과한다.

냉매가 뜨거운 ② 가스 상태로 압축된다.

온도 감지기가 온도 ① 조절기에 신호를 보내 냉방 과정을 시작한다.

압축기로 돌아온 냉매가 다시 ⑥ 압축되면서 위의 과정을 반복한다.

수리를 요청하기 전에

에어컨이 전혀 작동하지 않는다면 누전 차단기를 먼저 확인한다.

에어컨이 동작은 하지만 실내와 외부의 온도 차이가 8℃ 이하인 경우에는 응축기가 얼어 있을 수 있다. 이럴 때는 에어컨을 끄고 한 시간 정도 지난 후에 다시 켜본다. 여전히 냉방이 되지 않으면 내부의 필터와 외부의 열 교환기 코일을 청소한다.

만약 실내로 물방울이 떨어지면 에어컨을 외부 쪽으로 좀 더 기울여 설치한다.

4 중앙 집중식 에어컨 Central Air Conditioner

작동 원리

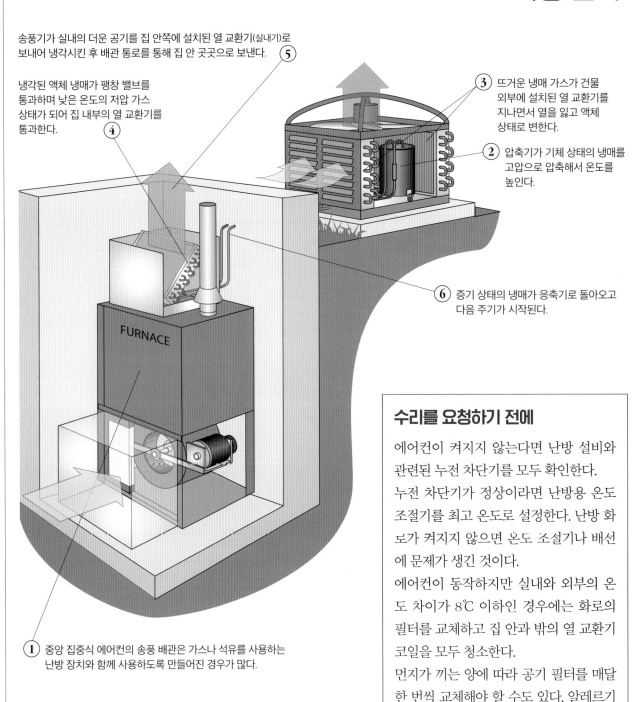

송풍기가 실내의 더운 공기를 집 안쪽에 설치된 열 교환기(실내기)로 보내어 냉각시킨 후 배관 통로를 통해 집 안 곳곳으로 보낸다. ⑤

냉각된 액체 냉매가 팽창 밸브를 통과하며 낮은 온도의 저압 가스 상태가 되어 집 내부의 열 교환기를 통과한다. ④

③ 뜨거운 냉매 가스가 건물 외부에 설치된 열 교환기를 지나면서 열을 잃고 액체 상태로 변한다.

② 압축기가 기체 상태의 냉매를 고압으로 압축해서 온도를 높인다.

⑥ 증기 상태의 냉매가 응축기로 돌아오고 다음 주기가 시작된다.

FURNACE

① 중앙 집중식 에어컨의 송풍 배관은 가스나 석유를 사용하는 난방 장치와 함께 사용하도록 만들어진 경우가 많다.

수리를 요청하기 전에

에어컨이 켜지지 않는다면 난방 설비와 관련된 누전 차단기를 모두 확인한다. 누전 차단기가 정상이라면 난방용 온도 조절기를 최고 온도로 설정한다. 난방 화로가 켜지지 않으면 온도 조설기나 배선에 문제가 생긴 것이다.

에어컨이 동작하지만 실내와 외부의 온도 차이가 8℃ 이하인 경우에는 화로의 필터를 교체하고 집 안과 밖의 열 교환기 코일을 모두 청소한다.

먼지가 끼는 양에 따라 공기 필터를 매달 한 번씩 교체해야 할 수도 있다. 알레르기 증상이 있는 사람은 효율 등급(MERV)이 높은 필터를 사용해보기 바란다.

송풍 배관이 없는 에어컨 Ductless Air Conditioner

작동 원리

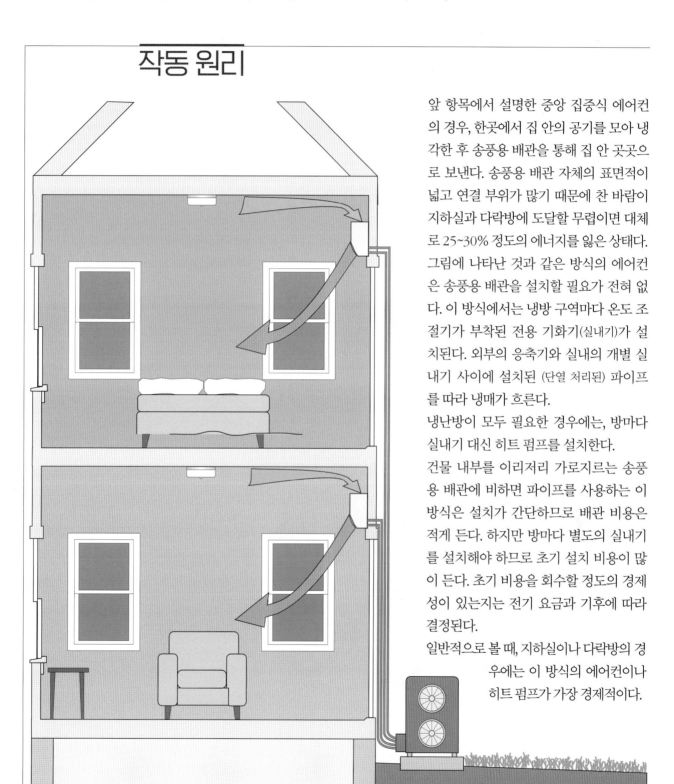

앞 항목에서 설명한 중앙 집중식 에어컨의 경우, 한곳에서 집 안의 공기를 모아 냉각한 후 송풍용 배관을 통해 집 안 곳곳으로 보낸다. 송풍용 배관 자체의 표면적이 넓고 연결 부위가 많기 때문에 찬 바람이 지하실과 다락방에 도달할 무렵이면 대체로 25~30% 정도의 에너지를 잃은 상태다. 그림에 나타난 것과 같은 방식의 에어컨은 송풍용 배관을 설치할 필요가 전혀 없다. 이 방식에서는 냉방 구역마다 온도 조절기가 부착된 전용 기화기(실내기)가 설치된다. 외부의 응축기와 실내의 개별 실내기 사이에 설치된 (단열 처리된) 파이프를 따라 냉매가 흐른다.

냉난방이 모두 필요한 경우에는, 방마다 실내기 대신 히트 펌프를 설치한다.

건물 내부를 이리저리 가로지르는 송풍용 배관에 비하면 파이프를 사용하는 이 방식은 설치가 간단하므로 배관 비용은 적게 든다. 하지만 방마다 별도의 실내기를 설치해야 하므로 초기 설치 비용이 많이 든다. 초기 비용을 회수할 정도의 경제성이 있는지는 전기 요금과 기후에 따라 결정된다.

일반적으로 볼 때, 지하실이나 다락방의 경우에는 이 방식의 에어컨이나 히트 펌프가 가장 경제적이다.

4 기화식 냉풍 Evaporative Cooler

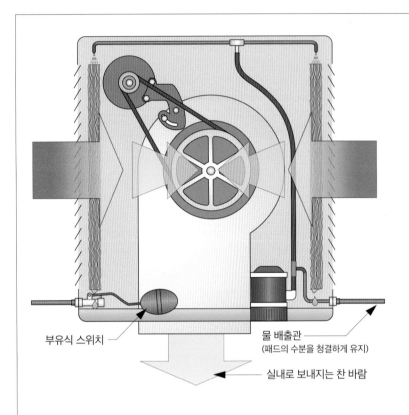

부유식 스위치

물 배출관
(패드의 수분을 청결하게 유지)

실내로 보내지는 찬 바람

작동 원리

젖은 손에 입김을 불면 피부의 수분이 증발하면서 열을 앗아가므로 시원한 느낌이 든다. 기화식 냉풍기는 펌프로 물을 공급한 섬유질의 패드에 송풍기로 바람을 통과시킨다. 건조한 공기가 수분이 많은 패드를 통과하면서 상대습도가 올라가지만 온도는 11℃ 이상 떨어지기도 한다.

아래쪽의 온도-습도 그래프에서 냉풍기의 냉각 효과를 확인할 수 있다. A점은 온도 32℃, 상대습도 20%이다. 기화 패드를 통과한 B점의 공기는 온도 19℃, 상대습도 80%가 된다. 외부 공기가 건조할수록 온도는 많이 떨어지고, 냉풍기는 효과가 커진다. 이 방식의 냉풍기는 미국 남서부 지역처럼 습도가 아주 낮으면서 기온은 매우 높은 지역에서 효과적이다.

습도와 온도에 따른 냉각 효과

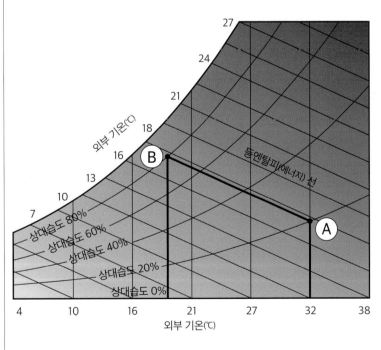

수리를 요청하기 전에

냉풍기에서 바람이 나오지 않으면 일단 누전 차단기를 확인한다. 차단기에 문제가 없으면 냉풍기 내부의 구동 벨트가 빠지거나 손상되지 않았는지 확인한다.

바람은 나오지만 이전보다 바람이 덜 시원하다면, 패드가 이물질로 막혔기 때문일 수 있다. 냉풍기에 공급되는 물이 경수인 경우엔 물에 포함된 광물질이 기화과정에서 패드에 남아 공기의 흐름을 막는다. 교체용 패드는 가격도 저렴하고 손쉽게 구할 수 있다.

실내 공기

Air Quality

공기 청정도가 건강에 커다란 영향을 미친다는 사실은 잘 알려져 있다. 대기의 청정도를 직접적으로 바꿀 방법은 없지만 실내 공기의 청정도는 조절이 가능하다.

실내 공기는 온도를 높이거나 낮출 수 있고 습도도 조절할 수 있다. 또한 공기 중에 포함된 먼지와 먼지 진드기, 동물의 털, 비듬, 곰팡이, 세균과 같이 폐에 해로운 물질을 걸러내는 일도 가능하다.

이번 장에서는 실내 공기를 정화하는 방법과 공기 정화기의 유지 보수 요령에 대해 살펴본다.

5 습기와 곰팡이 Moisture & Mold

작동 원리

추운 계절 난방이 가동된 주택의 실내는 대체로 건조해진다. 그런데 왜 결로 현상이 일어나고 곰팡이가 피는 것일까? 외부의 건조한 공기가 실내로 스며들 때 실내의 물이 있는 곳에서 증발한 수증기를 흡수하면서 창, 외벽, 지붕과 같은 건물의 표면과 접촉한다. 이때의 습도 그래프를 보면 해답을 찾을 수 있다.

집 안에는 다양한 종류의 수분 공급원이 있다. 오른쪽 표에는 4인이 거주하는 주택에서의 물 1쿼트(qt, 약 950ml)당 통상적인 수분의 증발량이 나타나 있다.

다음 항목에서는 응축이 일어나는 표면에서 흔히 발견되는 곰팡이 문제를 살펴본다.

발생원별 하루 수증기 발생량(qt)

건설 자재(건축 첫 해)	40
지하실에 고인 물	30
축축한 지하실 혹은 지하 배관로	25
실내에 설치된 의류 건조기	13
호흡과 땀	4.7
세탁	2.1
외부로 연소 가스가 배출되지 않는 가스 레인지	1.3
뚜껑 없이 조리	1.0
실내 식물(평균 갯수)	0.5
샤워/목욕	0.3

겨울철 습한 주택 내로 스며드는 외부 공기

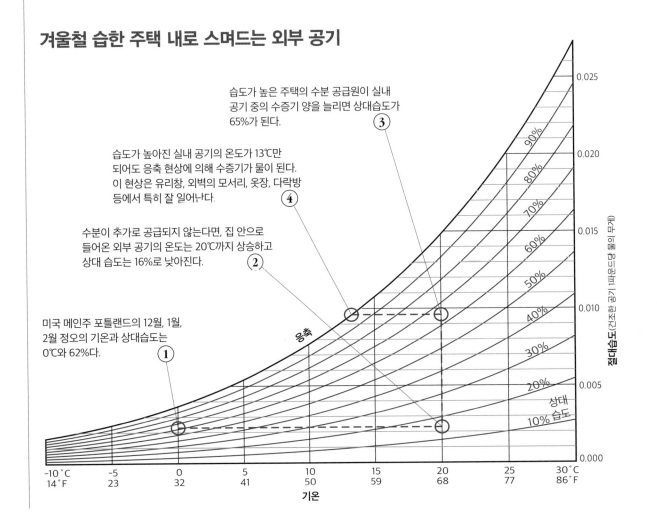

습도가 높은 주택의 수분 공급원이 실내 공기 중의 수증기 양을 늘리면 상대습도가 65%가 된다. ③

습도가 높아진 실내 공기의 온도가 13℃만 되어도 응축 현상에 의해 수증기가 물이 된다. 이 현상은 유리창, 외벽의 모서리, 옷장, 다락방 등에서 특히 잘 일어난다. ④

수분이 추가로 공급되지 않는다면, 집 안으로 들어온 외부 공기의 온도는 20℃까지 상승하고 상대 습도는 16%로 낮아진다. ②

미국 메인주 포틀랜드의 12월, 1월, 2월 정오의 기온과 상대습도는 0℃와 62%다. ①

최적의 상대습도는?

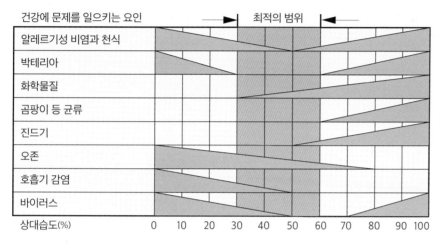

건강에 문제를 일으키는 요인 / 최적의 범위

알레르기성 비염과 천식
박테리아
화학물질
곰팡이 등 균류
진드기
오존
호흡기 감염
바이러스

상대습도(%)   0 10 20 30 40 50 60 70 80 90 100

상대습도에 의해서 문제가 되는 요소는 곰팡이만이 아니다. 왼쪽 그림에서 보듯, 너무 건조하거나 너무 습해서 문제가 되는 것들은 다양하다. 건강에 가장 문제가 되지 않는 범위는 상대습도가 30~60% 정도일 때다.

차폐가 잘되어 기밀성이 높은 주택에서는 가습기나 제습기를 이용해서 어렵지 않게 적절한 습도를 유지할 수 있다.

곰팡이가 잘 피는 곳

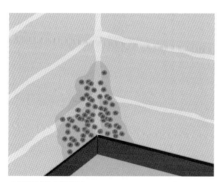

습기가 찬 지하실

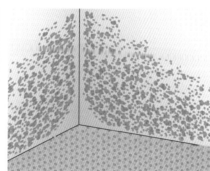

외벽이 만나는 모서리

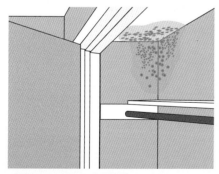

외벽 쪽에 설치된 붙박이장

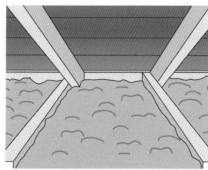

지붕 아래의 단열 처리된 곳

곰팡이가 생기는 원인을 알고 있다면 그것을 찾기는 어렵지 않다. 온도기 10℃가 넘고 상대습도가 70%를 넘는 곳이다.

대부분의 주택은 19℃ 이상으로 난방하므로 이보다 표면 온도가 낮은 곳을 찾아보면 된다. 창문(유리창에 낀 곰팡이는 별 문제가 되진 않지만), 외벽 두 곳이 만나는 모서리, 실내의 벽장, 외벽에 인접한 닫힌 공간, 주방과 욕실의 수납장 내부, 다락방, 지붕과 천장 사이의 공간 등이다.

지하실 벽을 포함한 외벽에 단열 처리를 한 뒤에는, 문을 열어서 실내와 다락 공간에 외부 공기가 들어가도록 자주 환기를 해야 한다.

5 가습기 Humidifier

작동 원리

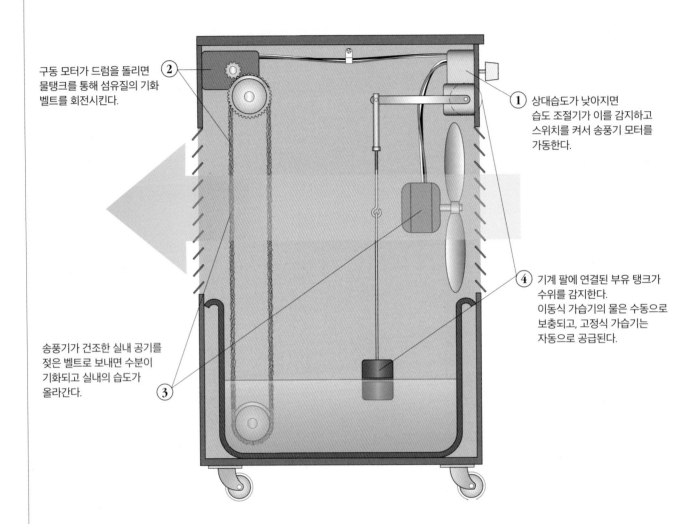

구동 모터가 드럼을 돌리면 물탱크를 통해 섬유질의 기화 벨트를 회전시킨다.

②

① 상대습도가 낮아지면 습도 조절기가 이를 감지하고 스위치를 켜서 송풍기 모터를 가동한다.

송풍기가 건조한 실내 공기를 젖은 벨트로 보내면 수분이 기화되고 실내의 습도가 올라간다.

③

④ 기계 팔에 연결된 부유 탱크가 수위를 감지한다. 이동식 가습기의 물은 수동으로 보충되고, 고정식 가습기는 자동으로 공급된다.

수리를 요청하기 전에

가습기에서 나오는 공기에서 냄새가 난다면 물통을 비우고 깨끗이 씻어서 곰팡이와 박테리아를 제거한다.

가습기의 분무량이 줄어들면 벨트 내부에 광물질이 축적되었기 때문일 수 있다. 이 경우에는 벨트를 교체하거나 하루 정도 식초에 담가둔다.

제습기 Dehumidifier

온도와 상대습도에 따른 공기의 냉각 효과

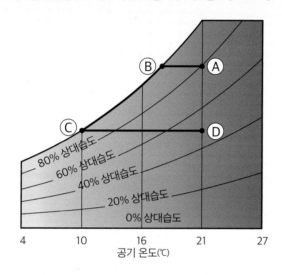

공기 온도(℃)

이동식 제습기

제습기는 실외기까지 모두 실내에서 작동하는 에어컨이라고 할 수 있다. 공기의 온도를 이슬점 이하로 낮춰서 공기 중의 수증기를 응축시켜 물로 바꾼다.

왼쪽의 그래프에서, 온도 21℃, 상대습도 80%(위치 A)의 공기가 기화기의 코일을 통과한다. 처음에는 단지 온도만 낮아지며 그래프의 위치 A에서 위치 B로 이동한다. 위치 B에서 공기는 이슬점에 도달한다. 냉각이 계속되고 위치 B에서 C로 이동하면 수증기가 기화기 배관에 응축해서 물이 되며 바닥의 통으로 떨어진다. 응축기를 통과한 공기의 온도는 다시 21℃로 회복되지만 상대습도는 50%로 낮아진 상태다(위치 D).

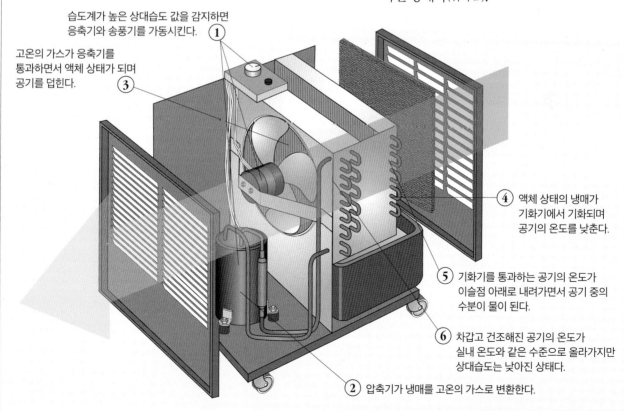

습도계가 높은 상대습도 값을 감지하면 응축기와 송풍기를 가동시킨다. ①

고온의 가스가 응축기를 통과하면서 액체 상태가 되며 공기를 덥힌다. ③

④ 액체 상태의 냉매가 기화기에서 기화되며 공기의 온도를 낮춘다.

⑤ 기화기를 통과하는 공기의 온도가 이슬점 아래로 내려가면서 공기 중의 수분이 물이 된다.

⑥ 차갑고 건조해진 공기의 온도가 실내 온도와 같은 수준으로 올라가지만 상대습도는 낮아진 상태다.

② 압축기가 냉매를 고온의 가스로 변환한다.

5

화로용 공기 필터 Furnace Filter

작동 원리

일반적인 화로용 필터

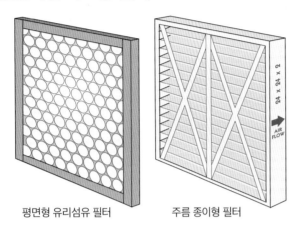

평면형 유리섬유 필터

주름 종이형 필터

가장 일반적인 제품은 12~25mm 정도 두께의 저밀도 섬유나 유사 소재를 공기가 통과할 정도로 엮어서 틀에 고정한 구조다. 필터의 소재는 끈적이도록 코팅이 되어 있기도 하다. 미세한 구멍이 많이 뚫려 있는 구조이므로 0.001~0.01mm 크기의 입자는 20% 정도만 걸러진다(머리카락의 굵기가 대체로 0.025~0.1mm).

주름이 잡힌 형태의 종이 필터는 구멍이 더 작아서 같은 크기의 입자를 거의 100% 걸러낸다. 주름 형태는 표면적을 10배 가까이 늘리므로 공기 흐름에 대한 저항은 거의 같다.

일반적인 장착 방법

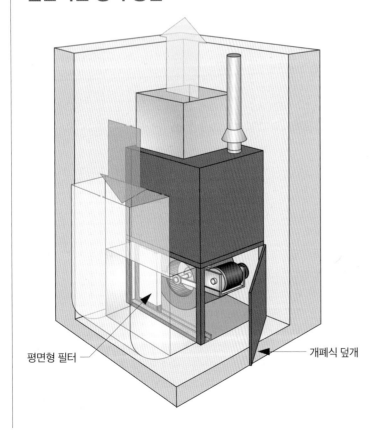

평면형 필터

개폐식 덮개

수리를 요청하기 전에

송풍구에서 나오는 바람의 세기가 약해졌다면 필터가 막혔기 때문일 수 있다.

화로를 끄고 아래쪽의 덮개를 연다. 필터에 먼지와 이물질이 덮여 있는지 확인한다(이물질이 있으면 공기가 제대로 흐르지 못한다).

필터의 틀이 금속이나 플라스틱인 경우에는 호스를 이용해서 물로 씻어낸 후 안전히 건조시켜 다시 장착한다.

필터의 틀이 두꺼운 종이라면 동일 규격의 새 필터로 교체한다. 가격이 높지 않고, 겨울철에는 여러 번 교체해야 할 수도 있으므로 여섯 개 정도가 들어 있는 묶음 제품을 선택한다. 반려동물이 있는 집이라면 매달 한 번은 교체해야 할 수도 있다.

온풍기 덮개를 연 김에 송풍기의 벨트도 닳거나 갈라진 곳이 없는지 함께 점검한다.

공기 청정기 Electronic Air Cleaner

작동 원리

공기 청정기 내부의 흐름

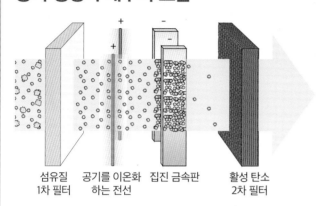

섬유질   공기를 이온화   집진 금속판   활성 탄소
1차 필터   하는 전선   2차 필터

가장 일반적인 공기 청정기는 섬유질의 필터와 활성탄 필터 사이에 정전식electrostatic, 靜電式 먼지 제거기가 설치된 형태다.

먼지 제거기는 2단계로 이루어져 있다.

1. 늘어선 고압 전선 사이를 통과하는 공기 중의 입자가 대전帶電된다.
2. 반대 극성을 갖는 금속판에 공기 중의 입자가 달라붙는다.

금속판에 붙은 먼지가 눈에 확연히 보일 때는 먼지 제거기를 청소해주어야 한다.

화로용 공기 청정 필터

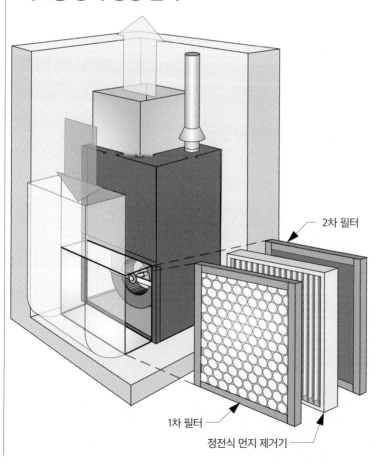

2차 필터

1차 필터

정전식 먼지 제거기

수리를 요청하기 전에

공기 청정기 내부의 1차, 2차 필터는 앞 항목에서와 마찬가지 방법으로 청소 및 교체한다. 정전식 먼지 제거기를 청소할 때는 다음을 주의할 필요가 있다.

• 내부에는 고압 전류가 흐르므로 전원을 끈 뒤 1분 정도 기다렸다가 덮개를 연다.
• 분리한 필터를 식기 세정제로 희석한 물에 담가두거나 스프레이를 뿌린다.
• 15분 후 흐르는 물로 필터를 씻는다. 필터의 전선과 얇은 금속판이 휘지 않도록 조심한다.
• 필터를 완전히 건조시킨 후 다시 본체에 조립한 뒤 전원을 넣는다.

5 열 회수 환기장치 Air-to-Air Heat Exchanger

작동 원리

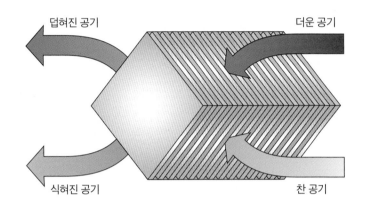

덥혀진 공기

더운 공기

식혀진 공기

찬 공기

냉난방 효율을 높이려면 단열을 잘 해서 열 손실을 줄이는 것이 중요하다. 그러나 에너지 손실을 줄이기 위해 공기가 새어 들어오거나 나가는 것을 막는 데는 한계가 있다. 법으로 규정된 최소 환기량은 1인당 7.5cfm이고, 거주 공간이 100제곱피트(9.3m²) 늘 때마다 1cfm이 추가된다.*

열 회수 환기장치는 이럴 때 손쉬운 해결 방법이 된다. 실내의 탁한 공기와 신선한 외부 공기가 얇은 금속판**으로 나누어져 있는 통로에 설치된 벌집 구조의 얇은 관을 통과한다. 이 과정에서 약 80%의 열 에너지가 회수된다. 이 설비는 에너지 효율을 추구하는 건축물에 점차 많이 사용되고 있다.

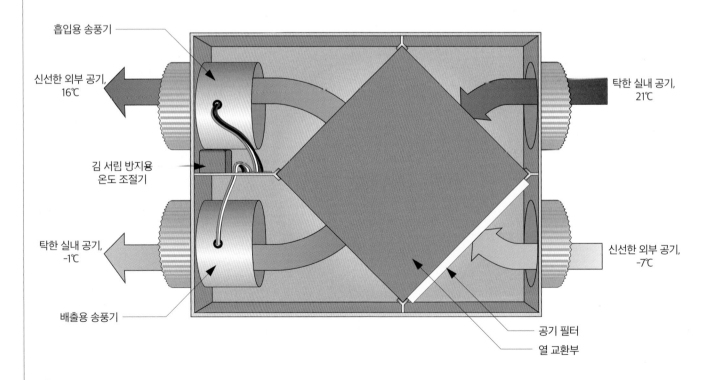

흡입용 송풍기

신선한 외부 공기, 16℃

김 서림 방지용 온도 조절기

탁한 실내 공기, -1℃

배출용 송풍기

탁한 실내 공기, 21℃

신선한 외부 공기, -7℃

공기 필터

열 교환부

* 우리나라의 경우엔 매시간 1인당 25m³, 또는 체적의 50%로 규정하고 있다.

** 또는 펄프 재질의 판도 있다.

6

가정용 전기 기기

Appliances

구입한 지 5년 된 자동차 타이어에 펑크가 나거나, 팬 벨트가 손상되거나, 퓨즈가 고장 났다고 해서 차를 내다 버리는 사람은 없다. 하지만 많은 사람들이 가정용 설비를 사용할 때는 이와 다름없는 행동을 한다. 보통은 수리 비용과 설비의 잔존가액*이 비슷해서 일어나는 일이다.

설비 수리 비용이 높은 이유는 딱 하나다. 자동차와는 달리 고장 난 설비를 소비자가 직접 가지고 수리 센터를 방문할 수 없고, 수리 전문가가 집으로 와야 하기 때문이다. 인건비가 설비 수리비의 절반 이상을 차지하고 이동에 소요되는 시간 또한 전체 수리 시간의 반이 넘을 때가 많다.

그러나 실제로는 절반 이상의 문제를 가정에서 일반 공구를 이용해서 직접 해결할 수 있다. 교체용 부품도 거의 모두 어렵지 않게 구입할 수 있다(아마도 repairclinic.com 같은 곳에서 필요한 부품을 거의 모두 구할 수 있을 것이다).

이번 장에서는 가정용 설비의 내부 구조를 그림으로 나타내어 작동 원리를 손쉽게 파악할 수 있도록 했으며, 독자들이 수리를 요청하기 전에 먼저 살펴봐야 할 간단한 사항들을 정리해 놓았다.

* 자산이 사용 불능이 되어 폐기 처분될 때 받을 수 있으리라고 기대하는 금액.

6 식기 세척기 Dishwasher

작동 원리

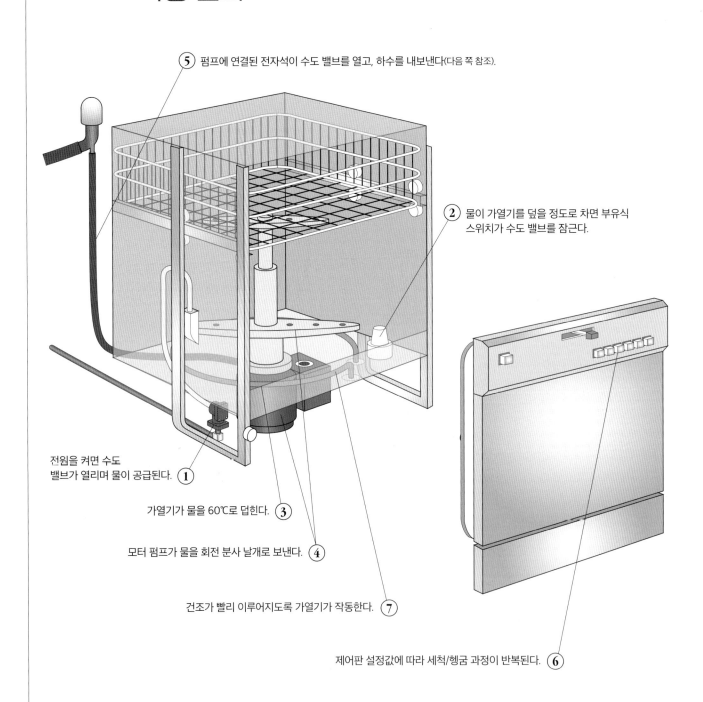

⑤ 펌프에 연결된 전자석이 수도 밸브를 열고, 하수를 내보낸다(다음 쪽 참조).

② 물이 가열기를 덮을 정도로 차면 부유식 스위치가 수도 밸브를 잠근다.

전원을 켜면 수도 밸브가 열리며 물이 공급된다. ①

가열기가 물을 60℃로 덥힌다. ③

모터 펌프가 물을 회전 분사 날개로 보낸다. ④

건조가 빨리 이루어지도록 가열기가 작동한다. ⑦

제어판 설정값에 따라 세척/헹굼 과정이 반복된다. ⑥

펌프의 두 가지 용도

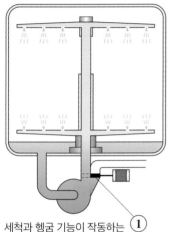

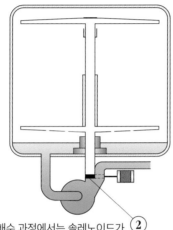

세척과 헹굼 기능이 작동하는 ①
중에는 솔레노이드(원통형 전자석)
가 분무관을 열고 하수관을
닫는다.

배수 과정에서는 솔레노이드가 ②
분무관을 닫고 하수관을 연다.

하수관의 공기층

얇은 공기층이 하수관에서 급수관으로 물이 역류하는 것을 막는다.
이것은 대부분의 식기 세척기에서 요구받는 배관 규정이다.

배수 과정에서는 덮개에 의해
물의 흐름이 하수관 쪽으로
유지된다.

배수가 끝나면 덮개 쪽으로 공기가
흐르고, 하수기 시이면 효과에
의해서 식기 세척기 내부로 들어오지
못하도록 한다.

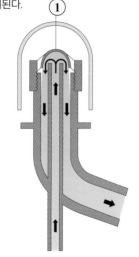

수리를 요청하기 전에

식기 세척기가 작동하지 않으면

• 누전 차단기를 점검한다. 누전 차단기를 껐다가
다시 켜본다.

– 누전 차단기가 정상이라면, 벽에 부착된 스위
치가 '꺼짐'으로 되어 있는지, 혹은 전원선이 제
대로 연결되어 있는지 확인한다.

세척이 깨끗하게 이루어지지 않으면

• 식기 세척기용 세제를 사용했는지 확인한다. 일
반용 식기 세정제를 사용하지 않도록 주의한다.

• 세척 과정을 중단하고 수온을 측정한다. 수온이
60℃ 정도여야 한다.

• 식기를 식기 세척기에 넣기 전에 음식물을 제거
한다.

• 세척 과정을 중단하고 물의 높이를 확인한다.
수위가 가열기 바로 위여야 한다. 그렇지 않은
경우에는 부유식 스위치를 분리한 후 세척해서
다시 조립한다. 부유식 스위치가 위아래로 자유
롭게 움직이는지 확인한다.

• 물이 분사되는 회전 날개를 분리해서 물이 나오
는 구멍을 깨끗이 청소한다. 조립 후 회전이 매
끄러운지 확인한다.

물이 샌다면

• 세제를 제조사 권장량만큼 사용하고 있는지 확
인한다. 식기 세척기용 세제는 거품이 굉장히 많
이 만들어지므로 세제를 많이 쓰면 넘치기 쉽다.

• 부유식 스위치를 확인한다. 스위치가 아래쪽에
걸려 있으면 물이 넘치게 된다.

• 세척기 문의 패킹을 스펀지와 세제로 청소해 매
끄럽게 한다.

6 드럼 세탁기 Front-Loading Washer

작동 원리

세탁통의 입구가 앞쪽에 있는 드럼 세탁기와 위쪽에 있는 세탁기의 가장 큰 차이는 세탁통의 회전 방향이다. 드럼 세탁기는 모터의 회전축과 세탁통 회전축의 방향이 같으므로 기계적으로 구조가 단순해진다. 세탁물은 중력에 의해 회전하는 세탁통 안에서 휘저어진다.

또한 드럼 세탁기는 물을 덜 소비하고 훨씬 빠르게 세탁통이 회전하므로 세탁물의 물기를 거의 빼낼 수 있다.

그러나 세탁통이 회전할 때의 균형을 맞추려면 무겁고 비싼 구성 부품이 필요하다는 단점이 있다.

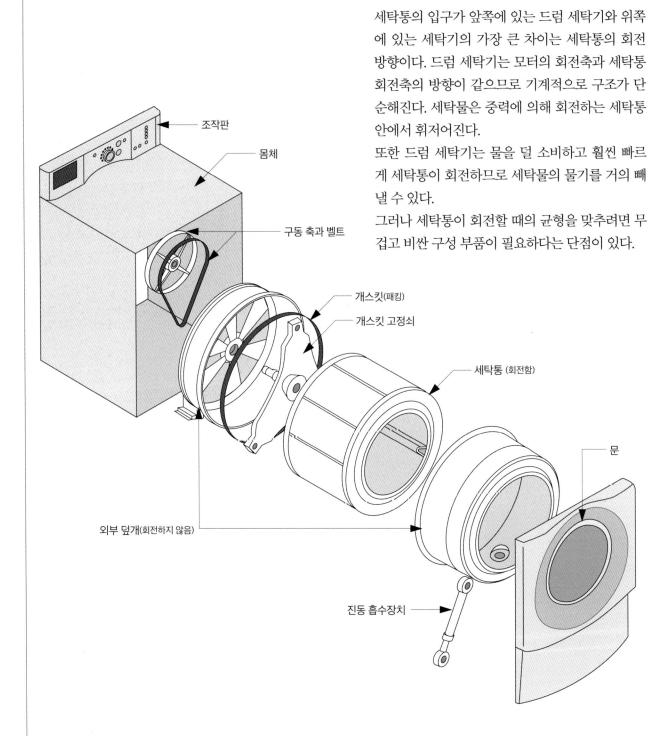

조작판
몸체
구동 축과 벨트
개스킷(패킹)
개스킷 고정쇠
세탁통 (회전함)
문
외부 덮개(회전하지 않음)
진동 흡수장치

수평 맞추기

세탁기의 진동을 줄이고 덜덜거림을 막으려면 네 발이 모두 바닥에 단단히 닿아야 한다. 우선 볼트를 풀어서 네 발을 모두 최대 길이로 만든 뒤, 네 곳 모두 바닥에 단단히 닿도록 볼트를 잠가가며 조절한다. 세탁기를 손으로 잡고 움직이면서 수평이 맞는지 확인한 후, 너트를 조여서 다리를 고정한다.

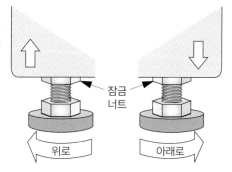

잠금 너트

위로   아래로

급수 필터 세척

급수 밸브가 고장 나지 않도록 급수관으로 들어온 이물질은 호스 연결 부위에 부착된 금속 망 필터에 의해 걸러진다. 세탁기에 물이 차는 속도가 느려졌다면 필터가 이물질로 막히지 않았는지 확인한다. 경수의 경우에는 물에 포함된 석회가 쌓일 수도 있다. 필터를 식초나 석회 제거제에 담가둔다.

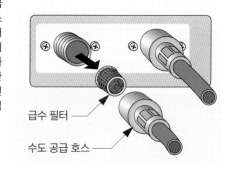

급수 필터

수도 공급 호스

배수 펌프 필터 청소

기종에 따라서는 나사, 너트, 머리핀, 동전과 같이 세탁물에서 빠져나온 작은 물건들로 인해 배수 펌프 날개가 손상되지 않도록 필터가 장착되어 있기도 하다. 배수가 눈에 띄게 느려졌다면 배수 필터 덮개를 열고 물받이용 그릇을 준비한 후 가느다란 하수관을 분리한다. 필터를 돌려서 빼낸 뒤 필터 내부의 이물질을 제거하고 필터와 하수관을 다시 조립한다.

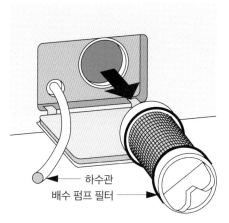

하수관

배수 펌프 필터

수리를 요청하기 전에

세탁통은 매우 빠른 속도로 회전한다. 그런데 수건이나 청바지 같은 의류는 젖은 상태에서 매우 무겁다. 세탁물이 하나이거나 혹은 양이 아주 적으면 회전할 때 중심이 한쪽으로 쏠리므로 세탁통이 회전할 때마다 덜컹거린다. 그러므로 세탁물의 양은 적절해야 하며 세탁기의 발 네 개가 바닥에 단단히 눌려 있어야 진동이 최소화된다.

세탁통에 물이 차거나 빠지는 속도가 현저히 느려졌다면 급수 필터가 막혔기 때문이거나(왼쪽 가운데 그림), 배수 펌프 필터(왼쪽 아래 그림)에 이물질이 쌓여 있기 때문일 가능성이 높다.

비누 거품이 새어 나온다면 세제를 너무 많이 넣었기 때문이다. 제조사가 지정한 종류의 세제를 지정된 양만큼 사용해야 한다.

바닥에 물이 흘러나왔다면, 급수 호스나 배수 호스의 연결 부위에서 물이 샜거나, 하수관이 막혔거나, 문과 패킹 사이에 이물질이 끼어 있기 때문이다.

무엇보다 사용설명서를 잘 보관하고, 분실했다면 제조사 홈페이지에서 다운로드 받도록 한다. 최근의 제품 중에는 오류 식별 번호를 표시해서 오작동의 원인을 손쉽게 파악할 수 있도록 해주는 것들이 많다. 오류 식별 번호와 제품의 모델명을 알면 repairclinic.com이나 유튜브에서 관련 정보를 찾기 쉽다.

6 통돌이 세탁기 Top-Loading Washer

작동 원리

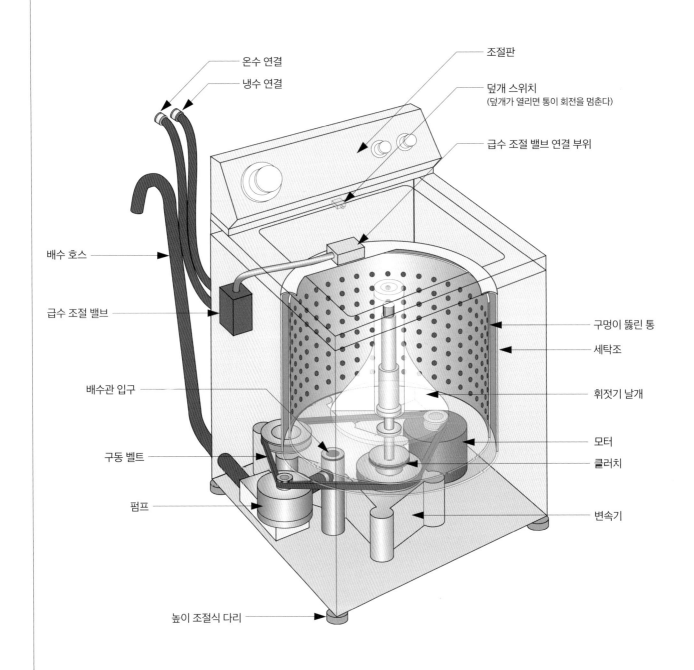

온수 연결

냉수 연결

조절판

덮개 스위치
(덮개가 열리면 통이 회전을 멈춘다)

급수 조절 밸브 연결 부위

배수 호스

급수 조절 밸브

구멍이 뚫린 통

세탁조

배수관 입구

휘젓기 날개

구동 벨트

모터

클러치

펌프

변속기

높이 조절식 다리

휘젓기

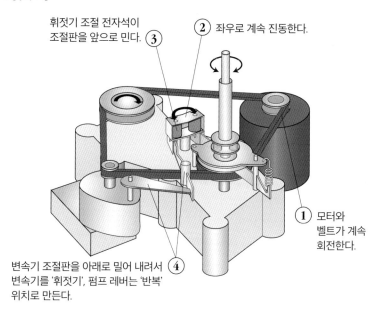

휘젓기 조절 전자석이
조절판을 앞으로 민다. ③

② 좌우로 계속 진동한다.

① 모터와
벨트가 계속
회전한다.

변속기 조절판을 아래로 밀어 내려서
변속기를 '휘젓기', 펌프 레버는 '반복'
위치로 만든다. ④

회전

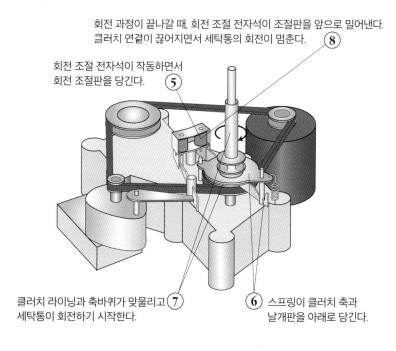

회전 과정이 끝나갈 때, 회전 조절 전자석이 조절판을 앞으로 밀어낸다.
클러치 연결이 끊어지면서 세탁통의 회전이 멈춘다. ⑧

회전 조절 전자석이 작동하면서
회전 조절판을 당긴다. ⑤

클러치 라이닝과 축바퀴가 맞물리고 ⑦
세탁통이 회전하기 시작한다.

⑥ 스프링이 클러치 축과
날개판을 아래로 당긴다.

수리를 요청하기 전에

세탁기가 작동하지 않을 때는
- 누전 차단기를 확인한다. 껐다가 켜본다.
- 누전 차단기가 정상적으로 작동하고 있으며 전원선이 제대로 연결되어 있는지 확인한다.
- 위쪽의 세탁통 덮개 아래의 스위치를 확인한다. 멀티미터가 있다면 세탁기의 전원선을 뽑은 뒤, 나사를 풀어 조절판을 떼어낸다. 덮개 스위치에 연결된 연결 단자를 빼낸 뒤 스위치를 누르면서 스위치의 저항값을 측정한다. 스위치를 눌렀을 때 저항값이 0이 되지 않는다면 스위치를 새것으로 교체한다.

세탁기에 물이 차는 데 시간이 이전보다 많이 걸린다면
- 수도 밸브가 모두 열렸는지 확인한다.
- 연결된 수도 호스를 분리해서 수압이 충분한지 하나씩 확인한다.
- 급수 필터가 막혔는지 확인한다. 급수 필터는 손쉽게 분리할 수 있다. 작은 솔을 이용해서 필터를 청소한다. 석회질 같은 광물질은 식초에 하루 정도 필터를 담가놓으면 제거할 수 있다.

세탁기가 작동할 때 덜덜거린다면 세탁물을 너무 많이 넣었거나 세탁기의 발 높이가 제대로 맞춰져 있지 않기 때문이다. 수평을 잡으려면 렌치를 이용해서 발을 돌려가며 높이를 조절한다.

전기식 의류 건조기 Electric Dryer

작동 원리

버튼으로 가열 코일 조작 상태를 선택한다[높은 온도(모두), 낮은 온도(절반), 송풍(코일 가열 없음)]. 다이얼로 동작 시간을 설정한다. 습도 센서(그림에는 표시되지 않음)를 이용해서 건조 정도를 설정하는 제품도 있다. ⑦

원통형 드럼이 회전하면서 옷이 돌아간다(통의 뒷면은 회전하지 않는다). ①

문이 열리면 문 열림 감지 스위치가 건조기의 동작을 멈추고 조명을 켠다. ⑧

⑥ 드럼에서 배출되는 공기가 송풍기와 배출구에 도달하기 전에 먼저 보푸라기 필터를 통과한다.

④ 공기가 배출되면서 외부 공기를 히터로 끌어들인다.

⑤ 외부 공기가 전기로 가열되는 코일 히터를 통과하면서 데워지고 건조해진다.

③ 모터에 의해 구동되는 송풍기가 드럼 내부의 공기를 빨아들여 외부로 내보낸다.

벨트 장력 조절 장치가 드럼을 구동하는 벨트의 장력을 조절한다. 그 덕분에 벨트를 장기간 사용해도 늘어나지 않고 건조할 세탁물의 양이 많아져도 벨트가 미끄러지지 않는다. ⑨

모터가 송풍기와 드럼을 구동한다. 송풍기는 모터에 바로 연결되어 있고 드럼은 벨트로 연결된다. ②

수리를 요청하기 전에

건조기가 작동하지 않을 때는 누전 차단기와 퓨즈의 상태를 확인하고 전원선이 올바르게 연결되었는지 살펴본다. 앞 커버를 분리할 수 있다면 전원선을 뺀 뒤 문 열림 감지 스위치를 눌렀을 때 스위치의 저항값이 0이 되는지 확인한다. 저항값이 0이 되지 않으면 스위치를 교체한다. 건조에 걸리는 시간이 이전보다 많이 늘어났다면 배출 필터에 보푸라기가 많아서일 가능성이 높다. 배출 필터는 분리하기 쉬우며 필요하면 전문점에서 건조기 필터 청소용 솔을 구입할 수 있다.

가스식 의류 건조기 Gas Dryer

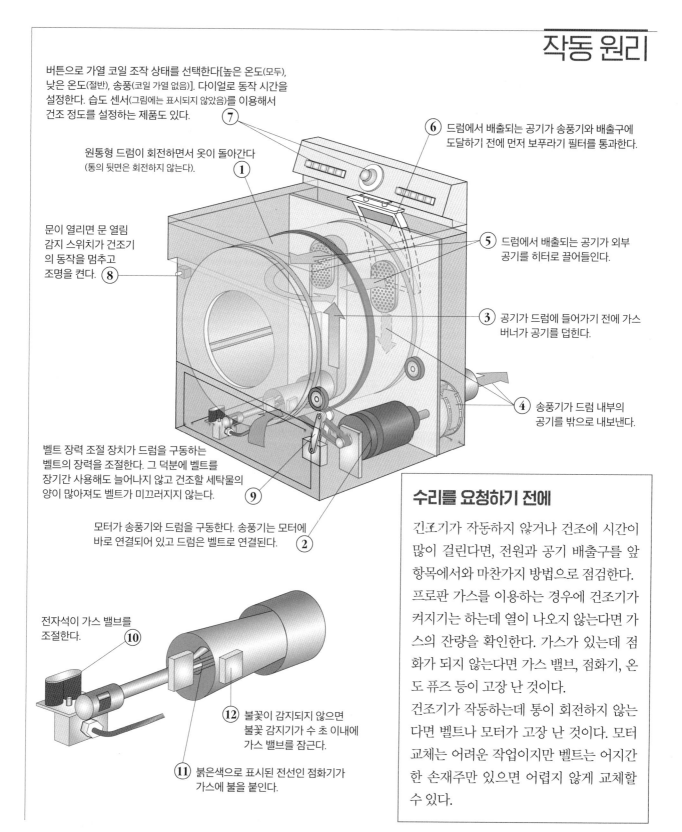

작동 원리

버튼으로 가열 코일 조작 상태를 선택한다[높은 온도(모두), 낮은 온도(절반), 송풍(코일 가열 없음)]. 다이얼로 동작 시간을 설정한다. 습도 센서(그림에는 표시되지 않았음)를 이용해서 건조 정도를 설정하는 제품도 있다. ⑦

원통형 드럼이 회전하면서 옷이 돌아간다 (통의 뒷면은 회전하지 않는다). ①

문이 열리면 문 열림 감지 스위치가 건조기 의 동작을 멈추고 조명을 켠다. ⑧

벨트 장력 조절 장치가 드럼을 구동하는 벨트의 장력을 조절한다. 그 덕분에 벨트를 장기간 사용해도 늘어나지 않고 건조할 세탁물의 양이 많아져도 벨트가 미끄러지지 않는다. ⑨

모터가 송풍기와 드럼을 구동한다. 송풍기는 모터에 바로 연결되어 있고 드럼은 벨트로 연결된다. ②

⑥ 드럼에서 배출되는 공기가 송풍기와 배출구에 도달하기 전에 먼저 보푸라기 필터를 통과한다.

⑤ 드럼에서 배출되는 공기가 외부 공기를 히터로 끌어들인다.

③ 공기가 드럼에 들어가기 전에 가스 버너가 공기를 덥힌다.

④ 송풍기가 드럼 내부의 공기를 밖으로 내보낸다.

전자석이 가스 밸브를 조절한다. ⑩

⑫ 불꽃이 감지되지 않으면 불꽃 감지기가 수 초 이내에 가스 밸브를 잠근다.

⑪ 붉은색으로 표시된 전선인 점화기가 가스에 불을 붙인다.

수리를 요청하기 전에

건조기가 작동하지 않거나 건조에 시간이 많이 걸린다면, 전원과 공기 배출구를 앞 항목에서와 마찬가지 방법으로 점검한다. 프로판 가스를 이용하는 경우에 건조기가 켜지기는 하는데 열이 나오지 않는다면 가 스의 잔량을 확인한다. 가스가 있는데 점 화가 되지 않는다면 가스 밸브, 점화기, 온 도 퓨즈 등이 고장 난 것이다.

건조기가 작동하는데 통이 회전하지 않는 다면 벨트나 모터가 고장 난 것이다. 모터 교체는 어려운 작업이지만 벨트는 어지간 한 손재주만 있으면 어렵지 않게 교체할 수 있다.

6 전기 레인지/오븐 Electric Range/Oven

작동 원리

시계와 타이머로 오븐의
온도, 동작 시간, 자동 청소 기능을 설정한다. ①

② 내부의 조리용 열판에 맞게
온도를 조절한다.

가열구는
개별 조절된다. ⑨

⑥ 문이 열리면 문 스위치가 내부의
조명을 켠다.

오븐 내부의 온도를 조절하는 ⑤
온도 조절기

③ 위쪽의 착탈식 가열봉의 복사열로
음식을 익힌다.

④ 바닥의 착탈식 가열봉이 오븐
내부의 공기를 덥힌다.

팬이 오븐 내부의 공기를
회전시켜 음식을 균일하게
익힌다. ⑦

문이 열린 채로 있지
않도록 예압된 스프링이
문을 당기고, 활짝 열었을 때는
문이 열린 상태로 유지된다. ⑧

수리를 요청하기 전에

아무것도(시계조차) 작동하지 않는다면 누
전 차단기를 확인한다. 전원플러그가 제
대로 꽂혀 있는지도 살펴본다.
열판이 뜨거워지지 않는다면 과열로 끊
어졌기 때문일 수 있다. 오븐의 열이 약
하거나 작동하지 않는다면 착탈식 가열
봉이 망가진 것이다. 마찬가지로 위쪽의
가열봉이 온도가 올라가도 붉은빛을 내
지 않는다면 역시 교체해야 한다.
위의 부품은 모두 교체가 간편하다. 전문
점에서 교체용 부품을 구할 수 있다.

레인지의 가열봉 점검

① 누전 차단기를 내린다.

가열봉의 앞쪽을 살짝 들어올려
가열봉을 빼낸다. ②

멀티미터의 측정
스위치를 저항(단위: Ω)
으로 둔다. ③

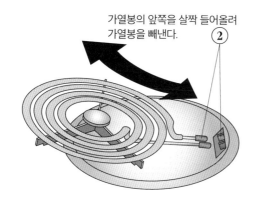
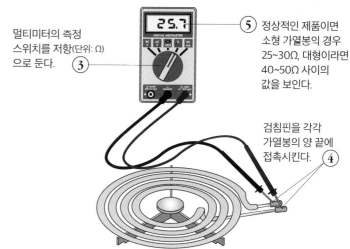

⑤ 정상적인 제품이면
소형 가열봉의 경우
25~30Ω, 대형이라면
40~50Ω 사이의
값을 보인다.

검침핀을 각각
가열봉의 양 끝에
접촉시킨다. ④

오븐의 가열봉 점검

① 누전 차단기를 내린다.

멀티미터의 측정
스위치를 저항(단위: Ω)
으로 둔다. ③

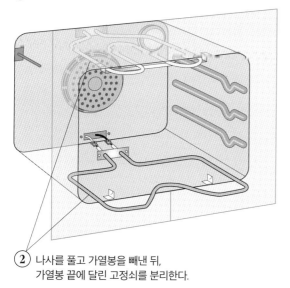
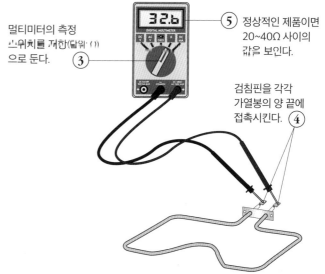

⑤ 정상적인 제품이면
20~40Ω 사이의
값을 보인다.

검침핀을 각각
가열봉의 양 끝에
접촉시킨다. ④

② 나사를 풀고 가열봉을 빼낸 뒤,
가열봉 끝에 달린 고정쇠를 분리한다.

6 가스 레인지/오븐 Gas Range/Oven

작동 원리

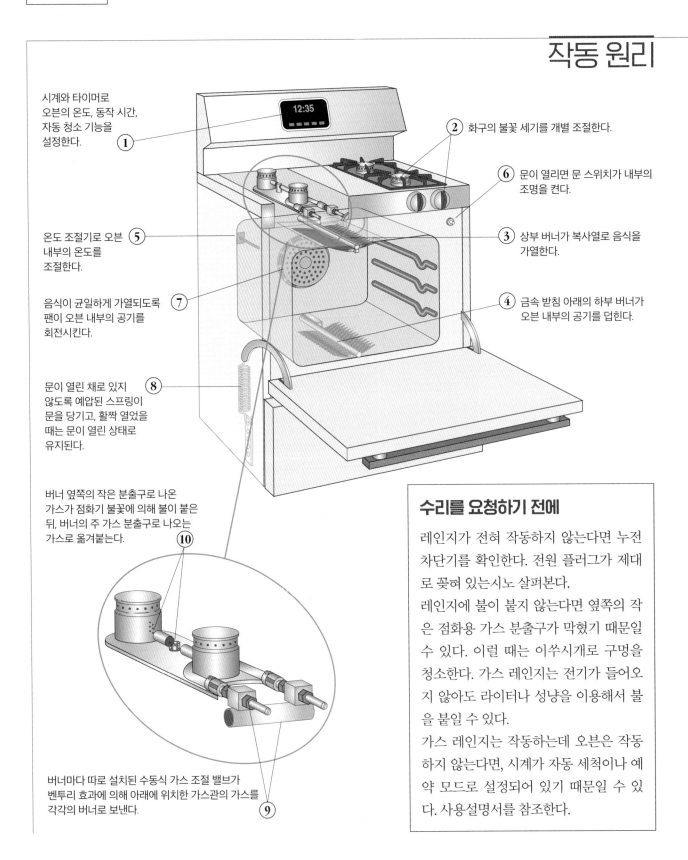

시계와 타이머로 오븐의 온도, 동작 시간, 자동 청소 기능을 설정한다. ①

② 화구의 불꽃 세기를 개별 조절한다.

⑥ 문이 열리면 문 스위치가 내부의 조명을 켠다.

온도 조절기로 오븐 ⑤ 내부의 온도를 조절한다.

③ 상부 버너가 복사열로 음식을 가열한다.

음식이 균일하게 가열되도록 팬이 오븐 내부의 공기를 회전시킨다. ⑦

④ 금속 받침 아래의 하부 버너가 오븐 내부의 공기를 덥힌다.

문이 열린 채로 있지 않도록 예압된 스프링이 ⑧ 문을 당기고, 활짝 열었을 때는 문이 열린 상태로 유지된다.

버너 옆쪽의 작은 분출구로 나온 가스가 점화기 불꽃에 의해 불이 붙은 뒤, 버너의 주 가스 분출구로 나오는 가스로 옮겨붙는다. ⑩

버너마다 따로 설치된 수동식 가스 조절 밸브가 벤투리 효과에 의해 아래에 위치한 가스관의 가스를 각각의 버너로 보낸다. ⑨

수리를 요청하기 전에

레인지가 전혀 작동하지 않는다면 누전 차단기를 확인한다. 전원 플러그가 제대로 꽂혀 있는시노 살펴본다.

레인지에 불이 붙지 않는다면 옆쪽의 작은 점화용 가스 분출구가 막혔기 때문일 수 있다. 이럴 때는 이쑤시개로 구멍을 청소한다. 가스 레인지는 전기가 들어오지 않아도 라이터나 성냥을 이용해서 불을 붙일 수 있다.

가스 레인지는 작동하는데 오븐은 작동하지 않는다면, 시계가 자동 세척이나 예약 모드로 설정되어 있기 때문일 수 있다. 사용설명서를 참조한다.

가스 레인지와 점화용 가스 분출구 청소

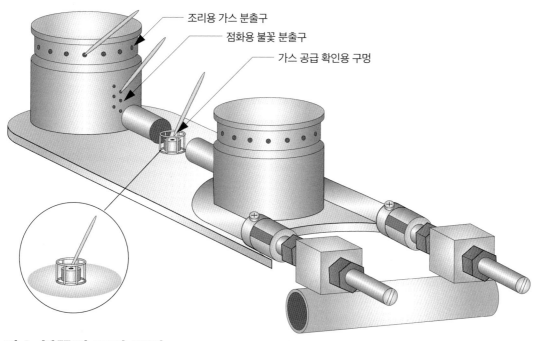

조리용 가스 분출구

점화용 불꽃 분출구

가스 공급 확인용 구멍

가스 불꽃의 크기 조절

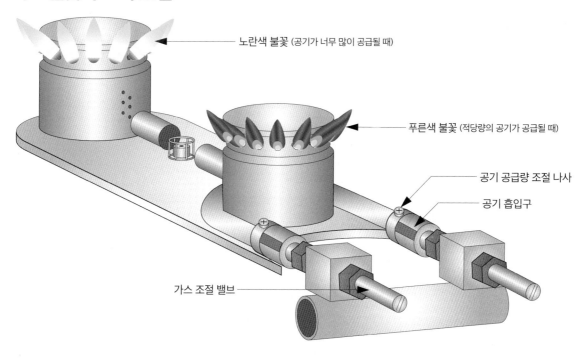

노란색 불꽃 (공기가 너무 많이 공급될 때)

푸른색 불꽃 (적당량의 공기가 공급될 때)

공기 공급량 조절 나사

공기 흡입구

가스 조절 밸브

6 커피 메이커 Coffee Makers

작동 원리

자동 커피 드리퍼

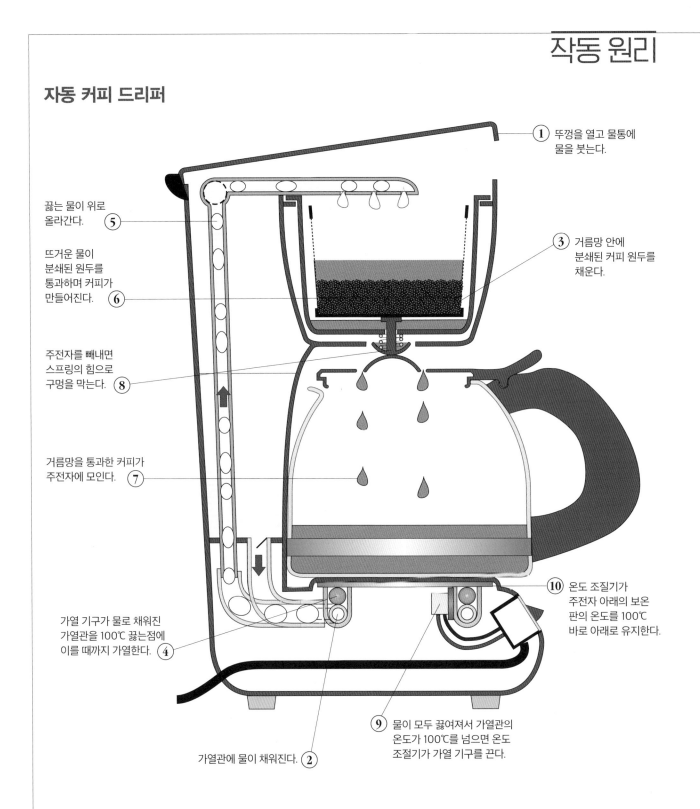

① 뚜껑을 열고 물통에 물을 붓는다.

⑤ 끓는 물이 위로 올라간다.

⑥ 뜨거운 물이 분쇄된 원두를 통과하며 커피가 만들어진다.

③ 거름망 안에 분쇄된 커피 원두를 채운다.

⑧ 주전자를 빼내면 스프링의 힘으로 구멍을 막는다.

⑦ 거름망을 통과한 커피가 주전자에 모인다.

④ 가열 기구가 물로 채워진 가열관을 100℃ 끓는점에 이를 때까지 가열한다.

⑩ 온도 조질기가 주전자 아래의 보온 판의 온도를 100℃ 바로 아래로 유지한다.

⑨ 물이 모두 끓여져서 가열관의 온도가 100℃를 넘으면 온도 조절기가 가열 기구를 끈다.

② 가열관에 물이 채워진다.

직화식 커피 드리퍼

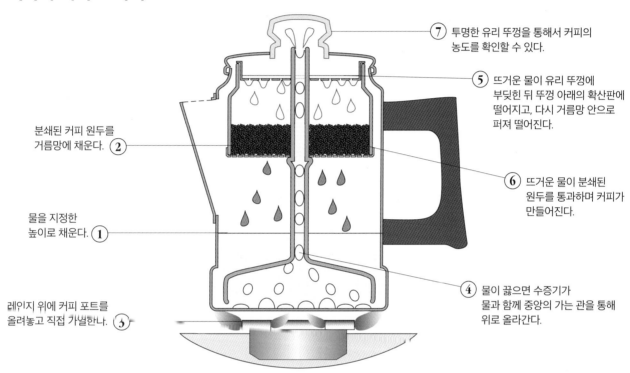

⑦ 투명한 유리 뚜껑을 통해서 커피의
농도를 확인할 수 있다.

⑤ 뜨거운 물이 유리 뚜껑에
부딪힌 뒤 뚜껑 아래의 확산판에
떨어지고, 다시 거름망 안으로
퍼져 떨어진다.

분쇄된 커피 원두를
거름망에 채운다. ②

⑥ 뜨거운 물이 분쇄된
원두를 통과하며 커피가
만들어진다.

물을 지정한
높이로 채운다. ①

④ 물이 끓으면 수증기가
물과 함께 중앙의 가는 관을 통해
위로 올라간다.

레인지 위에 커피 포트를
올려놓고 직접 가열한다. ③

프렌치 프레스

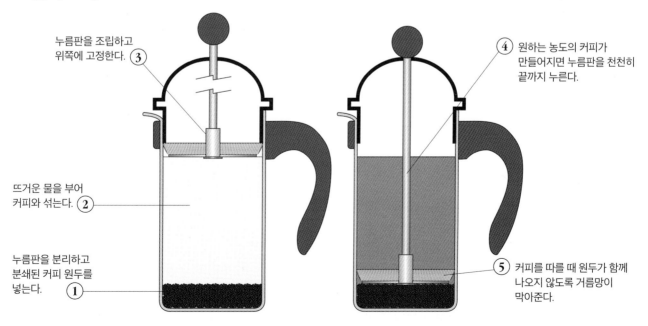

누름판을 조립하고
위쪽에 고정한다. ③

④ 원하는 농도의 커피가
만들어지면 누름판을 천천히
끝까지 누른다.

뜨거운 물을 부어
커피와 섞는다. ②

누름판을 분리하고
분쇄된 커피 원두를
넣는다. ①

⑤ 커피를 따를 때 원두가 함께
나오지 않도록 거름망이
막아준다.

6 전자 레인지 Microwave Oven

작동 원리

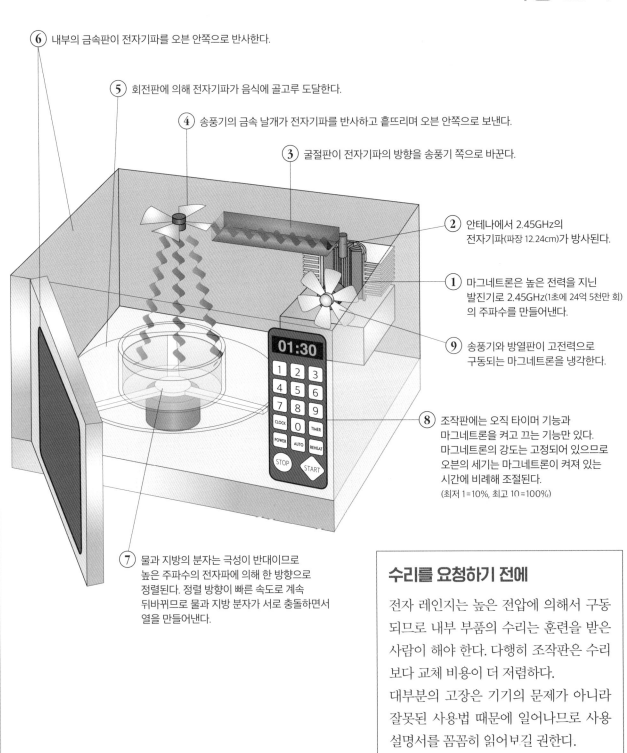

6 내부의 금속판이 전자기파를 오븐 안쪽으로 반사한다.

5 회전판에 의해 전자기파가 음식에 골고루 도달한다.

4 송풍기의 금속 날개가 전자기파를 반사하고 흩뜨리며 오븐 안쪽으로 보낸다.

3 굴절판이 전자기파의 방향을 송풍기 쪽으로 바꾼다.

2 안테나에서 2.45GHz의 전자기파(파장 12.24cm)가 방사된다.

1 마그네트론은 높은 전력을 지닌 발진기로 2.45GHz(1초에 24억 5천만 회)의 주파수를 만들어낸다.

9 송풍기와 방열판이 고전력으로 구동되는 마그네트론을 냉각한다.

8 조작판에는 오직 타이머 기능과 마그네트론을 켜고 끄는 기능만 있다. 마그네트론의 강도는 고정되어 있으므로 오븐의 세기는 마그네트론이 켜져 있는 시간에 비례해 조절된다.
(최저 1=10%, 최고 10=100%)

7 물과 지방의 분자는 극성이 반대이므로 높은 주파수의 전자파에 의해 한 방향으로 정렬된다. 정렬 방향이 빠른 속도로 계속 뒤바뀌므로 물과 지방 분자가 서로 충돌하면서 열을 만들어낸다.

수리를 요청하기 전에

전자 레인지는 높은 전압에 의해서 구동되므로 내부 부품의 수리는 훈련을 받은 사람이 해야 한다. 다행히 조작판은 수리보다 교체 비용이 더 저렴하다.

대부분의 고장은 기기의 문제가 아니라 잘못된 사용법 때문에 일어나므로 사용 설명서를 꼼꼼히 읽어보길 권한다.

음식물 분쇄기 Garbage Disposer

① 물을 틀어놓고
음식물 찌꺼기를 투입한다.

작동 원리

섬유질이 많은 음식은 잘 분쇄되지 않으므로 바나나 껍질, 셀러리, 아티초크 잎, 옥수수 껍질 같은 것들이 들어가지 않도록 한다. 또한 분쇄 전후에 충분한 양의 물을 부어야 하수관에 분쇄물이 남지 않는다.

식기 세척기의 하수관이 음식물 분쇄기에 연결되어 있는데 분쇄기가 막혔다면 세척기도 배수가 되지 않는다.

② 모터가 플라이휠을 고속으로 회전시키고 음식물을 원심력에 의해서 벽 쪽으로 보낸다.

③ 좌우로 움직이는 칼이 작은 망치 역할을 해서 음식물을 으깨고, 칼과 벽의 분쇄 날이 음식물을 자른다.

많은 경우
식기 세척기의 하수관이
음식물 분쇄기와
연결되어 있다. ⑤

잘게 부서진 음식물이 플라이휠의 구멍을 통해 쏟아지고 하수관으로 배출된다. ④

음식물이 너무 많아서 모터에 지나친 부하가 걸려 회전이 멈추는 경우가 있는데, 이를 대비해서 초기화 버튼이 있는 제품이 많다. 또한 플라이휠이 이물질에 걸려서 회전하지 않을 때 풀 수 있도록 아래쪽에 렌치 소켓이 있다(그림에서는 보이지 않음). ⑥

수리를 요청하기 전에

분쇄기에서 '웅~' 소리만 나고 동작이 되지 않는다면 회전판이 무엇인가에 걸린 것이다.

• 전원선을 뺀다. 바닥 아래쪽의 소켓에 렌치를 넣어 바닥판을 열고 이물질을 제거한다. 재조립 후에도 여전히 플라이휠이 돌지 않으면 초기화 버튼을 누른다.

• 바닥을 열 수 없도록 만들어진 제품이라면 분쇄기의 전원을 차단하고 나무젓가락 등을 이용해서 플라이휠을 돌려본다.

분쇄기가 작동하는데 물이 차오른다면 하수관에 문제가 있는 것이다. 분쇄할 음식물의 양은 너무 많고 물은 너무 적은 상태로 분쇄기를 사용하면 하수관이 막힌다. 1장 배관 편의 '수리를 요청하기 전에' 항목들을 참조하여 하수관을 청소한다.

6 냉장고/냉동고 Refrigerator/Freezer

작동 원리

냉장고, 냉동고, 에어컨은 모두 냉매의 온도와 압력의 관계를 이용해서 열 에너지를 한 곳에서 다른 곳으로 옮기는 히트 펌프의 원리를 이용한 기기들이다(히트 펌프에 대한 자세한 설명은 '온풍 순환식 가스 화로' 항목 및 후속 내용 참조).

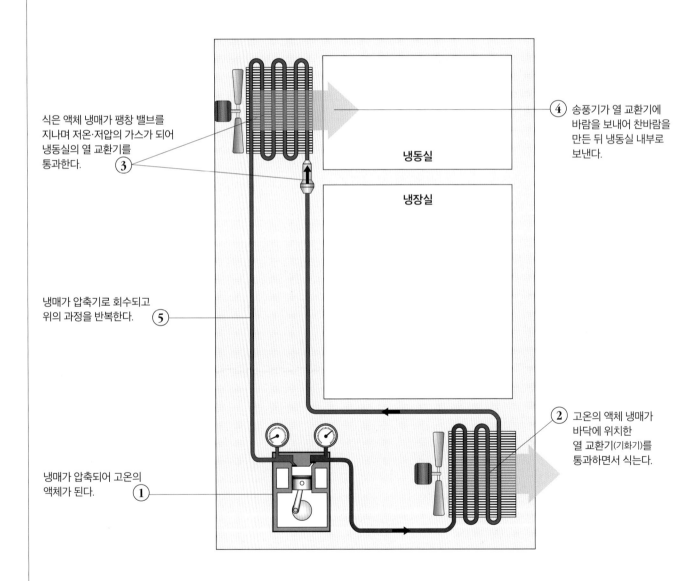

식은 액체 냉매가 팽창 밸브를 지나며 저온·저압의 가스가 되어 냉동실의 열 교환기를 통과한다. ③

④ 송풍기가 열 교환기에 바람을 보내어 찬바람을 만든 뒤 냉동실 내부로 보낸다.

냉동실

냉장실

냉매가 압축기로 회수되고 위의 과정을 반복한다. ⑤

② 고온의 액체 냉매가 바닥에 위치한 열 교환기(기화기)를 통과하면서 식는다.

냉매가 압축되어 고온의 액체가 된다. ①

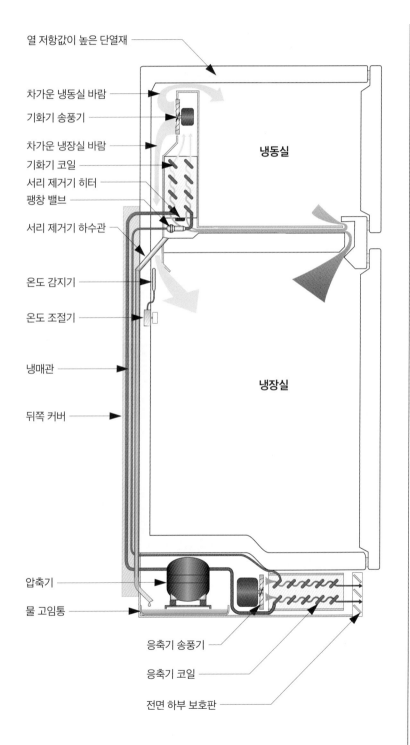

열 저항값이 높은 단열재

차가운 냉동실 바람

기화기 송풍기

차가운 냉장실 바람

기화기 코일

서리 제거기 히터

팽창 밸브

서리 제거기 하수관

냉동실

온도 감지기

온도 조절기

냉매관

냉장실

뒤쪽 커버

압축기

물 고임통

응축기 송풍기

응축기 코일

전면 하부 보호판

수리를 요청하기 전에

냉장고가 (내부등도 켜지지 않고) 정지한 것 같다면 분전반에서 냉장고에 연결된 누전 차단기를 확인한다. 그리고 전원 선이 올바르게 꽂혀 있는지 확인한다. 전원이 공급된다면 냉장고 내부 조명등을 동일 규격의 전구로 교체한다.

내부 조명이 켜지면, 온도 조절기를 최저 온도(최대 냉각)에 맞춘다. 압축기가 작동하는 소리가 들리지 않는다면 아래쪽의 전면 하부 보호판을 분리하거나 냉장고를 앞쪽으로 끌어당겨 위치를 옮긴 뒤 압축기에 손을 대본다. 압축기가 작동 중이라면 진동과 열이 느껴진다.

압축기가 작동하고 있지만 냉각이 제대로 되지 않으면 둘 중 한 가지 이유 때문이다. 첫째, 기화기 코일에 서리가 끼어서 송풍기가 냉동실과 냉장실에 찬 바람을 제대로 공급하고 있지 못하고 있거나, 둘째, 응축기 코일에 먼지가 낀 것이다.

서리가 낀 기화기 코일을 점검하려면 우선 냉장고 내부를 모두 비우고 문을 연 채로 24간 동안 놔둔다. 다시 전원을 넣었을 때 냉장고가 정상 작동한다면 서리 제거기가 고장 난 것이다.

응축기 코일을 청소하려면 전면 하부 보호판을 분리해야 한다. 청소 작업에는 냉장고 응축기용 솔(전문점에서 구입할 수 있다)과 뾰족한 흡입구를 연결한 진공 청소기를 이용한다.

6 제빙기 Icemaker

작동 원리

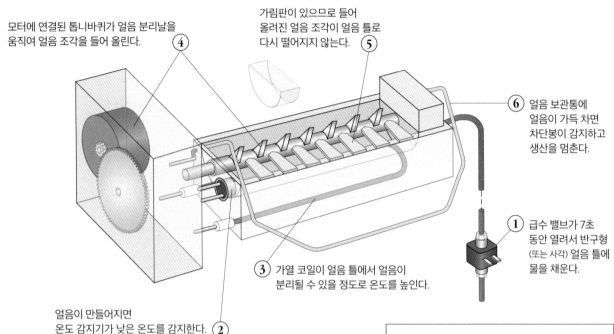

모터에 연결된 톱니바퀴가 얼음 분리날을 움직여 얼음 조각을 들어 올린다. ④

가림판이 있으므로 들어 올려진 얼음 조각이 얼음 틀로 다시 떨어지지 않는다. ⑤

⑥ 얼음 보관통에 얼음이 가득 차면 차단봉이 감지하고 생산을 멈춘다.

① 급수 밸브가 7초 동안 열려서 반구형 (또는 사각) 얼음 틀에 물을 채운다.

③ 가열 코일이 얼음 틀에서 얼음이 분리될 수 있을 정도로 온도를 높인다.

얼음이 만들어지면 온도 감지기가 낮은 온도를 감지한다. ②

얼음 틀에 물이 차면 얼음 분리판이 위를 향한다.

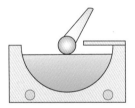

얼음이 얼어서 온도가 내려가면 히터가 얼음 틀을 살짝 녹이고 얼음 분리날이 회전한다.

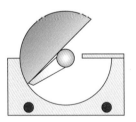

얼음이 얼음 보관통으로 떨어지고 이 과정이 반복된다.

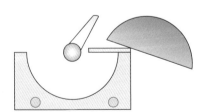

수리를 요청하기 전에

제빙기가 전혀 작동하지 않는다면

• 차단봉이 위로 올려진 상태에서 걸려 있을 수 있다. 이럴 때는 손으로 차단봉을 내려준다.

• 급수관이 얼었기 때문일 수 있다. 헤어드라이어로 급수관을 녹인다.

• 냉동실 온도가 충분히 낮지 않아서 얼음 배출용 온도 조절기가 작동하지 않았을 수 있다. 이 경우에는 냉동실 온도를 더 낮춘다.

급수관은 일정한 시간만 열리므로, 수압이 낮으면 얼음 틀에서 만들어지는 얼음 크기가 작아질 수 있다. 이럴 때는 급수량 조절 나사를 찾아서 급수량을 적절히 늘린다.

쓰레기 압축기 Trash Compactor

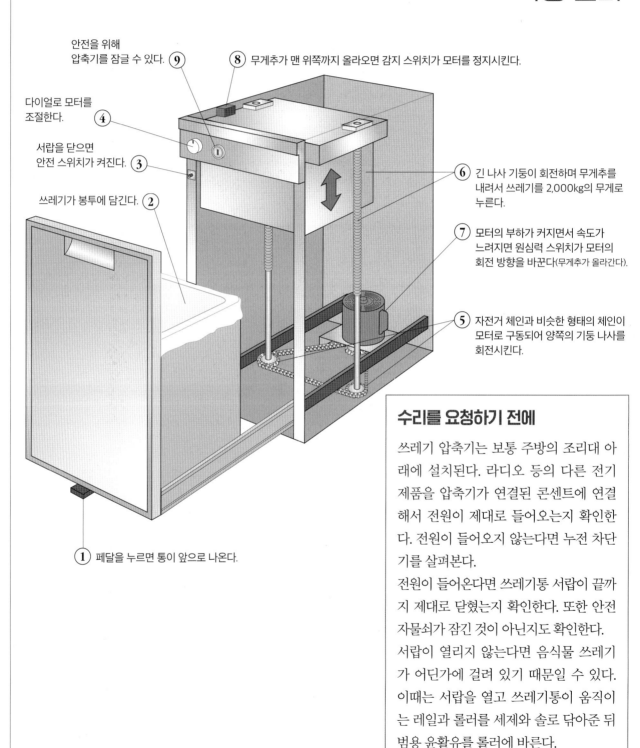

작동 원리

안전을 위해 압축기를 잠글 수 있다. ⑨

⑧ 무게추가 맨 위쪽까지 올라오면 감지 스위치가 모터를 정지시킨다.

다이얼로 모터를 조절한다. ④

서랍을 닫으면 안전 스위치가 켜진다. ③

쓰레기가 봉투에 담긴다. ②

⑥ 긴 나사 기둥이 회전하며 무게추를 내려서 쓰레기를 2,000kg의 무게로 누른다.

⑦ 모터의 부하가 커지면서 속도가 느려지면 원심력 스위치가 모터의 회전 방향을 바꾼다(무게추가 올라간다).

⑤ 자전거 체인과 비슷한 형태의 체인이 모터로 구동되어 양쪽의 기둥 나사를 회전시킨다.

① 페달을 누르면 통이 앞으로 나온다.

수리를 요청하기 전에

쓰레기 압축기는 보통 주방의 조리대 아래에 설치된다. 라디오 등의 다른 전기 제품을 압축기가 연결된 콘센트에 연결해서 전원이 제대로 들어오는지 확인한다. 전원이 들어오지 않는다면 누전 차단기를 살펴본다.

전원이 들어온다면 쓰레기통 서랍이 끝까지 제대로 닫혔는지 확인한다. 또한 안전 자물쇠가 잠긴 것이 아닌지도 확인한다.

서랍이 열리지 않는다면 음식물 쓰레기가 어딘가에 걸려 있기 때문일 수 있다. 이때는 서랍을 열고 쓰레기통이 움직이는 레일과 롤러를 세제와 솔로 닦아준 뒤 범용 윤활유를 롤러에 바른다.

진공 청소기 Vacuum Cleaners

작동 원리

필터식과 원심력식 진공 청소기

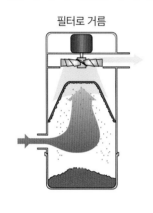

필터로 거름

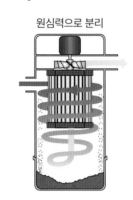

원심력으로 분리

이동식 진공 청소기

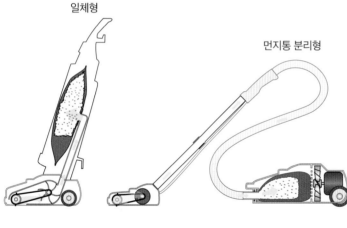

일체형

먼지통 분리형

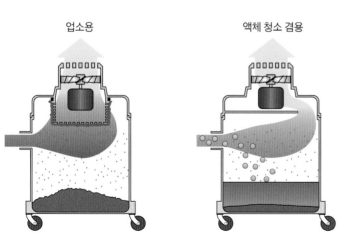

업소용

액체 청소 겸용

진공 청소기는 고속으로 공기를 흐르게 만들어서 먼지와 이물질을 빨아들인다. 공기의 속도가 빠를수록 밀도가 높은 물질을 빨아들일 수 있으므로 청소기의 출력은 중요한 성능 지표다. 카펫용 청소기에는 회전하는 봉이 카펫을 진동시켜 카펫에 낀 먼지가 잘 떨어져 나오도록 하는 기능이 있다.

청소기의 반대쪽 끝부분에 모인 먼지는 공기가 다시 실내로 배출될 때 함께 나가지 않도록 걸러져야 한다. 그렇지 않으면 청소기의 역할은 그저 먼지를 모아 실내로 다시 뿌리는 것이나 마찬가지이다.

진공 청소기의 원리는 크게 보아 빠르게 흘러가는 공기를 필터로 거르는 방식과 원심력을 이용하는 방식으로 나뉜다(왼쪽 위의 그림 참조).

청소기의 필터는 천, 혹은 많은 수의 미세한 구멍이 난 종이로 만들어진 먼지 주머니다. 먼지 주머니에 구멍이 난 정도에 따라 청소기의 성능과 효율이 서로 반비례한다. 성긴 필터를 쓰면 공기의 속도를 빠르게 할 수 있지만 크기가 아주 작은 먼지와 이물질이 필터에 걸리지 않는다. 촘촘한 필터는 먼지를 잘 걸러내지만 금방 먼지가 쌓이고 공기의 흐름을 막는다.

업소용 진공 청소기와 액체 청소 겸용 진공 청소기는 각각 크기가 조금 큰 먼지와 액체를 청소하는 용도다. 이 방식의 청소기에서 필터는 최소한의 역할만 하고, 오히려 입구에서 흡입되는 공기가 입구보다 훨씬 큰 먼지통으로 이동할 때의 속도 저하와 먼지 운반 능력이 중요해진다.

원심력식 청소기는 중력과 원심력의 두 가지 원리를 이용한다. 자동차로 곡선 도로를 돌아 나갈 때 원심력이 느껴지듯 원형의 경로로 이동하는 물체는 바깥쪽으로 밀려 나간다. '태풍식'이라고도 불리는 원심력식 진공 청소기는 내부에서 공기를 회전시켜 아주 작은 먼지까지도 세탁기 내부에서 벽 쪽으로 밀려나가게 만든다. 밀려난 먼지는 중력에 의해서 아래쪽 먼지통으로 떨어진다.

중앙 집중식 진공 청소기

간단한 구조의 제품은 전원선이
별도로 호스에 부착되어 있다.
고급형 제품은 호스와 전원 공급선이
일체형으로 되어 있다.

먼지 흡입관은
표준 규격의
2인치(5cm)
PVC관이다.

공기를 외부로
배출하므로 필터의
효율과 관계없이
먼지가 집 안으로 다시
배출되지 않는다.

① 집 안 모든 위치가 연결구에서 9m
이내가 되도록 호스 연결 구멍이 곳곳에
설치되어 있다.

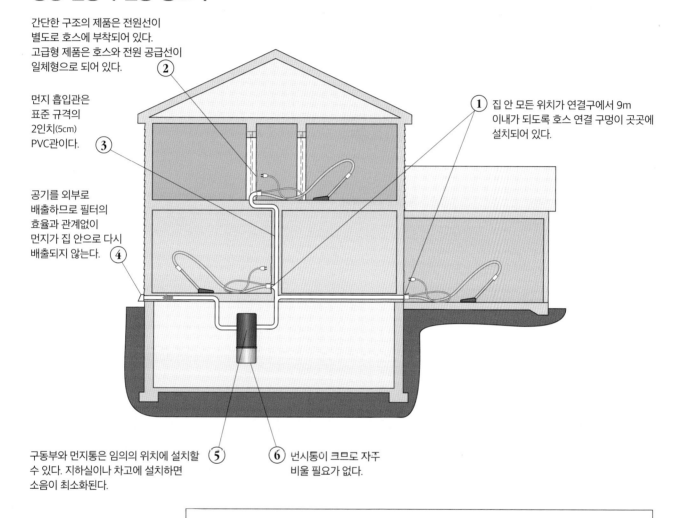

구동부와 먼지통은 임의의 위치에 설치할
수 있다. 지하실이나 차고에 설치하면
소음이 최소화된다.

⑥ 먼지통이 크므로 자주
비울 필요가 없다.

수리를 요청하기 전에

청소기가 작동은 하는데 흡입력이 약해졌다면 다음 중 한 가지 문제다.

• 필터 주머니나 먼지통에 먼지가 가득 찼으므로 이를 비운다.

• HEPA 필터 같은 2차 필터를 청소 혹은 교체할 때가 되었다.

• 호스가 막혔다. 이때는 호스를 분리한 후 곧게 펴고 긴 막대 모양의 청소 도구를 이용해서
호스 내부의 이물질을 끄집어낸다. 절대 이물질을 밀어서 빼내지 않도록 한다.

카펫 청소용 흡입구 진동기가 멈추었다면, 구동 벨트가 고장 난 것이다. 전문점에
서 교체용 벨트를 구입하고 흡입구의 나사 몇 개만 풀면 손쉽게 교체할 수 있다.

How
Your
House
Works

창호와 출입문

Windows & Doors

창문의 유리가 깨지거나, 칸막이가 찢어지거나 문의 경첩이 떨어져 나갔을 때 해야 할 일은 뻔하다. 하지만 열쇠에 문제가 생기거나 차고 문 개폐기가 말을 듣지 않는다면 어떻게 해야 할까? 이 장은 짧지만 매우 흥미롭고 유익한 내용을 담고 있다.

새 창을 구입하거나 교체하기 전에는 이번 장에서 '로이(Low-E) 유리' 항목을 꼭 읽어보기 바란다.

7

내리닫이식 창문 Double-Hung Window*

작동 원리

구형 목재 창틀

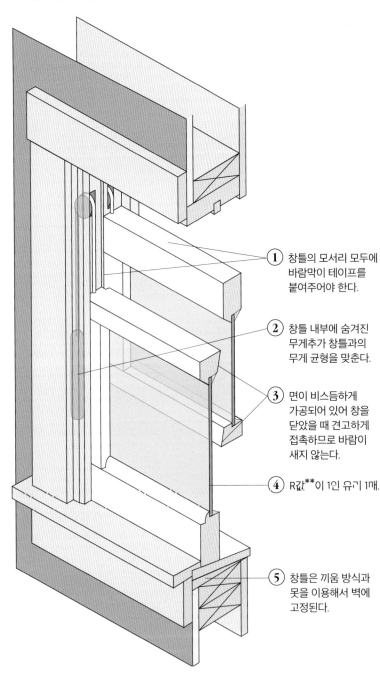

① 창틀의 모서리 모두에 바람막이 테이프를 붙여주어야 한다.

② 창틀 내부에 숨겨진 무게추가 창틀과의 무게 균형을 맞춘다.

③ 면이 비스듬하게 가공되어 있어 창을 닫았을 때 견고하게 접촉하므로 바람이 새지 않는다.

④ R값**이 1인 유리 1매.

⑤ 창틀은 끼움 방식과 못을 이용해서 벽에 고정된다.

창틀이 목재로 만들어진 창호는 비싸기 때문에 최근의 신축 주택에서는 거의 사용되지 않는다. 로이(Low-E) 유리가 설치된 알루미늄, 플라스틱, 유리섬유 창호는 가격도 저렴하고 에너지 효율도 더 높다.

그러나 이미 상태가 좋은 목재 창호를 사용하고 있으며, 예산은 제한적이지만 시간을 많이 투입할 수 있는 여건이라면, 창틀의 도색을 벗겨낸 뒤 새로 칠하고 팬 곳을 메꾸고 바람이 새지 않도록 틈새를 막은 후에 DIY 단열창을 부착하는 것도 고려해볼 만하다.

수리를 요청하기 전에

창틀의 도르래 줄이 손상되고 무게추가 떨어진 경우에는 위쪽의 도르래 바퀴를 (가장 열손실이 많이 일어나는 부위다) 밀봉하는 것도 고려해볼 만하다. 아래쪽 창을 들어 올려 열고 집 안쪽에서 드릴로 수직 창틀에 직경 1/4인치(6.35mm) 구멍을 뚫는다. 긴 못을 여기에 끼워 넣으면 창틀이 내려오지 않고 걸린다.

창틀을 고정할 수 없는 경우에는 창틀을 아래로 내리고 구멍을 뚫은 뒤 못으로 고정한다.

유리가 깨졌다면 유리를 창틀에 고정하는 접합제 퍼티를 히트 건으로 가열한 뒤 퍼티 칼로 제거하고 유리를 들어낸다. 동일한 규격의 유리를 구입해서 창틀에 다시 끼운다. 24시간이 지난 후 도색을 하고 퍼티로 유리와 창틀의 틈새를 막는다.

* 미국 주택 건축에서 표준적으로 이용하는 방식이다.

** R-value. 재료의 열 저항성을 나타내는 값. R값이 클수록 단열성이 우수하다.

현대식 알루미늄 또는 플라스틱 창호

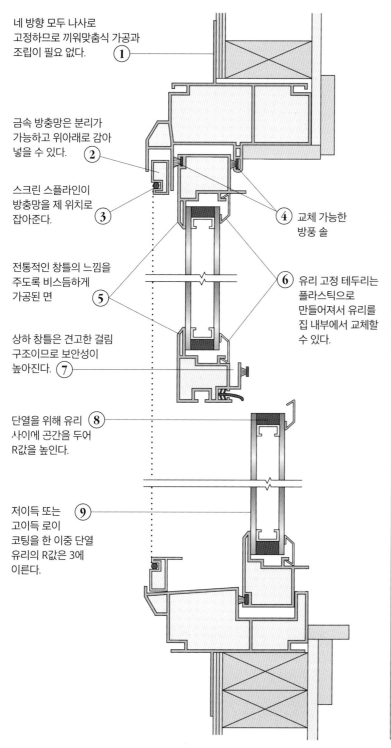

네 방향 모두 나사로 고정하므로 끼워맞춤식 가공과 조립이 필요 없다. ①

금속 방충망은 분리가 가능하고 위아래로 감아 넣을 수 있다. ②

스크린 스플라인이 방충망을 제 위치로 잡아준다. ③

전통적인 창틀의 느낌을 주도록 비스듬하게 가공된 면 ⑤

상하 창틀은 견고한 걸림 구조이므로 보안성이 높아진다. ⑦

단열을 위해 유리 ⑧ 사이에 공간을 두어 R값을 높인다.

저이득 또는 고이득 로이 코팅을 한 이중 단열 유리의 R값은 3에 이른다. ⑨

④ 교체 가능한 방풍 솔

⑥ 유리 고정 테두리는 플라스틱으로 만들어져서 유리를 집 내부에서 교체할 수 있다.

지어진 지 25년 이내의 주택이라면 아마도 플라스틱 창호가 사용되었을 가능성이 높다. 플라스틱 창호가 목재 창호를 대체한 가장 큰 이유는 (건축물 보존파가 뭐라고 주장하건) 가격이 저렴하고 유지 비용도 낮기 때문이다. 만약 당신의 집이 역사적인 가치가 큰 주택이라면 무조건 오래된 목재 창틀을 보존해야 한다. 그렇지 않다면 굳이 목재 창틀을 고집할 이유가 없다.

수리를 요청하기 전에

창틀 색깔이 마음에 들지 않는다면 창틀 표면을 세제로 닦아내고 아세톤으로 가볍게 씻어낸다. 그 후 마음에 드는 색상의 반광택 외장용 아크릴 페인트를 바른다. 유리가 탁해졌거나 금이 갔다면 유리를 붙들고 있는 모서리의 플라스틱 구조물을 살펴보고 유리를 분리할 수 있는지 확인한다. 분리가 가능하다면 유리를 유리 가공점으로 가져가서 동일한 규격의 유리를 주문하고, 장착법을 문의해서 새 유리로 끼운다.

방충망이 찢어졌다면 분리한 뒤 전문점에서 동일 규격의 방충망과 스크린 스플라인을 구입해서 장착한다.

방충망 틀이 손상된 경우에는 전문점에서 방충망용 알루미늄 틀을 필요한 길이만큼 구입하고 모서리 연결용 틀 네 개를 이용해서 직접 틀을 만든다.

7 로이(Low-E) 유리 Low-E Windows[*]

작동 원리

복사 輻射

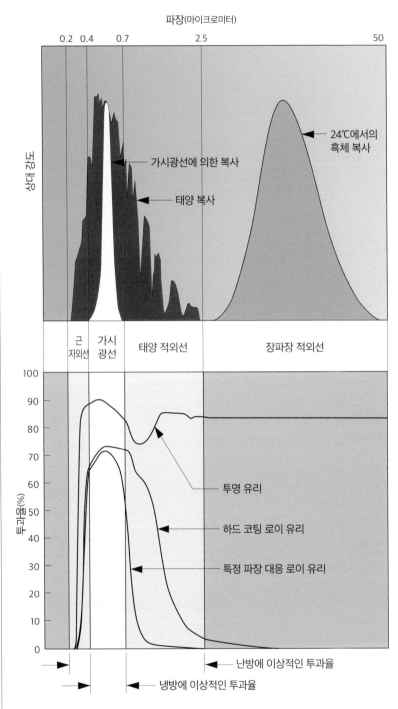

파장(마이크로미터)

0.2 0.4 0.7 2.5 50

상대 강도

가시광선에 의한 복사

태양 복사

24℃에서의
흑체 복사

근
자외선

가시
광선

태양 적외선

장파장 적외선

투과율(%)

투명 유리

하드 코팅 로이 유리

특정 파장 대응 로이 유리

난방에 이상적인 투과율

냉방에 이상적인 투과율

* 저방사율 유리, 속칭 '로이 유리'라고 한다. 'E'는 emissivity, 즉 방사율放射律을 뜻
한다.

복사는 어디에서나 일어난다. 태양이나 촛불에 의한 복사는 눈에 보인다. 뜨거운 물체가 내뿜는 열은 보이지는 않아도 느껴진다. 하지만 전파를 비롯해서 피부와 의류를 변색시키는 자외선 같은 대부분의 복사는 보이지도 느껴지지도 않는다. 모든 복사는 공간을 따라 전달되는 전자기파에 의해서 일어난다.

왼편 위의 그래프는 태양에서 복사되는 에너지의 강도를 파장에 따라 나타낸 것이다. 가운데의 노란 부분은 눈에 보이는 파장이고, 왼쪽의 붉은 부분은 짧은 파장의 자외선 복사, 오른쪽 붉은 부분은 긴 파장의 적외선 복사의 강도를 보여준다. 태양에서 방출되는 전자기파 중에서 눈에 보이는 것은 아주 일부분이라는 사실에 놀라는 사람들이 많다.

가구나 벽을 포함한 이 세상의 모든 물체가 에너지를 복사한다는 것을 알면 더 놀랄지도 모르겠다. 태양과의 차이점은 이런 물체가 복사하는 전자기파의 파장이 더 길다는 것뿐이다. 오른쪽의 회색 부분은 주택 내부의 온도가 24℃일 때 복사의 세기다.

왜 주택에서 복사에 대해 알아야 할까? 그 이유는 복사는 에너지이고, 에너지는 비싸기 때문이다. 난방을 위해서 에너지를 더하는 데도 비용이 많이 들고, 냉방을 하려고 에너지를 빼내는 데도 비용이 많이 든다.

유리는 불완전한 에너지 통로다. 누구나 유리창을 통해서 햇빛이 실내로 들어오길 바라지만, 햇빛으로 실내가 변색되길 바라는 사람은 아무도 없다. 그리고 겨울철엔 태양열이 집 안으로 들어와 따뜻하게 만들어주길 원하지만, 밤에 집 안의 열이 새나가는 건 대부분이 싫어한다. 더운 날에는 겨울날 그처럼 바라던 태양열을 모두들 마다한다.

에너지 투과율 비교

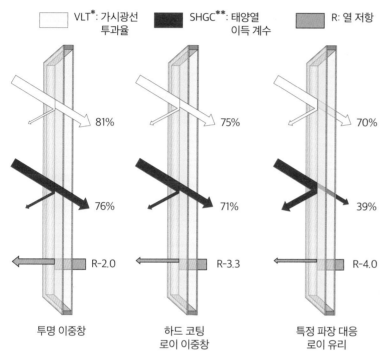

VLT*: 가시광선
투과율

SHGC**: 태양열
이득 계수

R: 열 저항

81%
76%
R-2.0

투명 이중창

75%
71%
R-3.3

하드 코팅
로이 이중창

70%
39%
R-4.0

특정 파장 대응
로이 유리

에너지 비용 비교

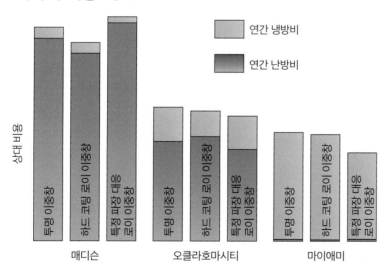

상대 비용

연간 냉방비

연간 난방비

투명 이중창
하드 코팅 로이 이중창
특정 파장 대응 로이 이중창

매디슨

투명 이중창
하드 코팅 로이 이중창
특정 파장 대응 로이 이중창

오클라호마시티

투명 이중창
하드 코팅 로이 이중창
특정 파장 대응 로이 이중창

마이애미

* visible light transmission.

** solar heat gain coefficient.

왼편 아래쪽의 그래프는 세 종류 유리창의 투과 곡선(투과한 복사 에너지의 비율)을 보여준다.

- **표준 유리**
- **하드 코팅 로이 유리**
- **특정 파장 대응 로이 유리**

표준 유리는 가시광선에 포함된 에너지의 90%, 적외선의 약 80%, 약간의 자외선을 통과시킨다. 이와 대조적으로 로이 처리가 된 유리는 실내의 난방기구 등에서 방출되는 장파장 적외선 에너지를 차단해서 밖으로 나가지 못하게 한다. 겨울철에 실내에 붙들어두려는 에너지가 이 에너지다.

그런데 로이 유리 사이에도 차이가 있다. 하드 코팅 로이 유리는 거의 모든 태양 에너지를 통과시키는 반면, 특정 파장 대응 로이 유리는 가시광선만 통과시킨다. 이 차이가 갖는 의미는 왼편 아래쪽의 막대 그래프를 보면 알 수 있다. 세 지역에서 186m²의 동일한 면적의 주택에 세 가지 유리창을 사용한 경우의 연간 난방비(적색)와 냉방비(청색)가 비교되어 있다.

난방이 더 필요한 지역(위스콘신주 매디슨)에서는 하드 코팅 로이 유리를 사용할 때 총 에너지 비용이 가장 저렴하다. 겨울에 햇빛을 집 안에 더 가두어둘 수 있기 때문이다. 냉방이 더 필요한 기후(플로리다주 마이애미)에서는 햇볕이 더 들어오면 냉방비가 상승하므로 해당 파장을 차단하는 유리를 사용해야 연간 에너지 비용이 절감된다. 냉난방이 비슷하게 필요한 지역(오클라호마주 오클라호마시티)에서는 태양열에 의한 효과가 계절에 따라 상쇄되므로 유리 선택에 따른 비용 차이가 별로 없다.

7 DIY 단열창 Window Insulating Panel

작동 원리

R값이 2인 단열창에 R값이 1인 한 장짜리 유리창을 덧붙이면 R값이 1에서 3으로 증가하고 이중창에 덧붙이면 2에서 4로 증가한다. 열 손실은 R값에 반비례하므로 이 경우 각각의 열 손실이 67%와 50% 감소한다.

표준적인 30×60인치(76×152cm) 크기의 창문에서의 절감 비용을 계산하려면 다음 쪽의 '연간 난방비 절감표'를 참고한다.

R값을 2 증가시키는 단열창을 만드는 데 필요한 모든 자재는 전문점에서 손쉽게 구할 수 있다.

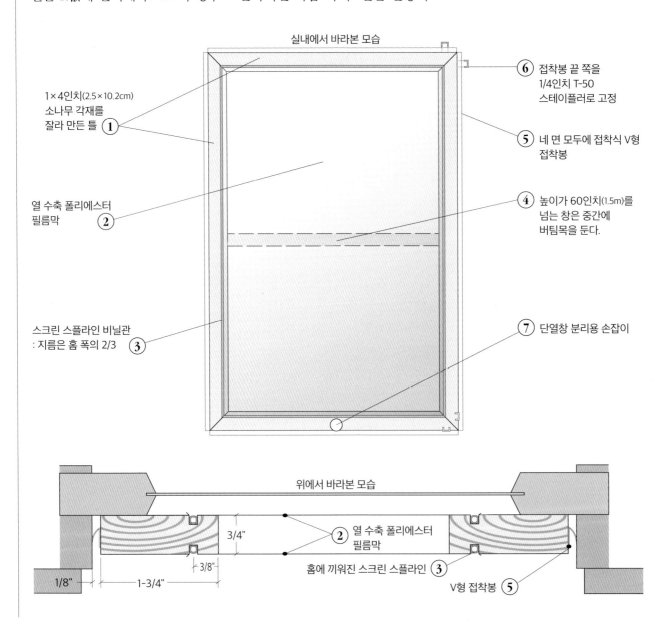

실내에서 바라본 모습

① 1×4인치(2.5×10.2cm) 소나무 각재를 잘라 만든 틀

② 열 수축 폴리에스터 필름막

③ 스크린 스플라인 비닐관 : 지름은 홈 폭의 2/3

⑥ 접착봉 끝 쪽을 1/4인치 T-50 스테이플러로 고정

⑤ 네 면 모두에 접착식 V형 접착봉

④ 높이가 60인치(1.5m)를 넘는 창은 중간에 버팀목을 둔다.

⑦ 단열창 분리용 손잡이

위에서 바라본 모습

② 열 수축 폴리에스터 필름막

③ 홈에 끼워진 스크린 스플라인

⑤ V형 접착봉

3/4"

3/8"

1/8"

1-3/4"

연간 난방비 절감표

30×60인치 크기의 유리창 1매의 연간 난방 비용
메인주 포틀랜드, 천연가스 가격 14달러/1,000세제곱피트, 효율 70% = 2달러/100,000BTU 기준

■ 순 열 손실로 인한 연료비 증가액
□ 순 열 이득으로 인한 연료비 절감액

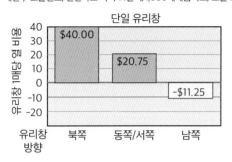

단일 유리창

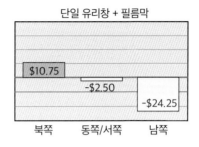

단일 유리창 + 필름막

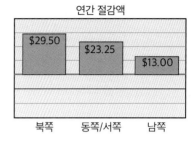

연간 절감액

단열창을 창틀 안쪽에 설치하는 경우

실내에서 바라본 모습

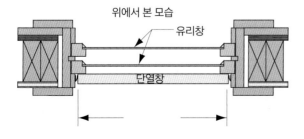

위에서 본 모습

단열창이 창틀을 덮도록 설치하는 경우

실내에서 바라본 모습

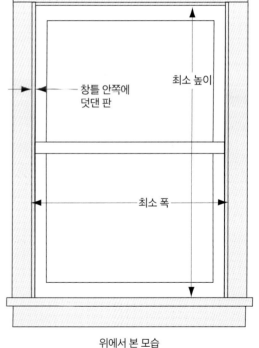

위에서 본 모습

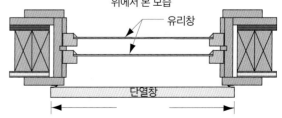

- 양쪽 간격이 1/4인치보다 크면 오른쪽 그림처럼 단열창을 창틀 위쪽에 설치해야 한다(V형 접착봉으로 고정하기 어렵기 때문).

7 실린더식 자물쇠 Cylinder Lock

작동 원리

실린더식 자물쇠의 구조

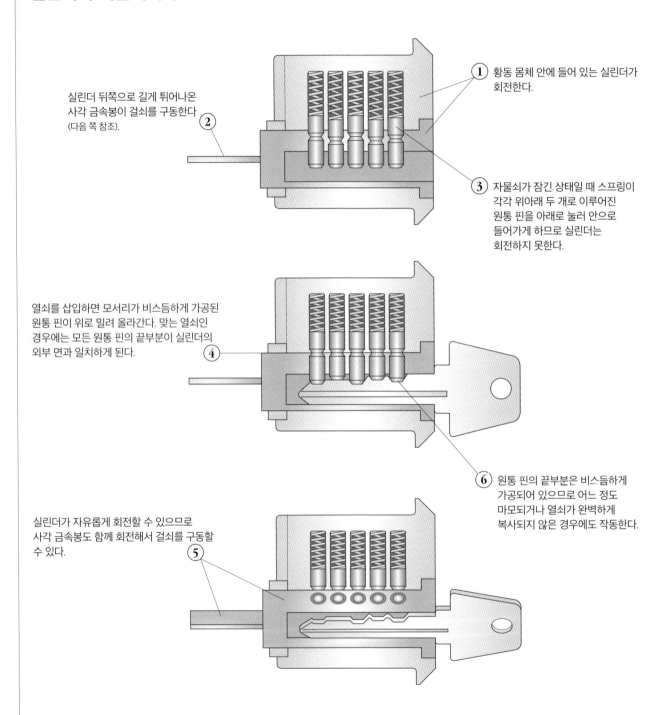

실린더 뒤쪽으로 길게 튀어나온 사각 금속봉이 걸쇠를 구동한다 (다음 쪽 참조). ②

① 황동 몸체 안에 들어 있는 실린더가 회전한다.

③ 자물쇠가 잠긴 상태일 때 스프링이 각각 위아래 두 개로 이루어진 원통 핀을 아래로 눌러 안으로 들어가게 하므로 실린더는 회전하지 못한다.

열쇠를 삽입하면 모서리가 비스듬하게 가공된 원통 핀이 위로 밀려 올라간다. 맞는 열쇠인 경우에는 모든 원통 핀의 끝부분이 실린더의 외부 면과 일치하게 된다. ④

⑥ 원통 핀의 끝부분은 비스듬하게 가공되어 있으므로 어느 정도 마모되거나 열쇠가 완벽하게 복사되지 않은 경우에도 작동한다.

실린더가 자유롭게 회전할 수 있으므로 사각 금속봉도 함께 회전해서 걸쇠를 구동할 수 있다. ⑤

데드볼트와 열쇠식 손잡이 Deadbolt & Keyed Knob

작동 원리

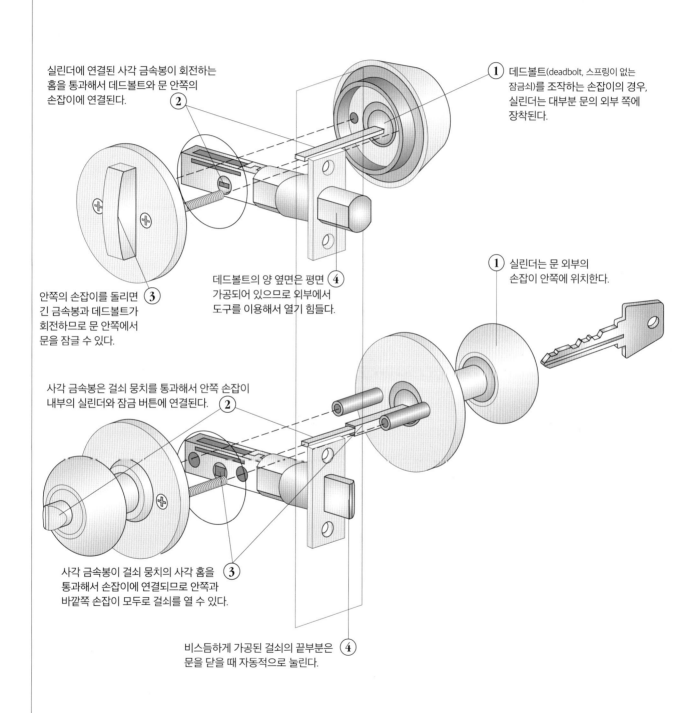

실린더에 연결된 사각 금속봉이 회전하는 홈을 통과해서 데드볼트와 문 안쪽의 손잡이에 연결된다. ②

① 데드볼트(deadbolt, 스프링이 없는 잠금쇠)를 조작하는 손잡이의 경우, 실린더는 대부분 문의 외부 쪽에 장착된다.

안쪽의 손잡이를 돌리면 ③ 긴 금속봉과 데드볼트가 회전하므로 문 안쪽에서 문을 잠글 수 있다.

데드볼트의 양 옆면은 평면 ④ 가공되어 있으므로 외부에서 도구를 이용해서 열기 힘들다.

① 실린더는 문 외부의 손잡이 안쪽에 위치한다.

사각 금속봉은 걸쇠 뭉치를 통과해서 안쪽 손잡이 내부의 실린더와 잠금 버튼에 연결된다. ②

사각 금속봉이 걸쇠 뭉치의 사각 홈을 ③ 통과해서 손잡이에 연결되므로 안쪽과 바깥쪽 손잡이 모두로 걸쇠를 열 수 있다.

비스듬하게 가공된 걸쇠의 끝부분은 ④ 문을 닫을 때 자동적으로 눌린다.

7 차고 문 개폐기 Garage Door Opener

작동 원리

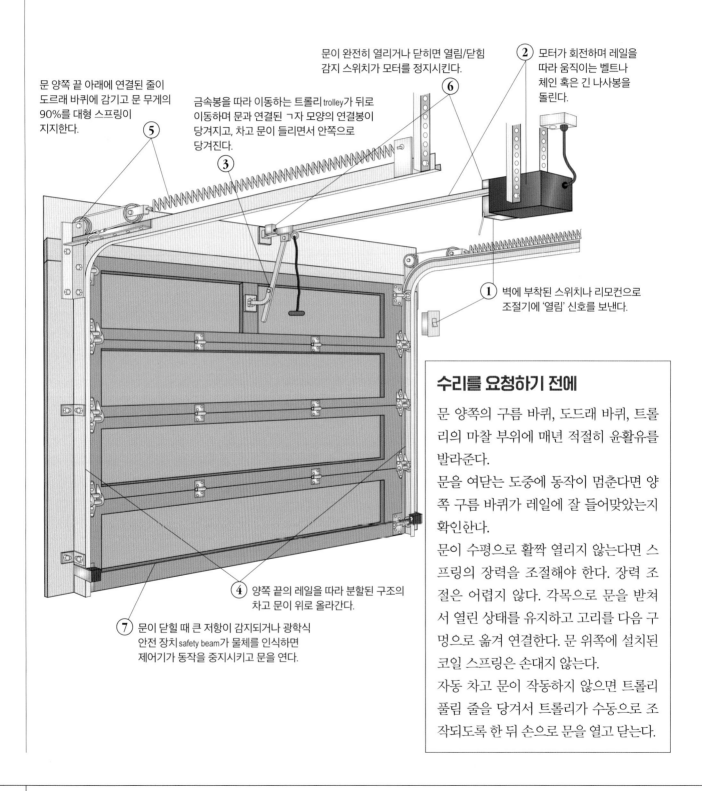

문이 완전히 열리거나 닫히면 열림/닫힘 감지 스위치가 모터를 정지시킨다. ⑥

② 모터가 회전하며 레일을 따라 움직이는 벨트나 체인 혹은 긴 나사봉을 돌린다.

문 양쪽 끝 아래에 연결된 줄이 도르래 바퀴에 감기고 문 무게의 90%를 대형 스프링이 지지한다. ⑤

금속봉을 따라 이동하는 트롤리trolley가 뒤로 이동하며 문과 연결된 ㄱ자 모양의 연결봉이 당겨지고, 차고 문이 들리면서 안쪽으로 당겨진다. ③

① 벽에 부착된 스위치나 리모컨으로 조절기에 '열림' 신호를 보낸다.

④ 양쪽 끝의 레일을 따라 분할된 구조의 차고 문이 위로 올라간다.

⑦ 문이 닫힐 때 큰 저항이 감지되거나 광학식 안전 장치 safety beam가 물체를 인식하면 제어기가 동작을 중지시키고 문을 연다.

수리를 요청하기 전에

문 양쪽의 구름 바퀴, 도드래 바퀴, 트롤리의 마찰 부위에 매년 적절히 윤활유를 발라준다.

문을 여닫는 도중에 동작이 멈춘다면 양쪽 구름 바퀴가 레일에 잘 들어맞았는지 확인한다.

문이 수평으로 활짝 열리지 않는다면 스프링의 장력을 조절해야 한다. 장력 조절은 어렵지 않다. 각목으로 문을 받쳐서 열린 상태를 유지하고 고리를 다음 구멍으로 옮겨 연결한다. 문 위쪽에 설치된 코일 스프링은 손대지 않는다.

자동 차고 문이 작동하지 않으면 트롤리 풀림 줄을 당겨서 트롤리가 수동으로 조작되도록 한 뒤 손으로 문을 열고 닫는다.

기초와 골조

Foundation & Frame

"지하실은 물이 안 나오길 기원하는 우물이다"라고 이야기한 건축 전문가가 있었다. 지하실이 딸린 집에 살고 있다면 아마도 누구나 공감할 것이다. 미국 주택 건설 협회에 따르면 주택의 하자 보수 요구 중 가장 많은 내용이 기초 공사와 관련한 것이라고 한다.

올바르게 설계되고 시공된 기초가 문제를 일으키는 일은 없다. 하지만 제대로 시공되지 못한 기초는 끊임없이 문제를 일으킨다.

이번 장에서는 주택의 기초를 바르게(기초가 흔들리거나, 내려앉거나, 침수되거나, 리돈·방사선을 내뿜지 않도록) 설계하는 데 필요한 요소들을 살펴본다.

대부분의 주택에서 골조는 특별한 경우가 아니면 주요 관심사가 아니지만, 집을 새로 짓거나 리모델링하려는 경우에는 그렇지 않다. 건물 골조의 주목적은 무게를 지탱하고 힘에 버티는 것이므로 골조를 조금이라도 변경하려 한다면 세심한 주의가 필요하다. 이 장에서는 과거의 목조 주택에 사용되던 단순한 구조의 골조가 어떤 과정을 거쳐 현대식 주택의 정교한 골조로 발전했는지도 살펴본다. 골조를 이해하고 나면 집을 직접 손보려고 할 때마다 누구나 생각하는 오래된 궁금증인 "이러면 혹시 벽이 무너지지 않을까?"에 대한 답을 스스로 찾을 수 있을 것이다.

8 기초판 Footing

작동 원리

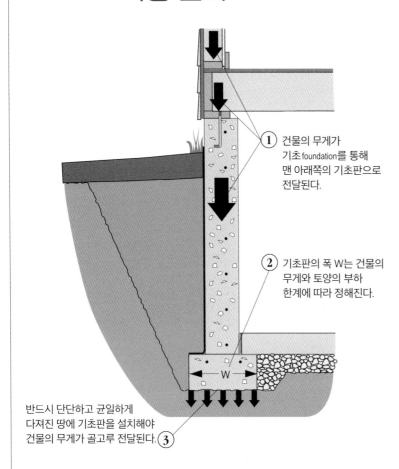

① 건물의 무게가 기초foundation를 통해 맨 아래쪽의 기초판으로 전달된다.

② 기초판의 폭 W는 건물의 무게와 토양의 부하 한계에 따라 정해진다.

반드시 단단하고 균일하게 다져진 땅에 기초판을 설치해야 건물의 무게가 골고루 전달된다. ③

기초판의 유일한 기능은 건물의 무게를 땅으로 전달해서 건물이 움직이지 않도록 하는 것이다. 그러려면 다음 사항이 반드시 지켜져야 한다.

- 단단하고 균일하게 다져진 땅에 설치한다.
- 해당 토양이 견딜 수 있는 범위 안에서 충분히 큰 크기로 만든다.
- 흙이 어는 최저 깊이보다 더 아래에 설치한다.

토양의 종류에 따른 부하 한계가 표 1에 정리되어 있다.

국제 주거용 건축 규정International Residential Code에서 발췌된 표 2는 토양의 부하 한계, 건축 방식과 건물의 층수에 따른 기초판의 최소 필요 크기를 보여준다.

표 1. 토양의 종류에 따른 부하 한계

종류	토양별 부하 한계 (파운드/제곱피트)
결정질 기반암	12,000
퇴적질 기반암	4,000
모래가 섞인 자갈 혹은 자갈	3,000
모래, 고운 모래, 진흙질 모래, 고운 자갈, 진흙질 자갈	2,000
진흙, 모래가 섞인 진흙, 고운 진흙, 진흙질 모래	1,500

표 2. 콘크리트 기초의 폭(인치)

	토양별 부하 한계(파운드/제곱피트)			
	1,500	2,000	3,000	4,000
경량 골조 구조				
1층 건물	12	12	12	12
2층 건물	15	12	12	12
3층 건물	23	17	12	12
목재 골조 또는 가운데 구멍이 있는 8인치 블록에 벽돌-합판 외장을 한 경우				
1층 건물	12	12	12	12
2층 건물	21	16	12	12
3층 건물	32	24	16	12

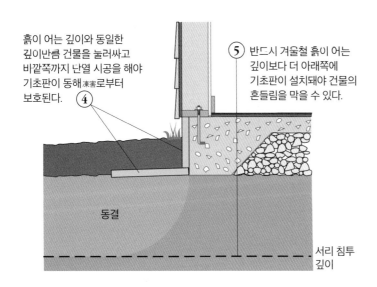

흙이 어는 깊이와 동일한 깊이만큼 건물을 눌러싸고 바깥쪽까지 단열 시공을 해야 기초판이 동해凍害로부터 보호된다. ④

⑤ 반드시 겨울철 흙이 어는 깊이보다 더 아래쪽에 기초판이 설치돼야 건물의 흔들림을 막을 수 있다.

동결

서리 침투 깊이

빗물의 배수 Drainage

작동 원리

지하실이 최소 한 면은 바로 지상으로 통하는 구조이거나 배수가 잘 되는 자갈 위에 있는 경우, 또는 지하수면이 아주 낮은 모래 위에 자리한 경우가 아니라면 집주인 입장에서 지하실이란 물이 말라 바닥을 드러내길 고대하는 연못이나 호수와 마찬가지이다. 지하실이 건조한 상태를 유지하는 데 필요한 일곱 가지 사항이 그림에 나타나 있다.

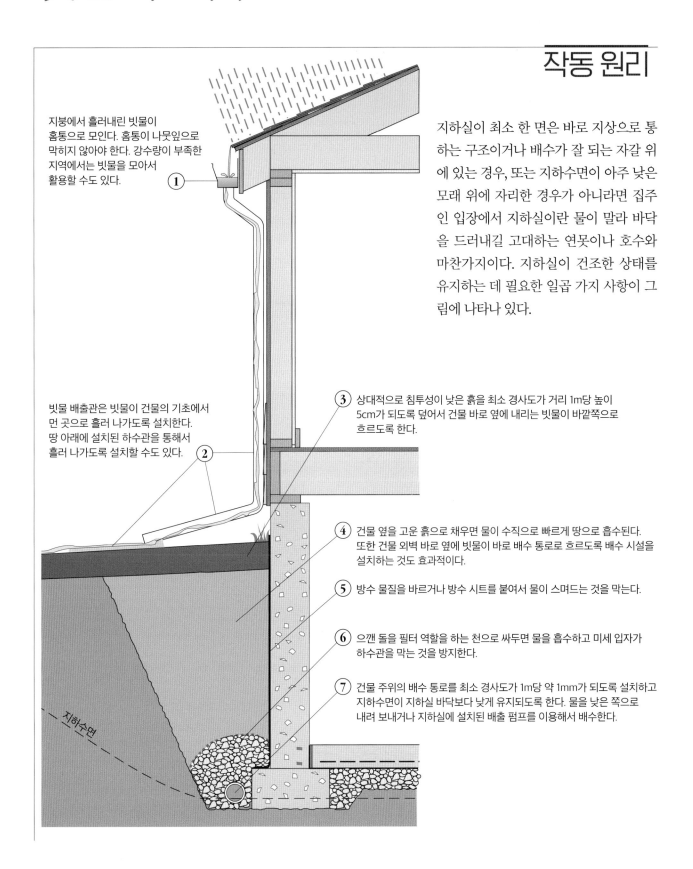

지붕에서 흘러내린 빗물이 홈통으로 모인다. 홈통이 나뭇잎으로 막히지 않아야 한다. 강수량이 부족한 지역에서는 빗물을 모아서 활용할 수도 있다.

①

빗물 배출관은 빗물이 건물의 기초에서 먼 곳으로 흘러 나가도록 설치한다. 땅 아래에 설치된 하수관을 통해서 흘러 나가도록 설치할 수도 있다.

②

③ 상대적으로 침투성이 낮은 흙을 최소 경사도가 거리 1m당 높이 5cm가 되도록 덮어서 건물 바로 옆에 내리는 빗물이 바깥쪽으로 흐르도록 한다.

④ 건물 옆을 고운 흙으로 채우면 물이 수직으로 빠르게 땅으로 흡수된다. 또한 건물 외벽 바로 옆에 빗물이 바로 배수 통로로 흐르도록 배수 시설을 설치하는 것도 효과적이다.

⑤ 방수 물질을 바르거나 방수 시트를 붙여서 물이 스며드는 것을 막는다.

⑥ 으깬 돌을 필터 역할을 하는 천으로 싸두면 물을 흡수하고 미세 입자가 하수관을 막는 것을 방지한다.

⑦ 건물 주위의 배수 통로를 최소 경사도가 1m당 약 1mm가 되도록 설치하고 지하수면이 지하실 바닥보다 낮게 유지되도록 한다. 물을 낮은 쪽으로 내려 보내거나 지하실에 설치된 배출 펌프를 이용해서 배수한다.

지하수면

8 라돈 처리하기 Radon Abatement

라돈 배출관은
하수관용 통기관과 마찬가지로
보통 지붕을 관통한다.
⑤

④ 송풍기는 공간이 있다면
다락방이나 지하실에
설치한다.

③ 배출용 송풍기의 압력계를
통해서 라돈이 방출되고
있는지를 확인한다.

② 콘크리트 바닥판 주변의
모든 틈새를 막는다.

가장 바람직한 방법은 부순 돌 위에 틈이 없도록
콘크리트 바닥판을 시공하는 것이다. 신축의 경우라면
직경 4인치 PVC관을 바닥판을 관통해서 설치한다.
기존의 바닥판에 시공하는 경우에는 해머 드릴로
4인치(10cm) 구멍을 뚫는다.
①

작동 원리

자연에서 방출되는 방사성 가스인 라돈은 폐암을 일
으키며 지하실 등 건물 아래쪽의 공간으로 모인다.
미국 환경보호국 Environmental Protection Agency은 신축
주택의 준공 검사뿐 아니라 주택 매매 시에 반드시
라돈 검사를 하도록 규정하고 있다. 라돈 농도가 공
기 1리터당 4피코퀴리pCi를 넘으면 이를 규정에 따
라 처리해야 한다.

가장 효과적이면서 보편적으로 쓰이는 라돈 방출 방
법은 (여기 그림에 나온 것처럼) 지하실 바닥판과 배출
관 공간의 메움질 압력을 낮추는 것이다.

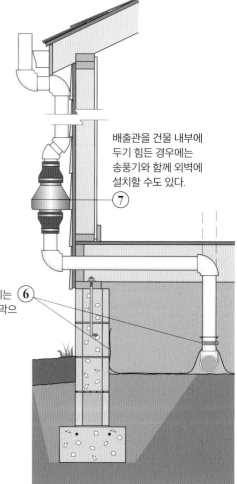

배출관을 건물 내부에
두기 힘든 경우에는
송풍기와 함께 외벽에
설치할 수도 있다.
⑦

흙바닥 위에 흡입관이 있는 경우에는 ⑥
바닥면 전체를 6mil* 두께의 비닐막으
로 덮고 벽과 틈새를 막는다.

* 1mil은 1/1000 인치, 즉 약 0.025mm.

슬래브(콘크리트 바닥판) 방식 기초
Slab Foundation

난방 설비가 되어 있는 건물

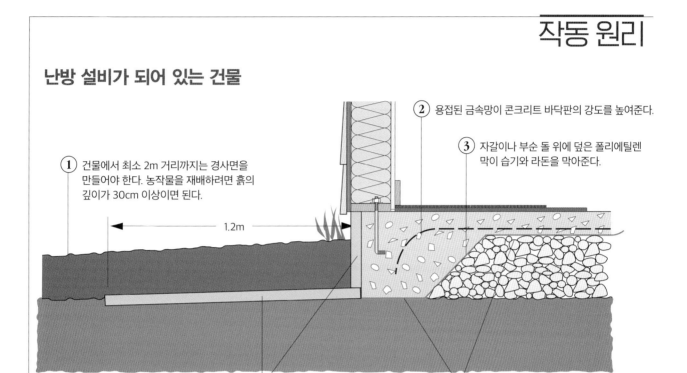

① 건물에서 최소 2m 거리까지는 경사면을 만들어야 한다. 농작물을 재배하려면 흙의 깊이가 30cm 이상이면 된다.

② 용접된 금속망이 콘크리트 바닥판의 강도를 높여준다.

③ 자갈이나 부순 돌 위에 덮은 폴리에틸렌 막이 습기와 라돈을 막아준다.

1.2m

건물 주변을 폴리스티렌(스티로폼) 단열재로 높이 30cm, 수평으로 1.2m 길이로 설치하면 흙이 어는 깊이 1.5m까지 기초를 동해로부터 보호할 수 있다. ④

⑤ 골고루 다져진 흙 위에 돌더미를 쌓고 그 위에 바닥을 시공하면 다지기 작업이 필요 없다.

난방 설비가 되어 있지 않은 건물

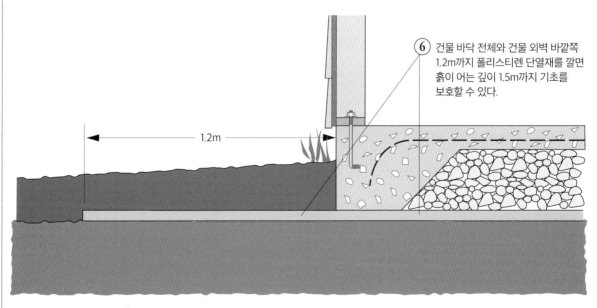

⑥ 건물 바닥 전체와 건물 외벽 바깥쪽 1.2m까지 폴리스티렌 단열재를 깔면 흙이 어는 깊이 1.5m까지 기초를 보호할 수 있다.

1.2m

8 바닥 밑에 공간이 있는 방식의 기초
Crawl Space Foundation

작동 원리

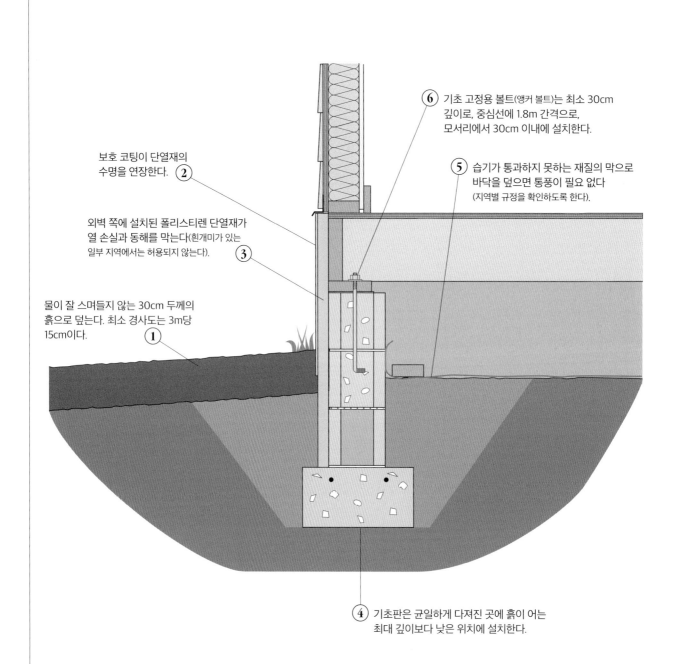

보호 코팅이 단열재의
수명을 연장한다. **②**

외벽 쪽에 설치된 폴리스티렌 단열재가
열 손실과 동해를 막는다(흰개미가 있는
일부 지역에서는 허용되지 않는다).
③

물이 잘 스며들지 않는 30cm 두께의
흙으로 덮는다. 최소 경사도는 3m당
15cm이다.
①

⑥ 기초 고정용 볼트(앵커 볼트)는 최소 30cm
깊이로, 중심선에 1.8m 간격으로,
모서리에서 30cm 이내에 설치한다.

⑤ 습기가 통과하지 못하는 재질의 막으로
바닥을 덮으면 통풍이 필요 없다
(지역별 규정을 확인하도록 한다).

④ 기초판은 균일하게 다져진 곳에 흙이 어는
최대 깊이보다 낮은 위치에 설치한다.

지중보식 기초 Grade Beam Foundation

작동 원리

지중보는 기초판 없이 땅속으로 깊이 박혀서 기초의 역할을 하며 콘크리트로 만들어진다. 이 방식은 토양이 단단하지 않거나 건물이 경사면에 지어진 경우에 효과적이다. 이와 같은 수직형 기초가 건물의 무게를 견디는 저항력은 토양이 기초에 수평으로 가하여 기초를 잡아주는 힘에 의해 생겨난다.

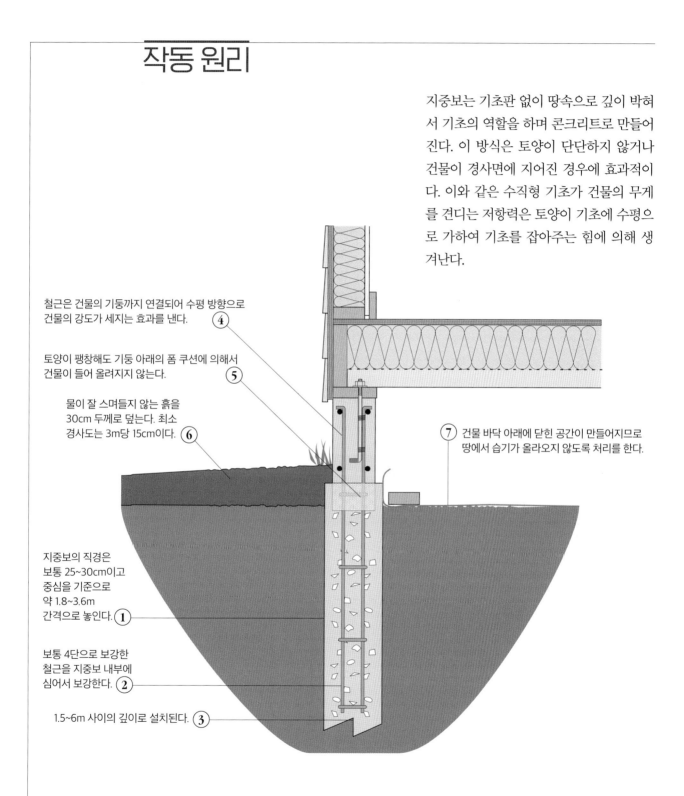

철근은 건물의 기둥까지 연결되어 수평 방향으로 건물의 강도가 세지는 효과를 낸다. ④

토양이 팽창해도 기둥 아래의 폼 쿠션에 의해서 건물이 들어 올려지지 않는다. ⑤

물이 잘 스며들지 않는 흙을 30cm 두께로 덮는다. 최소 경사도는 3m당 15cm이다. ⑥

⑦ 건물 바닥 아래에 닫힌 공간이 만들어지므로 땅에서 습기가 올라오지 않도록 처리를 한다.

지중보의 직경은 보통 25~30cm이고 중심을 기준으로 약 1.8~3.6m 간격으로 놓인다. ①

보통 4단으로 보강한 철근을 지중보 내부에 심어서 보강한다. ②

1.5~6m 사이의 깊이로 설치된다. ③

8 전면 기초 Full Foundation

작동 원리

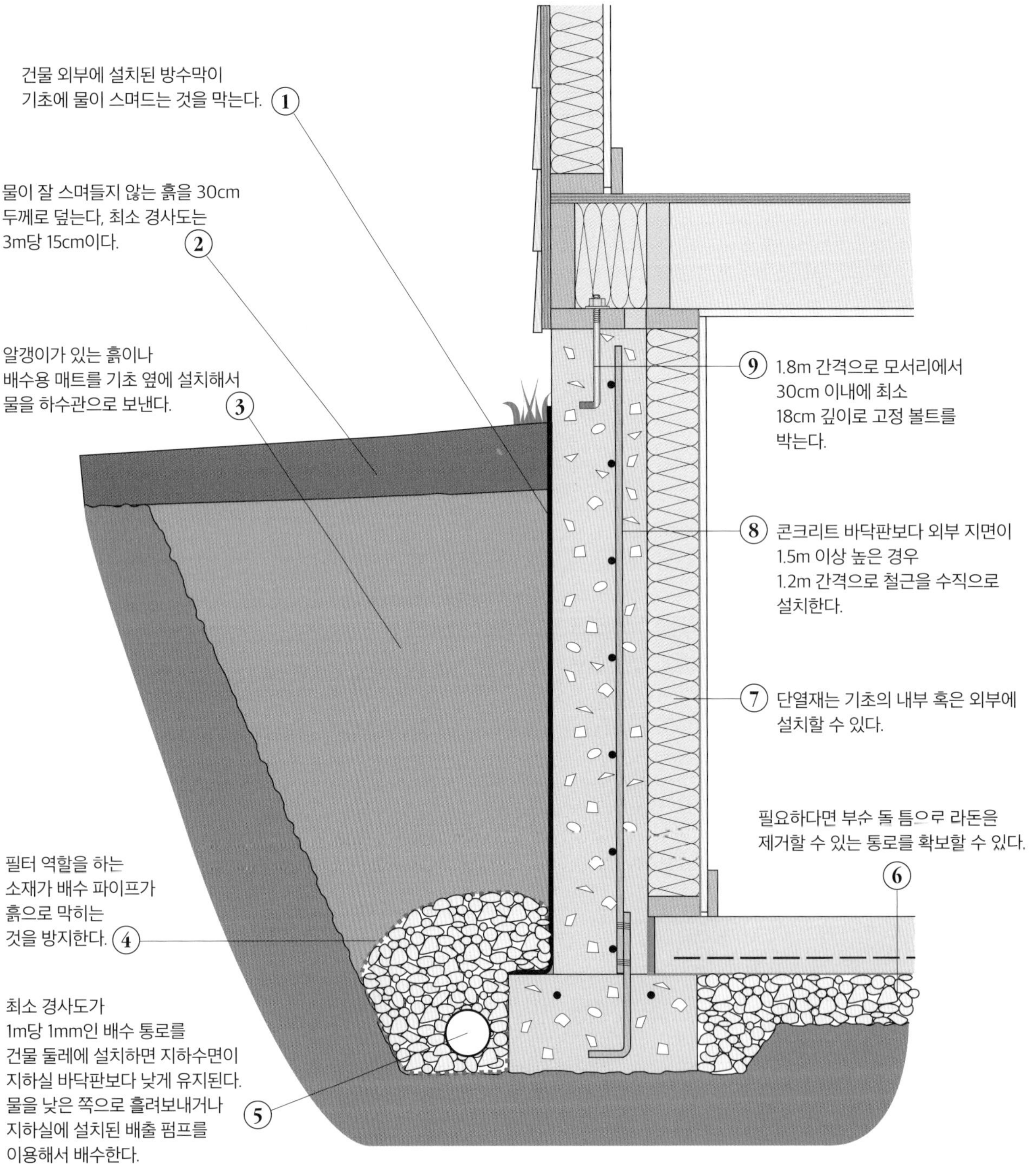

건물 외부에 설치된 방수막이
기초에 물이 스며드는 것을 막는다. ①

물이 잘 스며들지 않는 흙을 30cm
두께로 덮는다. 최소 경사도는
3m당 15cm이다. ②

알갱이가 있는 흙이나
배수용 매트를 기초 옆에 설치해서
물을 하수관으로 보낸다. ③

필터 역할을 하는
소재가 배수 파이프가
흙으로 막히는
것을 방지한다. ④

최소 경사도가
1m당 1mm인 배수 통로를
건물 둘레에 설치하면 지하수면이
지하실 바닥판보다 낮게 유지된다.
물을 낮은 쪽으로 흘려보내거나
지하실에 설치된 배출 펌프를
이용해서 배수한다. ⑤

⑨ 1.8m 간격으로 모서리에서
30cm 이내에 최소
18cm 깊이로 고정 볼트를
박는다.

⑧ 콘크리트 바닥판보다 외부 지면이
1.5m 이상 높은 경우
1.2m 간격으로 철근을 수직으로
설치한다.

⑦ 단열재는 기초의 내부 혹은 외부에
설치할 수 있다.

필요하다면 부슈 돌 틈으로 라돈을
제거할 수 있는 통로를 확보할 수 있다.

⑥

피어 기초 Pier Foundation

작동 원리

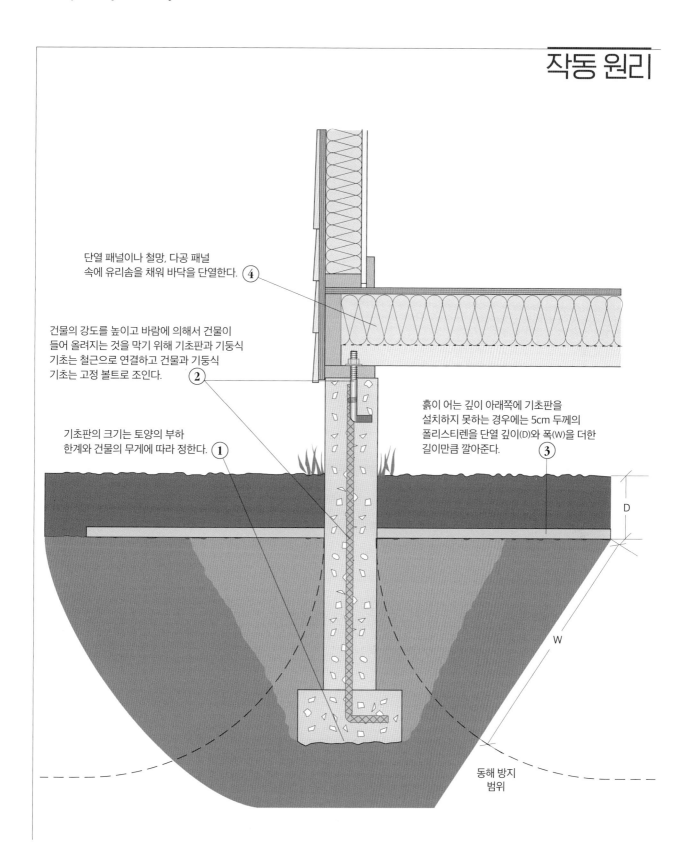

단열 패널이나 철망, 다공 패널
속에 유리솜을 채워 바닥을 단열한다. ④

건물의 강도를 높이고 바람에 의해서 건물이
들어 올려지는 것을 막기 위해 기초판과 기둥식
기초는 철근으로 연결하고 건물과 기둥식
기초는 고정 볼트로 조인다. ②

기초판의 크기는 토양의 부하
한계와 건물의 무게에 따라 정한다. ①

흙이 어는 깊이 아래쪽에 기초판을
설치하지 못하는 경우에는 5cm 두께의
폴리스티렌을 단열 깊이(D)와 폭(W)을 더한
길이만큼 깔아준다. ③

D

W

동해 방지
범위

8 골조에 가해지는 힘 Forces on the Frame

골조에 가해지는 다양한 힘

고정된 하중 dead loads, 靜荷重

고정하중은 건물의 자재에 의해서 제곱
피트당 가해지는 무게를 파운드로 표현
한 것이다. 표준적인 목조 주택에서의 값
은 다음과 같다.

지붕:
가벼운 소재, 10psf(pound per square feet).
중간 무게의 소재, 15psf.
무거운 소재, 20psf. ①

외벽, 10psf ③

내벽, 10psf ④

② 천장:
위에 놓인 물건이 없을 때,
5psf.
물건이 놓여 있을 때,
10psf.

⑤ 바닥, 10psf

변하는 하중 live loads, 活荷重

활하중은 건물에 추가된 무게(가구, 사람
등)에 의해 가해지는 하중이다. 국제 주거
용 건축 규정에서 규정한 값이 그림에 나
타나 있다.

지붕의 경사도*:
4/12 이하, 20psf
4/12~12/12, 16psf
12/12 이상, 12psf ⑦

침실, 30psf ④

① 다락방:
물건이 없을 때, 10psf.
물건이 놓여 있을 때,
20psf.

③ 발코니, 60psf

계단, 40psf ⑥

침실 이외의 거주 공간,
40psf ⑤

② 데크, 40psf

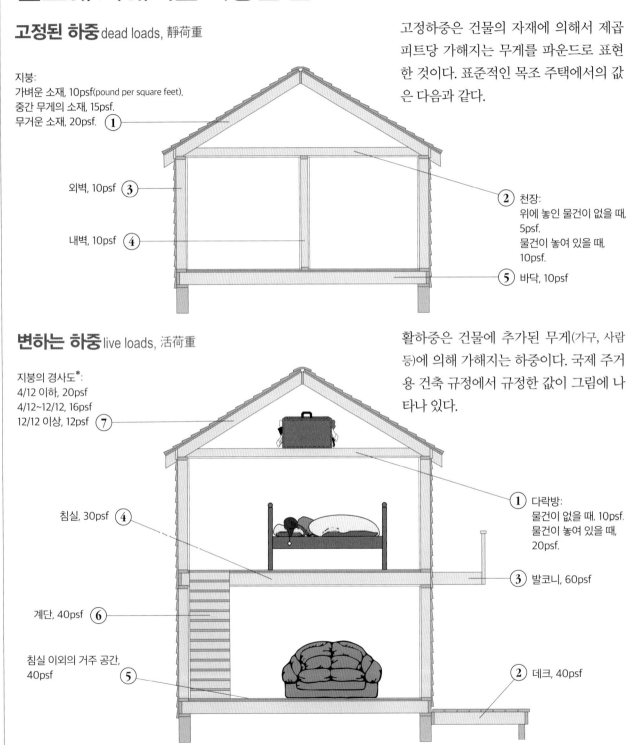

* roof pitch, 지붕의 경사도를 X/12 형태로 표현함. 4/12는 수평 120야드일 때 수직 40야드.

적설에 의한 하중 snow load, 雪荷重

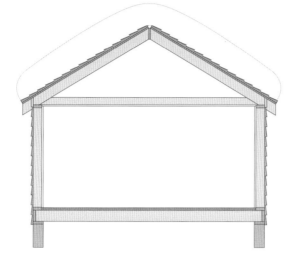

설하중은 눈의 무게를 반영한 하중이다. 최근 50년간 가장 많이 내린 눈을 기준으로 수평면에 가해지는 하중을 최대 하중으로 본다.

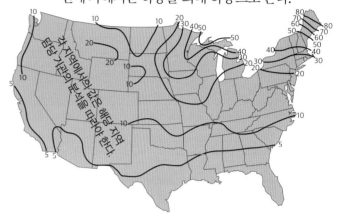

바람에 의한 하중 wind loads, 風荷重

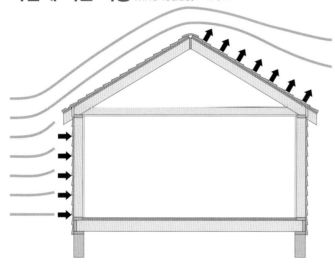

풍하중은 벽에 부는 맞바람과 순풍에 의해 지붕이 들리는 압력을 최근 50년간 최대 풍속을 기준으로 정한 것이다.

왼편 하단의 표에 나타난 압력은 기본적인 풍속(아래 지도 참조), 건물의 높이, 노출 등급에 따라 정해진 것이다.

- 등급 C: 높이 9m 미만의 산재한 장애물이 있는 트인 공간
- 등급 D: 고도 46m 미만의 장애물이 없는 평지이면서 바람이 대규모 수면을 지나 불어오는 내륙 지역

벽과 지붕에 가해지는 풍압, psf

노출 등급	기본 풍속, mph(mile per hour)	1층 건물		2층 건물	
		벽	지붕 상승압	벽	지붕 상승압
C	80	–	20	–	22
	90	–	26	–	28
	100	–	32	32	35
	110	35	38	38	42
D	70	–	20	–	22
	80	–	27	–	28
	90	32	37	36	40
	100	42	46	44	49
	110	50	55	54	59

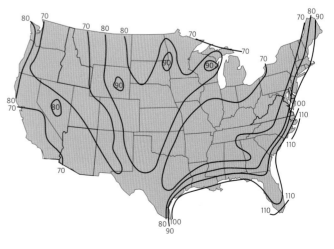

8 보의 휨 Beams in Bending

작동 원리

처짐

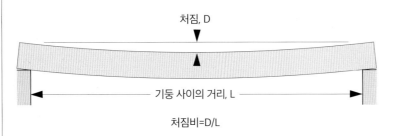

처짐, D

기둥 사이의 거리, L

처짐비=D/L

보에 하중이 가해지면 보가 아래쪽으로 처진다. 보가 견딜 수 있는 최대 하중 D보다 처짐비(D/L)가 훨씬 더 중요하다. L은 보를 받치는 기둥 사이의 간격이다.

국제 주거용 건축 규정에서는 보의 종류별로 바닥 들보는 1/360, 천장 들보는 1/240, 천장이 붙어 있지 않은 서까래는 1/180로 최대 처짐비를 정하고 있다.

꺾임

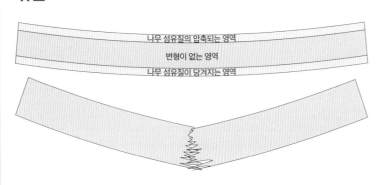

나무 섬유질의 압축되는 영역
변형이 없는 영역
나무 섬유질이 당겨지는 영역

보가 휠 때 아래쪽 면은 밖으로 당겨지는 장력tension을 받고, 위쪽 면은 안으로 눌리는 압축력compression을 받는다.

긴 보가 꺾이는 가장 흔한 원인은 왼편 그림에서처럼 아래쪽이 바깥쪽으로 당겨지며 이를 버티지 못할 때이다. 많은 규격표가 보의 최대 길이를 휨에 의해서 받는 힘 f_b의 함수로 표현하는 이유가 여기에 있다.

부러짐

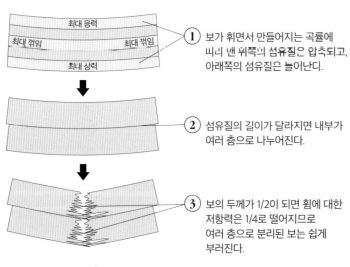

최대 응력
최대 꺾임   최대 꺾임
최대 상력

① 보가 휘면서 만들어지는 곡률에 띠리 낸 위쪽의 섬유질은 압축되고, 아래쪽의 섬유질은 늘이난디.

② 섬유질의 길이가 달라지면 내부가 여러 층으로 나누어진다.

③ 보의 두께가 1/2이 되면 휨에 대한 저항력은 1/4로 떨어지므로 여러 층으로 분리된 보는 쉽게 부러진다.

나무를 구성하는 섬유질은 매우 길고 강하다. 이 특성으로 인해 보는 섬유의 방향에 대해서는 눌림과 당김 모두에 대해 강한 저항력을 갖는다. 그러나 섬유실들을 묶어주는 힘은 그리 강하지 않다.

보가 휨에 따라 위쪽 층은 압축되는 데 반해 아래쪽 층은 늘어난다. 이 두 힘이 함께 작용하면서 보를 여러 개의 빔이 합쳐진 것과 마찬가지인 상황으로 만들어버린다. 여러 개의 얇은 판으로 이루어진 보는 단일목으로 이루어진 보에 비해 휨에 더 약하기 때문에 대부분의 경우 보가 부러지는 결과로 이어진다.

I-형 보 I-joist

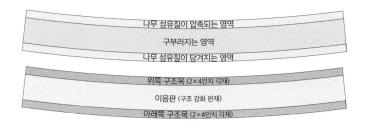

나무 섬유질이 압축되는 영역
구부러지는 영역
나무 섬유질이 당겨지는 영역

위쪽 구조목 (2×4인치 각재)
이음판 (구조 강화 판재)
아래쪽 구조목 (2×4인치 각재)

I-형 보는 강철로 만들어진 I-빔 I-beam을 목재로 만든 것이라고 보면 된다. 장력과 압축력에 버티는 각재의 특성과 구부림에 강한 구조 강화 판재의 특성을 활용한 것으로 2×4인치 각재와 구조 강화 판재를 결합해서 만든다. I-형 보는 같은 무게의 단일 목재 들보에 비해 강도가 더 세다.

적층 각재 laminated beams, 積層 角材

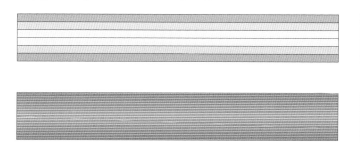

각재에 가해지는 대부분의 장력은 맨 아래쪽 부위에 집중된다. 따라서 각재를 얇은 판으로 자른 뒤에 가장 강한 부위를 맨 위와 아래쪽에 배치해서 다시 모든 판을 접착하면 강도가 훨씬 높은 빔이 된다. 판재를 접착제로 층층이 붙여서 만든 각재를 보편적으로 '공학 목재 engineered beams'라고 부른다.

구조 강화 판재 structural panels

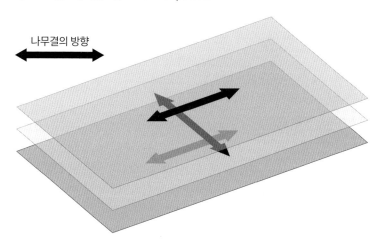

나무결의 방향

합판과 OSB(Oriented Strand Board, 나무를 얇은 조각으로 잘라 방수성 수지와 함께 열압착하여 만든 판재)를 비롯한 접합식 판재는 최신 기술의 위력을 잘 보여준다.

합판은 얇은 판재를 쌓아서 만들어지는데, 제일 품질이 좋은(강도와 외관 모두) 판재를 가장 바깥쪽 양면에 둔다. 합판을 이루는 판재의 목재 섬유질의 방향은 판마다 엇갈리게 되어 있으므로 판 전체로는 어느 방향으로나 거의 균일한 강도를 갖는다. 그러나 표면에 쓰인 판재의 섬유질 방향의 강도가 여전히 가장 높다.

접합식 패널은 구부러짐에 매우 강한 특성 덕분에 버팀벽, 바닥, 벽, 지붕널 등에 모두 사용된다.

8

골조에 사용되는 목재 Framing Members

작동 원리

들보와 장선 joists

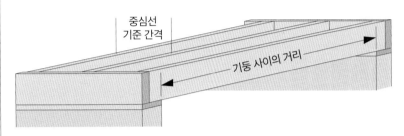

중심선 기준 간격

기둥 사이의 거리

앞에서 보았듯이, 천장에 사용되는 들보와 바닥에 사용되는 장선 長線(영어로는 모두 joist — 옮긴이)은 세 가지 기준을 만족해야 한다.

- 고정하중과 활하중이 합쳐진 하중에 의한 휨 정도
- 부러짐을 일으키는 고정하중과 활하중의 합의 크기
- 활하중에 의한 휨

국제 주거용 건축 규정에는 왼편의 표와 같이 주거 공간(침실과 다락방 제외)에 사용되는 바닥용 장선의 규격에 따른 기둥 사이의 기준 거리가 실려 있다. 이 표에 의하면 장선의 중심선을 기준으로 12인치, 16인치, 24인치 간격으로 설치된 장선의 최대 기둥 사이 간격 clear span, 純徑間이 목재의 종류와 등급에 따라 정해진다.
I-형 보 제조업체들도 자사의 제품 규격을 유사한 방식의 표로 제시한다.

바닥용 들보: 40PSF 활하중, 10PSF 고정하중

| 목재의 종류 | 중심선 기준 간격 | 기둥 사이의 허용 가능한 최대 거리(피트-인치) | | | | | | | | |
| | | 2×6 | | | 2×8 | | | 2×10 | | |
		Sel Str	No.1	No.2	Sel Str	No.1	No.2	Sel Str	No.1	No.2
더글러스 퍼*	12	11-4	10-11	10-9	15-0	14-5	14-2	19-1	18-5	18-0
	16	10-4	9-11	9-9	13-7	13-1	12-9	17-4	16-5	15-7
	24	9-0	8-8	8-3	11-11	11-0	10-5	15-2	13-5	12-9
햄 퍼**	12	10-9	10-6	10-0	14-2	13-10	13-2	18-0	17-8	16-10
	16	9-9	9-6	9-1	12-10	12-7	12-0	16-5	16-0	15-2
	24	8-6	8-4	7-11	11-3	10-10	10-2	14-4	13-3	12-5

참고: Sel Str = 최상급 규격 목재 lumber grade Select Structural

받침보 beam

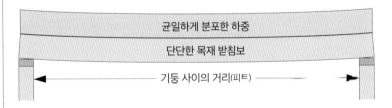

균일하게 분포한 하중

단단한 목재 받침보

기둥 사이의 거리(피트)

받침보***도 들보(장선)와 마찬가지의 조건을 충족해야 한다. 다만 받침보는 들보, 서까래, 벽기둥 등의 다른 구조물을 받친다는 차이가 있다. 받침보는 지하실 바닥을 둘로 나누는 주 들보 main girder를, 큰 창문의 위쪽 틀 header beam은 바닥의 장선과 위쪽의 벽 골조 wall stud 등을 받친다.
받침보는 일반적으로 세 개 이상의 다른 구조물을 지탱하기 때문에 하중이 균일하게 분산된다.
왼쪽 표는 기둥 사이의 거리가 12피트(3.7m)인 단일 받침보에 허용되는 최대 하중을 보여준다.

목재 받침보의 최대 균일 하중(파운드)

| 표준 크기 폭×깊이(인치) | 누름에 의한 휨 허용값(psi) | | | | | | | | |
	900	1000	1100	1200	1300	1400	1500	1600	1800
4×6	882	980	1078	1176	1274	1372	1470	1568	1764
4×8	1533	1703	1873	2044	2214	2384	2555	2725	3066
4×10	2495	2772	3050	3327	3604	3882	4159	4436	4991
4×12	3691	4101	4511	4921	5332	5742	6152	6562	7382
6×6	1386	1540	1694	1848	2002	2156	2310	2464	2772
6×8	2578	2864	3151	3437	3723	4010	4296	4583	5156
6×10	4136	4596	5055	5515	5974	6434	6894	7353	8272
6×12	6061	6734	7408	8081	8755	9428	10102	10775	12122

* Douglas fir. 미국산 전나무의 일종.
** Hem(Hemlock) fir. 미국산 전나무의 일종.
*** 목조 주택의 대들보(여러 개)를 말한다. 보통 해 ㅏ의 받침보가 여러 개의 장선을 받친다.

서까래 rafter

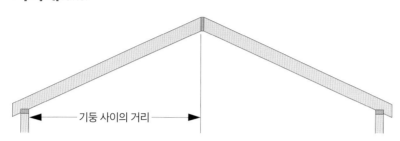

서까래: 다락방 없음, 활하중 40PSF, 고정하중 10PSF

목재의 종류	중심선 기준 간격	기둥 사이의 허용 가능한 최대 거리(피트-인치)								
		2×6			2×8			2×10		
		Sel Str	No.1	No.2	Sel Str	No.1	No.2	Sel Str	No.1	No.2
더글러스 퍼	12	13-0	12-6	12-3	17-2	16-6	15-10	21-10	20-4	19-4
	16	11-10	11-5	10-10	15-7	14-5	13-8	19-10	17-8	16-9
	24	10-4	9-4	8-10	13-7	11-9	11-2	17-4	14-5	13-8
햄 퍼	12	12-3	12-0	11-5	16-2	15-10	15-1	20-8	19-10	18-9
	16	11-2	10-11	10-5	14-8	14-1	13-4	18-9	17-2	16-3
	24	9-9	9-1	8-7	12-10	11-6	1-010	16-5	14-0	13-3

트러스 truss

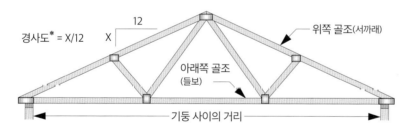

경사도* = X/12

위쪽 골조(서까래)

아래쪽 골조(들보)

기둥 사이의 거리

핑크 트러스**: 기준 간격 24인치, 활하중 30PSF, 고정하중 7PSF**

목재의 종류	등급	경사 3/12***				경사 5/12			
		위쪽 골조		아래쪽 골조		위쪽 골조		아래쪽 골조	
		2×4	2×6	2×4	2×6	2×4	2×6	2×4	2×6
더글러스 퍼	Sel Str	28-2	41-10	33-2	41-10	32-8	43-2	33-2	43-2
	#1	25-8	38-1	27-5	39-1	29-8	43-2	28-3	40-3
	#2	24-6	36-4	24-10	35-1	28-5	41-10	25-7	38-8
햄 퍼	Sel Str	26-11	39-9	30-9	39-9	30-0	39-9	30-9	39-9
	#1	24-9	36-7	25-10	36-5	28-9	39-9	26-10	37-11
	#2	23-8	34-10	23-0	32-5	27-5	39-9	24-5	35-2

서까래는 들보와 유사하지만 서까래에 가해지는 활하중은 가구와 사람이 아니라 겨울에 지붕에 쌓이는 눈이라는 점이 다르다.

바닥 장선과 마찬가지로 서까래의 규격에 따른 기둥 사이 간격도 규정되어 있다. 왼편의 표에 규격의 일부를 옮겼다. 중심선을 기준으로 12인치, 16인치, 24인치 간격으로 설치된 서까래의 최대 기둥 사이 간격이 목재의 종류와 등급에 따라 정해진다.

쌓인 눈에 의한 하중의 크기는 변화 폭이 극심하다. 눈이 오는 지역에서는 해당 지역의 건축 규정을 참고하거나 전문가와 상담하기를 권한다.

삼각형 구조는 기하학적으로 완벽하게 견고한 형태다. 왼쪽 그림에서 지붕의 꼭대기에 무게가 가해지면 트러스에는 서까래에서 압축력이, 들보에 의해 장력이 가해진다. 목재는 압축력과 장력에 강하므로 2×4인치 규격의 목재만을 트러스로 사용해서 긴 들보에 적용할 수 있다.

지붕에 가해지는 부하는 꼭대기에 집중되지 않고 서까래 전체에 고르게 퍼진다. 트러스를 여러 개의 작은 삼각형 구조로 나누면 서까래 지지점 사이의 거리가 짧아지므로 서까래가 보다 견고해진다.

왼쪽 표와 위의 표에서 기둥 사이의 최대 허용 거리를 비교해보자.

---

*   120야드당 수직 높이를 뜻한다.

**   fink truss. 세 개의 삼각형으로 이루어진 트러스.

*** 수평 12피트에 수직 3피트인 경사도를 뜻한다.

8 포스트 & 빔 구조 Post & Beam Frame

작동 원리

현대적인 제재소와 제강소가 등장하기 전까지는 손으로 다듬은 통나무와 나무못이 규격에 맞게 자른 각재와 단조 가공된 못보다 훨씬 저렴했다. 그러므로 당시에는 큰 나무를 베어 손으로 다듬어서 주택의 골조로 사용했다.

이처럼 장인정신에 따라 지어진 주택은 목재의 접합부를 정교하게 가공하고 녹이 스는 못을 쓰지 않기 때문에 견고할 뿐 아니라 수명도 길다.

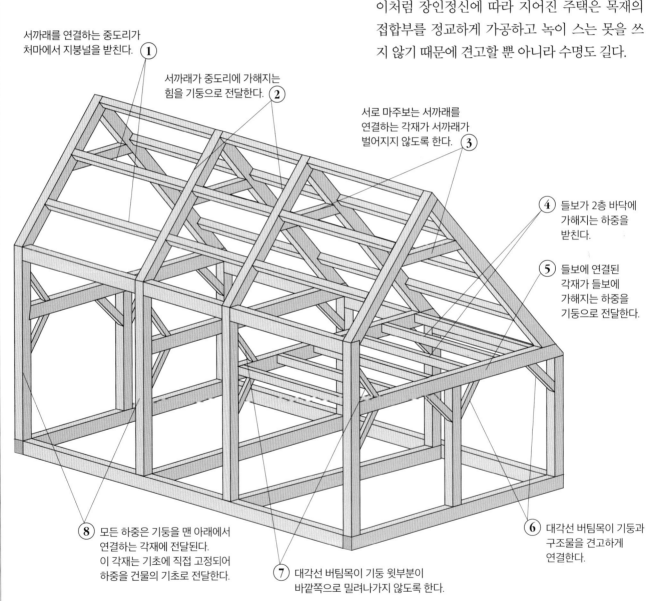

① 서까래를 연결하는 중도리가 처마에서 지붕널을 받친다.

② 서까래가 중도리에 가해지는 힘을 기둥으로 전달한다.

③ 서로 마주보는 서까래를 연결하는 각재가 서까래가 벌어지지 않도록 한다.

④ 들보가 2층 바닥에 가해지는 하중을 받친다.

⑤ 들보에 연결된 각재가 들보에 가해지는 하중을 기둥으로 전달한다.

⑥ 대각선 버팀목이 기둥과 구조물을 견고하게 연결한다.

⑦ 대각선 버팀목이 기둥 윗부분이 바깥쪽으로 밀려나가지 않도록 한다.

⑧ 모든 하중은 기둥을 맨 아래에서 연결하는 각재에 전달된다. 이 각재는 기초에 직접 고정되어 하중을 건물의 기초로 전달한다.

판재와 빔 구조 Plank & Beam Frame

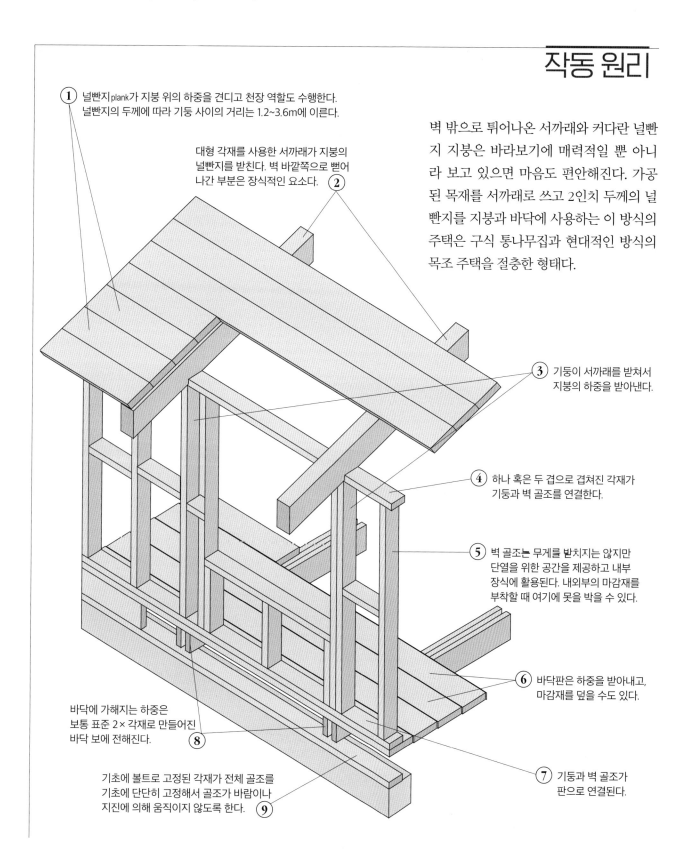

① 널빤지plank가 지붕 위의 하중을 견디고 천장 역할도 수행한다. 널빤지의 두께에 따라 기둥 사이의 거리는 1.2~3.6m에 이른다.

대형 각재를 사용한 서까래가 지붕의 널빤지를 받친다. 벽 바깥쪽으로 뻗어 나간 부분은 장식적인 요소다. ②

벽 밖으로 튀어나온 서까래와 커다란 널빤지 지붕은 바라보기에 매력적일 뿐 아니라 보고 있으면 마음도 편안해진다. 가공된 목재를 서까래로 쓰고 2인치 두께의 널빤지를 지붕과 바닥에 사용하는 이 방식의 주택은 구식 통나무집과 현대적인 방식의 목조 주택을 절충한 형태다.

③ 기둥이 서까래를 받쳐서 지붕의 하중을 받아낸다.

④ 하나 혹은 두 겹으로 겹쳐진 각재가 기둥과 벽 골조를 연결한다.

⑤ 벽 골조는 무게를 받치지는 않지만 단열을 위한 공간을 제공하고 내부 장식에 활용된다. 내외부의 마감재를 부착할 때 여기에 못을 박을 수 있다.

⑥ 바닥판은 하중을 받아내고, 마감재를 덮을 수도 있다.

바닥에 가해지는 하중은 보통 표준 2× 각재로 만들어진 바닥 보에 전해진다. ⑧

기초에 볼트로 고정된 각재가 전체 골조를 기초에 단단히 고정해서 골조가 바람이나 지진에 의해 움직이지 않도록 한다. ⑨

⑦ 기둥과 벽 골조가 판으로 연결된다.

8 벌룬 구조 Balloon Frame

작동 원리

골조를 2×4인치 각재로 만들면 너무 가벼워서 강풍에 견디지 못할 것 같다고 생각된다면 1883년에 이 방식을 처음 고안한 목수들이 왜 여기에 '벌룬balloon(풍선) 구조'라는 이름을 붙였는지 이해할 수 있을 것이다.
이 구조는 당시 새로 개발되었던 저렴한 가격의 가공된 각재와 쇠못을 사용하는데, 높이가 높고 속이 비어 있는 벽 공간 때문에 화재가 나면 불이 쉽게 번진다. 그 때문에 1900년대 초기에 사용이 금지되었다.

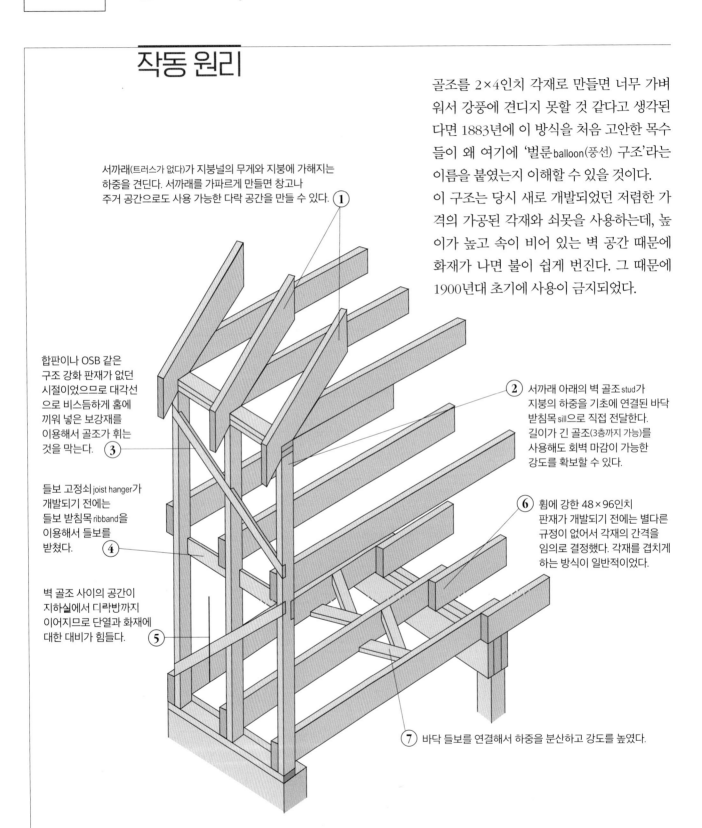

서까래(트러스가 없다)가 지붕널의 무게와 지붕에 가해지는 하중을 견딘다. 서까래를 가파르게 만들면 창고나 주거 공간으로도 사용 가능한 다락 공간을 만들 수 있다. ①

합판이나 OSB 같은 구조 강화 판재가 없던 시절이었으므로 대각선으로 비스듬하게 홈에 끼워 넣은 보강재를 이용해서 골조가 휘는 것을 막는다. ③

들보 고정쇠joist hanger가 개발되기 전에는 들보 받침목ribband을 이용해서 들보를 받쳤다. ④

벽 골조 사이의 공간이 지하실에서 다락방까지 이어지므로 단열과 화재에 대한 대비가 힘들다. ⑤

② 서까래 아래의 벽 골조 stud가 지붕의 하중을 기초에 연결된 바닥 받침목 sill으로 직접 전달한다. 길이가 긴 골조(3층까지 가능)를 사용해도 회벽 마감이 가능한 강도를 확보할 수 있다.

⑥ 휨에 강한 48×96인치 판재가 개발되기 전에는 별다른 규정이 없어서 각재의 간격을 임의로 결정했다. 각재를 겹치게 하는 방식이 일반적이었다.

⑦ 바닥 들보를 연결해서 하중을 분산하고 강도를 높였다.

플랫폼 구조 Platform Frame

주택 건설업계는 건축 과정에서의 인건비를 줄이기 위해 가능한 한 모든 것을 단순화하고 표준화했다. 1940년대 후반에 개발된 플랫폼 구조 주택은 4×8피트의 합판을 바닥, 벽, 지붕널로 사용하고 12인치, 16인치, 24인치 각재를 골조로 사용한다.

① 서까래, 들보, 수직 골조를 포함한 모든 골조는 48×96인치(1.2×2.4m) 판재에 맞추기 위해 중심선 기준 0.4m 간격으로 배치한다.

② 각각 분리된 벽 공간은 단열에 유리하고 불이 번지는 것을 막는다.

③ 벽은 여러 겹의 케이크처럼 각 층의 바닥 위에 세워진다.

④ 모서리에 설치된 구조 강화 판재가 강풍과 지진으로부터 구조물이 변형되지 않도록 막아준다.

⑤ 바닥에 설치된 구조 강화 판재 위에 원하는 마감을 할 수 있다.

⑥ 기둥과 골조를 바닥에 연결할 때 가는 판재를 제이한 넓은 판재가 필요한 모든 곳에 원목 판재 대신 구조 강화 판재가 사용된다.

⑦ 목재 기둥 대신 나사식으로 높이 조절이 가능한 강철 기둥으로 골조를 받친다.

8 최적 가치 공법(OVE) 구조

Advanced (OVE) Frame

작동 원리

1977년 미국 주택 및 도시 개발부가 주택 건설 협회에 건축비를 절감할 수 있는 골조 구조에 대한 분석을 의뢰했다. 그 결과 만들어진 것이 '최적 가치 공법Optimum Value Engineering'이다.

이 구조는 "한 곳만 결합해도 된다면 두 곳을 결합할 필요가 없고, 1×목재*를 사용해도 된다면 2×목재를 사용할 필요도 없다"라는 원칙에서 출발한다.

이 방식을 사용하면 플랫폼 구조에 비해 골조 관련 비용이 약 25% 절감된다.

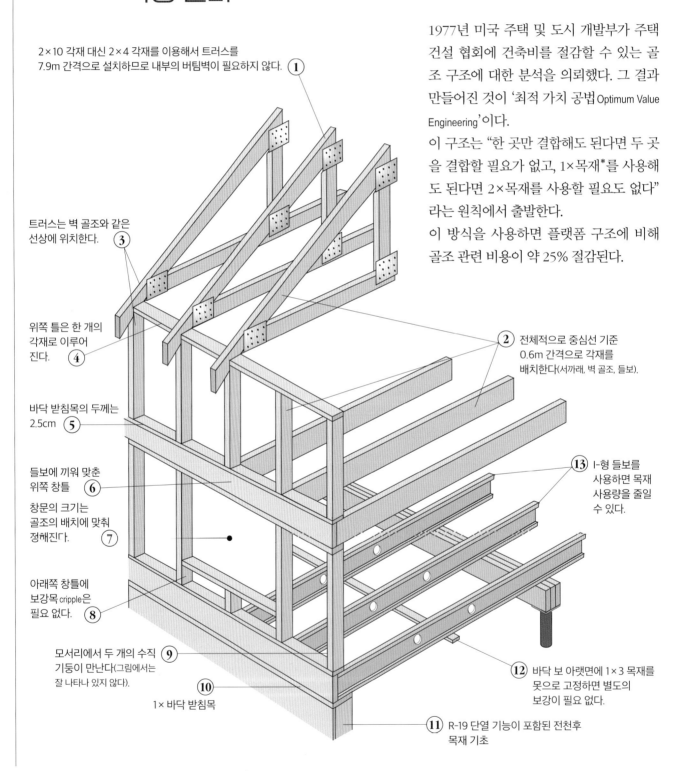

2×10 각재 대신 2×4 각재를 이용해서 트러스를 7.9m 간격으로 설치하므로 내부의 버팀벽이 필요하지 않다. ①

트러스는 벽 골조와 같은 선상에 위치한다. ③

위쪽 틀은 한 개의 각재로 이루어진다. ④

바닥 받침목의 두께는 2.5cm ⑤

들보에 끼워 맞춘 위쪽 창틀 ⑥

창문의 크기는 골조의 배치에 맞춰 정해진다. ⑦

아래쪽 창틀에 보강목 cripple은 필요 없다. ⑧

모서리에서 두 개의 수직 기둥이 만난다(그림에서는 잘 나타나 있지 않다). ⑨

⑩ 1× 바닥 받침목

② 전체적으로 중심선 기준 0.6m 간격으로 각재를 배치한다(서까래, 벽 골조, 들보).

⑬ I-형 들보를 사용하면 목재 사용량을 줄일 수 있다.

⑫ 바닥 보 아랫면에 1×3 목재를 못으로 고정하면 별도의 보강이 필요 없다.

⑪ R-19 단열 기능이 포함된 전천후 목재 기초

* 미국 각재 규격(인치). 1×2, 3, 4, 5, 6, 8, 10, 12. 그리고 2×4, 6, 8, 10, 12

실외용 장비

Outdoor equipment

부엌은 혁명적으로 변했다. 나무를 땔감으로 쓰는 난로, 마당의 수동식 펌프, 아이스박스 같은 조부모 세대의 조리 도구들은 이제 가스와 전기를 사용하는 기기로 발전했다. 마당을 관리하는 데 필요하던 장비도 마찬가지여서 삽, 갈퀴, 도끼가 제초기, 잔디깎이, 전기톱 등으로 바뀐 지 오래이다.

9 4행정 가솔린 엔진 4-Cycle Gasoline Engine

작동 원리

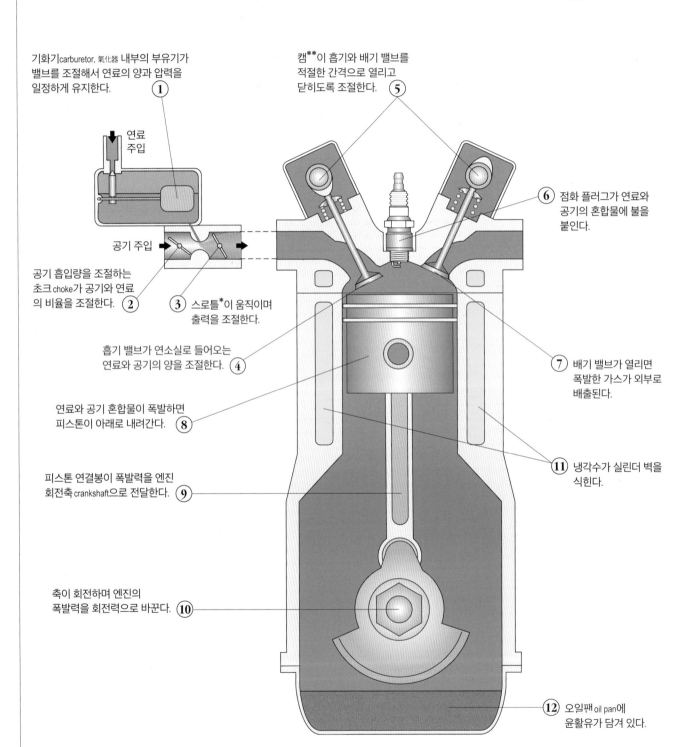

기화기|carburetor, 氣化器 내부의 부유기가
밸브를 조절해서 연료의 양과 압력을
일정하게 유지한다. ①

연료
주입

공기 주입

공기 흡입량을 조절하는
초크choke가 공기와 연료
의 비율을 조절한다. ②

③ 스로틀*이 움직이며
출력을 조절한다.

흡기 밸브가 연소실로 들어오는
연료와 공기의 양을 조절한다. ④

연료와 공기 혼합물이 폭발하면
피스톤이 아래로 내려간다. ⑧

피스톤 연결봉이 폭발력을 엔진
회전축crankshaft으로 전달한다. ⑨

축이 회전하며 엔진의
폭발력을 회전력으로 바꾼다. ⑩

캠**이 흡기와 배기 밸브를
적절한 간격으로 열리고
닫히도록 조절한다. ⑤

⑥ 점화 플러그가 연료와
공기의 혼합물에 불을
붙인다.

⑦ 배기 밸브가 열리면
폭발한 가스가 외부로
배출된다.

⑪ 냉각수가 실린더 벽을
식힌다.

⑫ 오일팬oil pan에
윤활유가 담겨 있다.

* throttle. 연료와 공기의 혼합물이 실린더에 주입되는 양을 조절한다.

** cam. 회전축에 날린 비구형의 부품으로, 캠의 형상에 따라 밸브의 움직임이 달라진다.

작동 과정

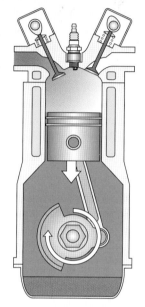

1. 흡기 행정
흡기 밸브가 열리고 연료와
공기 혼합물이 연소실로 들어온다.

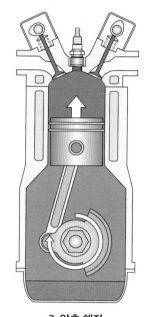

2. 압축 행정
점화가 되기 전에 연료와 공기 혼합물이
거의 1/10의 부피로 압축된다.

점화
점화 플러그에서 불꽃이 튀어
연료와 공기 혼합물에 불을 붙인다

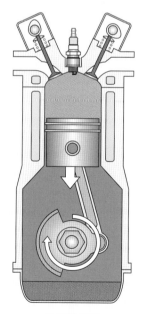

3. 폭발 행정
연료와 공기 혼합물이 폭발에 의해
팽창하면서 피스톤을 아래로 밀어 내린다.

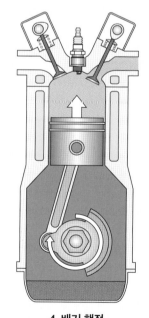

4. 배기 행정
피스톤이 올라오고 배기 밸브가 열리며
연소실 내의 가스를 배출한다.

수리를 요청하기 전에

엔진의 시동이 걸리지 않으면

• 언료기 있는지 확인히고 연료를 채운다.
(윤활유를 채우는 것이 아니다!)

• 연료가 2개월 이상 지난 것이라면? 에탄
올이 10% 섞인 휘발유는 금방 변질된다.*
오래된 연료를 빼내어 자동차에 주입하고
(자동차에서는 문제가 없다) 새 연료를 채운다.

• 휘발유 냄새가 난다면 엔진에서 연료가
넘치는 것이다. 점화 플러그를 빼내어 종
이 타월에 올려두고 건조시킨다. 시동 줄
을 몇 번 당겨준 뒤 점화 플러그를 다시
꽂는다.

• 점화 플러그의 끝부분이 닳았다면 동일한
규격의 새 플러그로 교체한다.

---

* 미국에서는 에탄올이 포함된 휘발유가 판매된다.

9 2행정 가솔린 엔진 2-Cycle Gasoline Engine

작동 원리

4행정 엔진과 비교하면 2행정 엔진은 구조가 더 단순하고(밸브, 캠, 타이밍 벨트가 없다) 가벼우며(무게당 출력은 거의 두 배에 이른다) 엔진의 방향에 거의 관계없이 동작이 가능하다. 이런 특성 덕분에 동력 체인톱, 잔디깎이, 제초기 등에 널리 활용된다.

2행정 엔진에는 윤활유를 위한 별도의 공간이 없는 대신 2행정 엔진용 윤활유를 연료와 섞어서 사용한다. 크랭크 케이스*와 실린더 내부에 분사된 연료/윤활유/공기 혼합물에 의해 윤활 작용이 이루어진다. 윤활이 부족하면 수명이 짧아지고, 연료와 공기의 혼합물 일부가 연소되지 않고 배출되며, 연소실 내에 들어간 윤활유가 푸른색 연기를 만들어내는 것이 단점으로 지적된다. 2행정 엔진은 오염을 많이 일으키므로 미국 환경 보호국은 4행정 엔진이 실용적인 경우에 2행정 엔진을 사용하는 것을 점차 금지하고 있다.

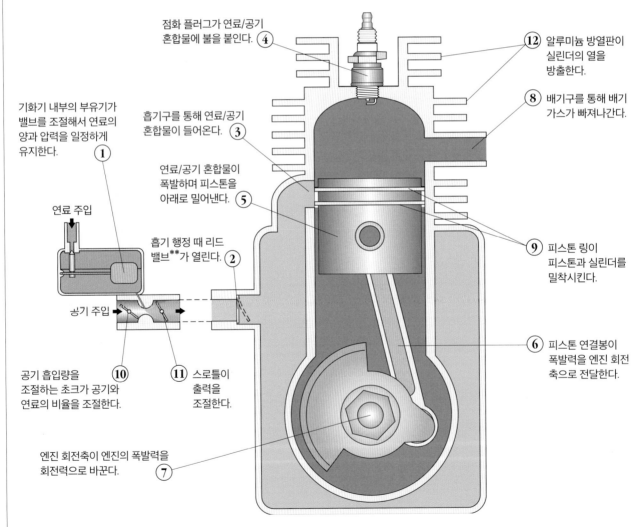

점화 플러그가 연료/공기 혼합물에 불을 붙인다. ④

기화기 내부의 부유기가 밸브를 조절해서 연료의 양과 압력을 일정하게 유지한다. ①

연료 주입

흡기구를 통해 연료/공기 혼합물이 들어온다. ③

연료/공기 혼합물이 폭발하며 피스톤을 아래로 밀어낸다. ⑤

흡기 행정 때 리드 밸브**가 열린다. ②

공기 주입

공기 흡입량을 조절하는 초크가 공기와 연료의 비율을 조절한다. ⑩

⑪ 스로틀이 출력을 조절한다.

엔진 회전축이 엔진의 폭발력을 회전력으로 바꾼다. ⑦

⑫ 알루미늄 방열판이 실린더의 열을 방출한다.

⑧ 배기구를 통해 배기 가스가 빠져나간다.

⑨ 피스톤 링이 피스톤과 실린더를 밀착시킨다.

⑥ 피스톤 연결봉이 폭발력을 엔진 회전축으로 전달한다.

* 크랭크축과 오일팬이 설치되는 위와 아래 부분의 케이스.

** reed valve. 흡입되는 기체의 압력 차이를 이용하여 기체 흐름을 제어하는 장치.

동작 과정

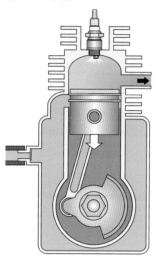

점화

피스톤이 가장 위로 올라왔을 때 점화 플러그가 점화하면 연료와 공기가 압축된 혼합물이 거의 폭발과 다름없이 빠르게 연소한다. 배기구가 항상 열려 있으므로 대부분의 폭발 가스는 배출된다.

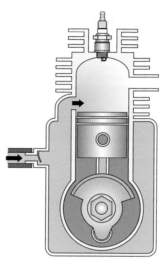

1. 흡기 행정

피스톤이 아래로 움직이며 흡기구가 열린다. 연소실 내부는 압력이 낮은 상태이므로 리드 밸브가 열리며 연료/공기 혼합물이 실린더 안으로 빨려 들어간다. 피스톤이 가장 아래로 내려왔을 때 리드 밸브가 닫힌다.

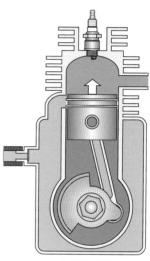

2. 압축 행정

피스톤이 위로 올라갈 때 일부의 연료와 공기가 외부로 밀려 나가지만 남은 부분은 압축되고 피스톤이 맨 위에 도달했을 때 점화 플러그가 점화한다.

기화기의 동작

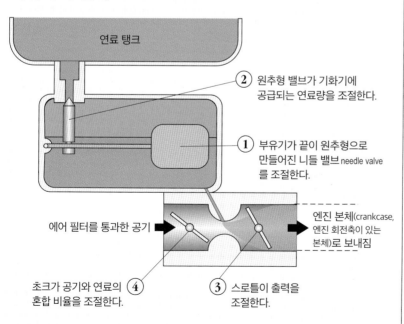

② 원추형 밸브가 기화기에 공급되는 연료량을 조절한다.

① 부유기가 끝이 원추형으로 만들어진 니들 밸브 needle valve 를 조절한다.

에어 필터를 통과한 공기 ▶

엔진 본체(crankcase, 엔진 회전축이 있는 본체)로 보내짐

초크가 공기와 연료의 ④ 혼합 비율을 조절한다.

③ 스로틀이 출력을 조절한다.

수리를 요청하기 전에

엔진의 시동이 걸리지 않으면

- 연료가 있는지 확인하고 휘발유와 2행정 엔진용 윤활유가 50:1의 비율로 섞인 혼합 연료를 채운다.

- 연료가 2개월 이상 지났다면 10%의 에탄올이 섞인 휘발유는 금방 변질된다. 오래된 연료를 빼내어 자동차에 주입하고(자동차에서는 문제가 없다) 새 연료를 채운다.

- 휘발유 냄새가 난다면 엔진에서 연료가 넘치는 것이다. 점화 플러그를 빼내어 종이 타월에 올려두고 건조시킨다. 시동 줄을 몇 번 당겨준 뒤 점화 플러그를 다시 꽂는다.

- 점화 플러그의 끝부분이 닳았다면 동일한 규격의 새 플러그로 교체한다.

9

휘발유 체인톱 Gasoline Chain Saw

작동 원리

대표적인 휘발유 체인톱인 스틸Stihl 사의 제품을 그림으로 나타냈다. 다른 제품들도 세부적으로는 다른 부분이 있지만 원리는 모두 동일하다. 무게에 비해 출력이 크고 어떤 각도에서나 사용할 수 있다는 점 때문에 체인톱에는 2행정 휘발유 엔진이 사용된다. 정교한 구조로 잘 다듬어진 톱날 체인이 윤활이 되어

있는 가이드 바를 따라 움직인다. 가이드 바와 체인의 길이는 제품에 따라 다양하다.

대기 상태에서는 체인이 움직이지 않는다. 스로틀 버튼을 누르면 원심 클러치가 구동 스프로킷에 동력을 연결한다.

체인톱의 끝부분이 큰 목재에 닿을 때는 몸체로 반동이 전해지므로 위

험할 수 있다. 이때 관성에 의해 작동하는 동력 차단 보호 장치가 체인을 멈추게끔 설계되어 있어서 사용자를 보호한다.

체인톱의 사용설명서에는 나무를 안전하게 베어내는 방법이 잘 설명되어 있다. 벌목 작업을 하기 전에 주의 깊게 읽어보기 바란다.

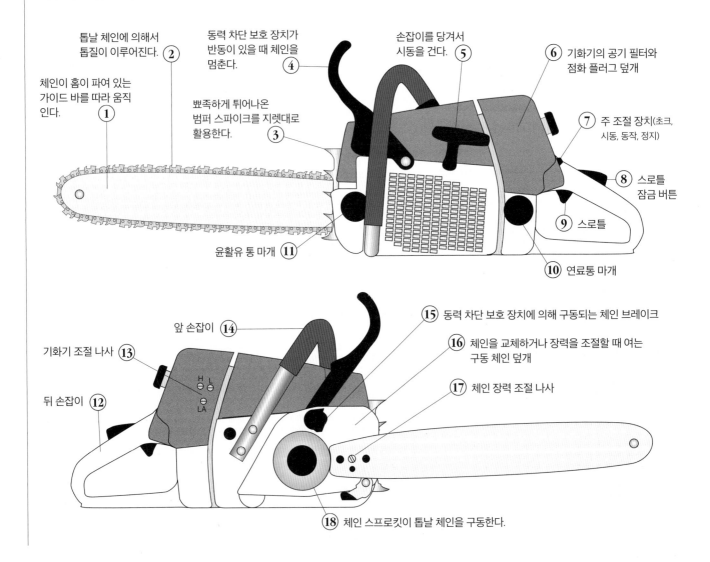

톱날 체인에 의해서 톱질이 이루어진다. ②

동력 차단 보호 장치가 반동이 있을 때 체인을 멈춘다. ④

손잡이를 당겨서 시동을 건다. ⑤

⑥ 기화기의 공기 필터와 점화 플러그 덮개

체인이 홈이 파여 있는 가이드 바를 따라 움직인다. ①

뽀족하게 튀어나온 범퍼 스파이크를 지렛대로 활용한다. ③

⑦ 주 조절 장치(초크, 시동, 동작, 정지)

⑧ 스로틀 잠금 버튼

⑨ 스로틀

윤활유 통 마개 ⑪

⑩ 연료통 마개

앞 손잡이 ⑭

⑮ 동력 차단 보호 장치에 의해 구동되는 체인 브레이크

기화기 조절 나사 ⑬

⑯ 체인을 교체하거나 장력을 조절할 때 여는 구동 체인 덮개

⑰ 체인 장력 조절 나사

뒤 손잡이 ⑫

⑱ 체인 스프로킷이 톱날 체인을 구동한다.

시동 걸기

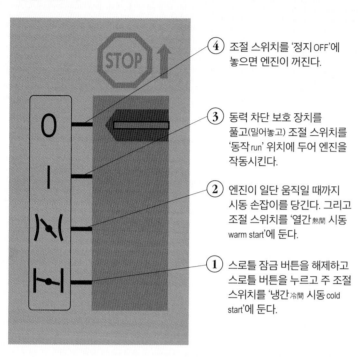

④ 조절 스위치를 '정지 OFF'에 놓으면 엔진이 꺼진다.

③ 동력 차단 보호 장치를 풀고(밀어놓고) 조절 스위치를 '동작 run' 위치에 두어 엔진을 작동시킨다.

② 엔진이 일단 움직일 때까지 시동 손잡이를 당긴다. 그리고 조절 스위치를 '열간 熱間 시동 warm start'에 둔다.

① 스로틀 잠금 버튼을 해제하고 스로틀 버튼을 누르고 주 조절 스위치를 '냉간 冷間 시동 cold start'에 둔다.

기화기 조절하기

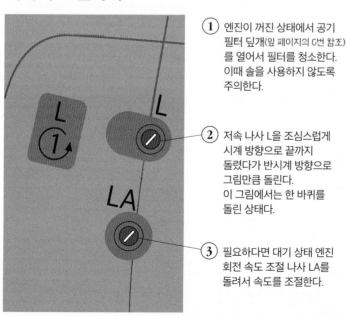

① 엔진이 꺼진 상태에서 공기 필터 딮개(앞 페이지의 6번 참조)를 열어서 필터를 청소한다. 이때 솔을 사용하지 않도록 주의한다.

② 저속 나사 L을 조심스럽게 시계 방향으로 끝까지 돌렸다가 반시계 방향으로 그림만큼 돌린다. 이 그림에서는 한 바퀴를 돌린 상태다.

③ 필요하다면 대기 상태 엔진 회전 속도 조절 나사 LA를 돌려서 속도를 조절한다.

수리를 요청하기 전에

연료가 3개월 이상 지났으면 연료를 빼서 자동차의 연료통에 옮겨 담고(자동차에서는 문제가 되지 않는다) 휘발유와 2행정 엔진용 윤활유가 50:1로 섞인 새 연료를 넣어준다. 왼쪽 그림의 '시동 걸기'의 순서대로 했는데도 엔진의 시동이 걸리지 않는다면 점화 플러그를 빼내어 건조시키고 조절 스위치를 '정지'에 놓은 상태에서 시동 손잡이를 몇 번 당겨주어 실린더 내의 연료를 빼낸다. 점화 플러그를 교체하고 시동 걸기 순서에 따라 다시 시동을 건다.

여전히 시동이 걸리지 않는다면 기화기 왼쪽 그림에서처럼 기본 상태로 조절하고 다시 시동을 건다.

엔진의 시동이 걸렸지만 대기 상태에서 엔진이 멈추는 경우에는 저속 나사 L을 초기화한다(왼쪽 아래 그림 2). 대기 상태 엔진 회전 속도 조절 나사 LA를 엔진이 커질 때까지 시계 방향으로 돌린 뒤, 다시 반대 방향으로 1/4바퀴 돌린다.

엔진이 대기 상태인데도 체인이 돌고 있다면 저속 조절 나사 L을 초기화한다(왼쪽 아래 그림 2). 그리고 LA를 반시계 방향으로 체인이 멈출 때까지 돌리고 이 상태에서 같은 방향으로 1/4 바퀴 더 돌린다.

체인의 속도가 잘 올라가지 않을 때는 저속 조절 나사 L을 초기화한다(왼쪽 아래 그림 2). 그리고 L을 톱날의 회전 속도가 매끄럽게 상승할 때까지 반시계 방향으로 돌린다. 필요에 따라 LA도 적절히 조절해준다.

9 휘발유 잔디깎이 Gasoline Lawn Mower

① 앞바퀴 구동 조절 손잡이를 누르면 엔진의 회전을 앞바퀴에 전달한다.

② 엔진 구동 조작 손잡이를 눌러야 엔진이 작동한다.*

③ 손잡이 길이 조절용 버튼

④ 엔진 구동 손잡이를 누른 상태에서 시동 손잡이를 당기면 엔진의 시동이 걸린다.

휘발유 주입구 마개 ⑤

공기 필터 덮개를 열고 청소한다. ⑥

냉간 시동 전에 준비 버튼을 몇 번 눌러준다. ⑦

⑧ 점화 플러그

⑨ 앞바퀴 구동부 덮개

⑩ 앞바퀴 높이 조절 장치 (바퀴마다 달려 있음)

⑪ 소음기 (그림에서는 보이지 않음)

⑫ 윤활유 통 마개와 잔량 측정봉. 계절이 바뀔 때마다 윤활유를 보충한다.

작동 원리

최근 판매되는 대부분의 잔디깎이에는 4행정 엔진이 장착되어 있으므로 휘발유 투입구와 윤활유 투입구를 잘 구분해야 한다.

이 기계의 작동 원리는 아주 단순하다. 날카로운 회전 칼날은 수직으로 회전하는 엔진의 회전축에 직접 연결되어 있다. 칼날의 형태는 잘린 풀이 위쪽으로 가도록 만들어져 있으며, 또한 풀이 기계의 옆으로 날리도록 통로가 마련되어 있어서 풀이 외부로 배출되거나 포대에 담긴다.

엔진의 회전축에 연결된 감속 기어에 앞바퀴 축과 구동 벨트가 연동되어 잔디깎이를 손으로 밀지 않아도 전진한다. 전진과 정지 동작은 구동 벨트의 연결을 조절해서 이루어진다.

* 안전을 위해 사람이 손잡이를 잡고 있어야만 엔진이 작동한다.

날 교체

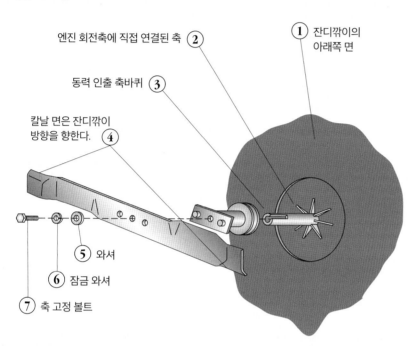

엔진 회전축에 직접 연결된 축 ②

① 잔디깎이의 아래쪽 면

동력 인출 축바퀴 ③

칼날 면은 잔디깎이 방향을 향한다. ④

⑤ 와셔

⑥ 잠금 와셔

⑦ 축 고정 볼트

잔디가 잘 깎이지 않거나 날이 휘어서 진동이 심해지기 시작했다면 날을 교체해야 한다.

안전과 청결을 위해 점화 플러그를 제거하고 휘발유와 윤활유를 모두 빼낸다.

잔디깎이를 옆으로 눕혀놓은 뒤, 나뭇조각을 날과 몸체 사이에 끼워 날이 회전하지 못하도록 고정한다.

소켓 렌치로 축 고정 볼트를 반시계 방향으로 돌려서 푼 뒤 날을 분리한다.

같은 규격의 교체 날을 준비한다.

칼날 면이 잔디깎이의 아래쪽을 향하도록 조립한다. 축 볼트를 고정할 때는 고정용 나무를 반대편으로 옮겨놓는다.

구동 벨트의 교체

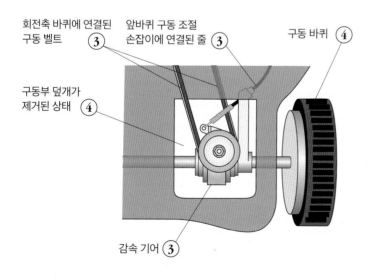

회전축 바퀴에 연결된 구동 벨트 ③

앞바퀴 구동 조절 손잡이에 연결된 줄 ③

구동 바퀴 ④

구동부 덮개가 제거된 상태 ④

감속 기어 ③

잔디깎이가 경사면을 잘 오르지 못할 때는 구동 벨트를 교체해야 한다.

점화 플러그를 제거하고 휘발유와 윤활유를 모두 빼낸다. 구동부 덮개를 열고 잔디깎이를 옆으로 눕힌다. 구동 벨트가 보이지 않으면 벨트 가림판을 분리한다.

벨트를 분리한다. 장력 조절용 바퀴가 있는 경우에는 우선 장력이 느슨해지도록 조절한다. 벨트에 쓰여 있는 규격과 동일한 교체용 벨트를 구입한다.

새 벨트를 끼우고 벨트가 팽팽해지도록 장력을 조절한다. 새 벨트는 눌렀을 때 1.25cm 이상 눌리지 않아야 정상이다.

9 휘발유 줄날식 예초기 Gasoline String Trimmer

작동 원리

줄날 교체

1. 줄날 고정 뭉치를 회전부에서 분리한다. 2.7m 길이의 줄날 두 개를 준비한다. 줄날 한쪽 끝을 회전부 위쪽 부분에 있는 구멍에 집어넣고 화살표 방향으로 감는다.

2. 줄날의 끝부분이 15cm 정도 남으면 줄날을 회전부 위쪽 턱의 홈에 건다.

3. 두 번째 줄날을 회전부 아랫부분에 같은 방식으로 장착한다. 이 줄날을 위쪽에 건 줄날과 반대쪽 홈에 건다.

— 준비 버튼

— 당김식 시동 손잡이

— 시동 조절 레버

— 스로틀 잠금

— 온/오프 스위치

— 보조 손잡이

— 막음판

— 회전부

— 줄날

수리를 요청하기 전에

줄날식 예초기의 엔진은 체인톱에 쓰이는 것과 동일한 방식이므로 휘발유 체인톱의 '수리를 요청하기 전에' 항목을 참고하기 바란다.

엔진의 시동이 걸리지 않는다면 연료가 넘쳤기 때문일 수 있다. 이때는 점화 플러그를 분리해서 건조시킨다. 시동 조절 레버를 '열간 시동'에 놓고 시동 손잡이를 10~12번 정도 당겨주면 실린더 안의 연료가 모두 배출된다. 점화 플러그를 다시 조립하고 시동 과정을 반복한다.

줄날이 짧아졌는데 당겨도 더 나오지 않는다면 왼편 위쪽의 그림이나 사용자 설명서를 참고해서 새 줄날로 교체한다.

휘발유 낙엽 송풍기 Gasoline Leaf Blower

작동 원리

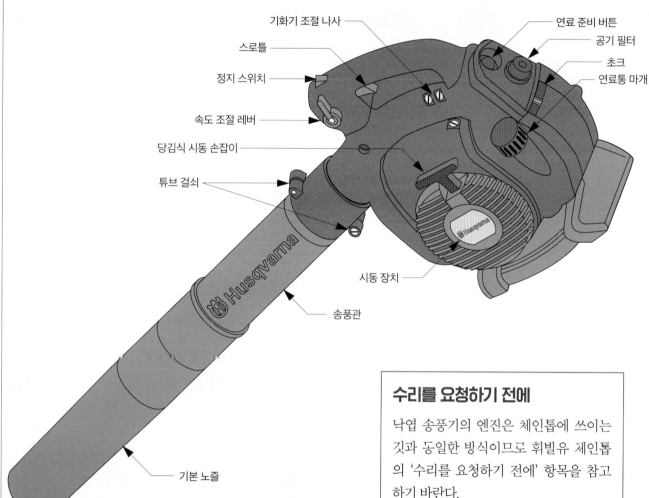

기화기 조절 나사
스로틀
정지 스위치
속도 조절 레버
당김식 시동 손잡이
튜브 걸쇠
시동 장치
송풍관
기본 노즐
연료 준비 버튼
공기 필터
초크
연료통 마개

수리를 요청하기 전에

낙엽 송풍기의 엔진은 체인톱에 쓰이는 깃과 동일한 방식이므로 휘빌유 제인톱의 '수리를 요청하기 전에' 항목을 참고하기 바란다.

낙엽 송풍기는 특정한 계절에만 쓰이므로 사용하지 않을 때는 연료를 모두 빼고 기화기를 건조시켜서 보관한다.

보관하던 송풍기를 다시 사용할 때는

- 제조사가 권장한 간극 규격의 새 점화 플러그를 장착한다.
- 오염된 공기 필터는 세제와 린스로 세척한 뒤 건조해서 사용한다.
- 권장 연료/윤활유 혼합액에 연료 안정제를 첨가한 후 사용한다.

9 충전식 장비 Cordless Equipment

작업 시간이 오래 걸리는 경우에는 휘발유 엔진을 장착한 장비가 사용되지만, 가정에서와 같이 작업이 간단한 경우에는 배터리를 이용하는 충전식 장비도 많이 쓰인다.

에탄올 혼합 휘발유가 사용되기 시작한 이후 엔진이 장착된 장비들에서 여러 가지 문제가 일어났다. 에탄올은 물을 흡수하고 엔진의 고무와 플라스틱 성분을 녹인다.

엔진 장착 장비에 대해서는 앞쪽의 항목을 참고하기 바라며, 여기서는 충전식 장비들을 살펴본다.

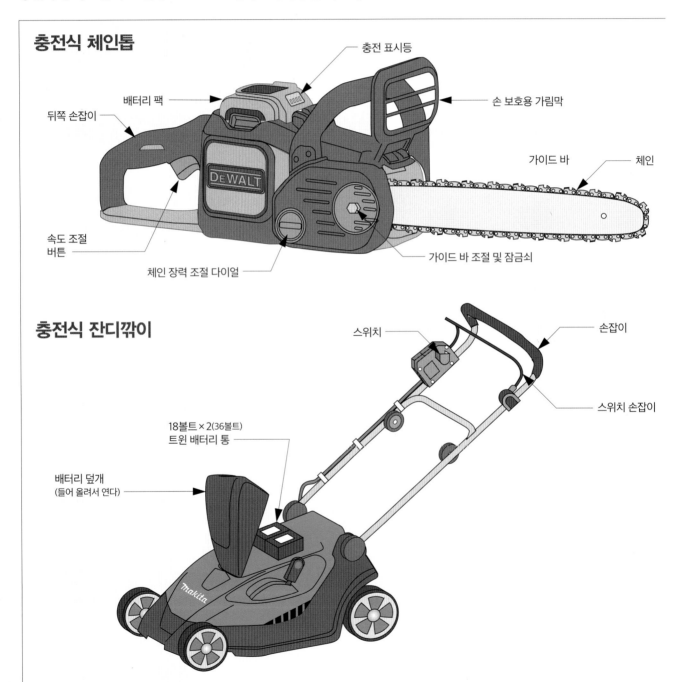

충전식 체인톱

충전 표시등

배터리 팩

뒤쪽 손잡이

손 보호용 가림막

가이드 바

체인

속도 조절 버튼

체인 장력 조절 다이얼

가이드 바 조절 및 잠금쇠

충전식 잔디깎이

스위치

손잡이

스위치 손잡이

18볼트 × 2(36볼트) 트윈 배터리 통

배터리 덮개
(들어 올려서 연다)

충전식 예초기

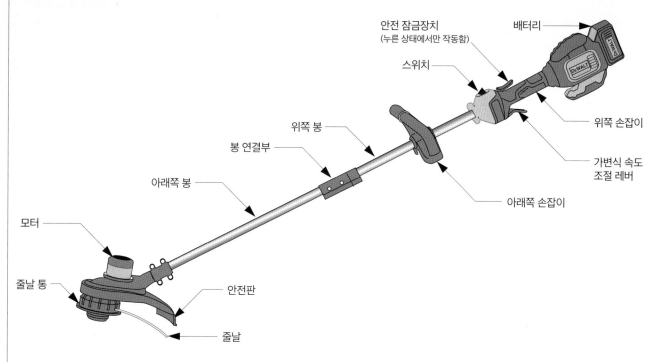

- 안전 잠금장치 (누른 상태에서만 작동함)
- 배터리
- 스위치
- 위쪽 봉
- 봉 연결부
- 아래쪽 봉
- 모터
- 줄날 통
- 안전판
- 줄날
- 위쪽 손잡이
- 가변식 속도 조절 레버
- 아래쪽 손잡이

충전식 낙엽 송풍기

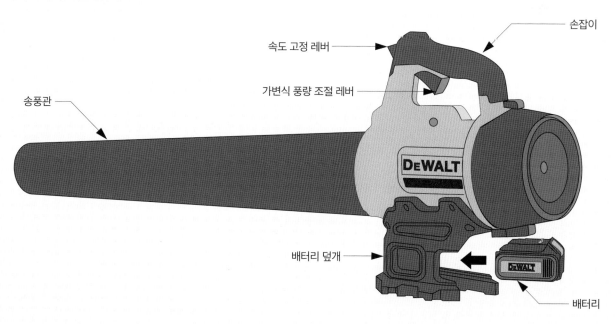

- 속도 고정 레버
- 가변식 풍량 조절 레버
- 손잡이
- 송풍관
- 배터리 덮개
- 배터리

9 리튬-이온 배터리 Lithium-ion Batteries

작동 원리

충전식 장비는 거의 예외 없이 리튬-이온 배터리를 사용한다. 리튬-이온 배터리는 납 축전지나 니켈-카드뮴 배터리에 비해 출력 밀도와 자가 방전율 면에서 더 우수하다.

더 중요한 점은 리튬-이온 배터리는 반복적으로 일부만 충전하며 사용해도 용량 손실(메모리 효과)이 일어나지 않고, 완충해야 할 필요도 없으며 과충전의 우려도 없다는 사

실이다. 그러나 리튬-이온 배터리를 더 오래 사용하려면 여전히 주의할 점들이 있다. 제조사의 사용설명서를 항상 참조하기 바란다.

충전

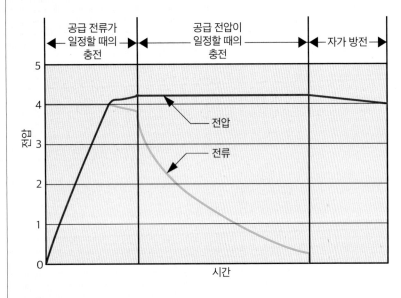

권장 사항

• 배터리 온도가 4℃에서 40℃ 사이일 때 충전한다.

• 사용하는 장비의 전력이 부족하다고 느껴지면 신속히 충전한다.

• 사용설명서에 무방하다고 적혀 있다면 배터리를 충전기에 계속 꽂아두어도 괜찮다.

회피 사항

• 뜨거운 배터리(40℃ 이상)는 절대로 충전하지 않는다.

• 사용설명서에 무방하다고 적혀 있지 않다면 배터리를 충전기에 계속 꽂아두지 않는다.

방전

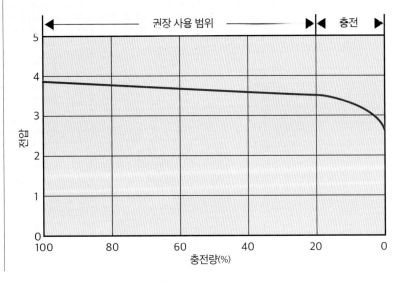

권장 사항

• 배터리를 자주 사용한다. 배터리를 조금씩 규칙적으로 사용하면 수명이 길어진다.

• 첫 번째 배터리가 완전히 방전되기 전에 여분의 배터리로 갈아 끼운다.

회피 사항

• 배터리가 완전 방전될 때까지 사용하지 않는다. 전력이 떨어진 것 같으면 곧바로 충전한다.

• 사용 중에 배터리 온도가 40℃를 넘지 않도록 한다.

수영장용 펌프 & 필터 Pool Pump & Filter

작동 원리

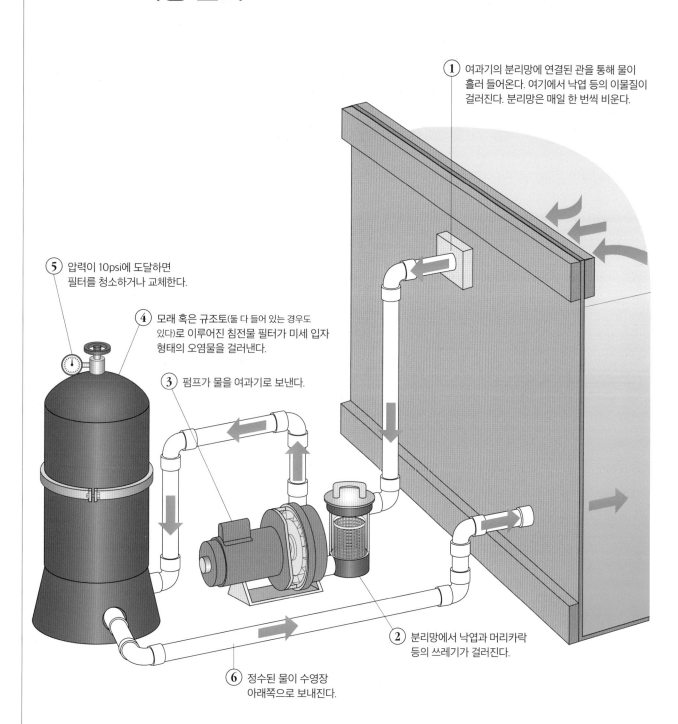

① 여과기의 분리망에 연결된 관을 통해 물이 흘러 들어온다. 여기에서 낙엽 등의 이물질이 걸러진다. 분리망은 매일 한 번씩 비운다.

⑤ 압력이 10psi에 도달하면 필터를 청소하거나 교체한다.

④ 모래 혹은 규조토(둘 다 들어 있는 경우도 있다)로 이루어진 침전물 필터가 미세 입자 형태의 오염물을 걸러낸다.

③ 펌프가 물을 여과기로 보낸다.

② 분리망에서 낙엽과 머리카락 등의 쓰레기가 걸러진다.

⑥ 정수된 물이 수영장 아래쪽으로 보내진다.

9 잔디밭용 스프링클러 Lawn Sprinkler System

작동 원리

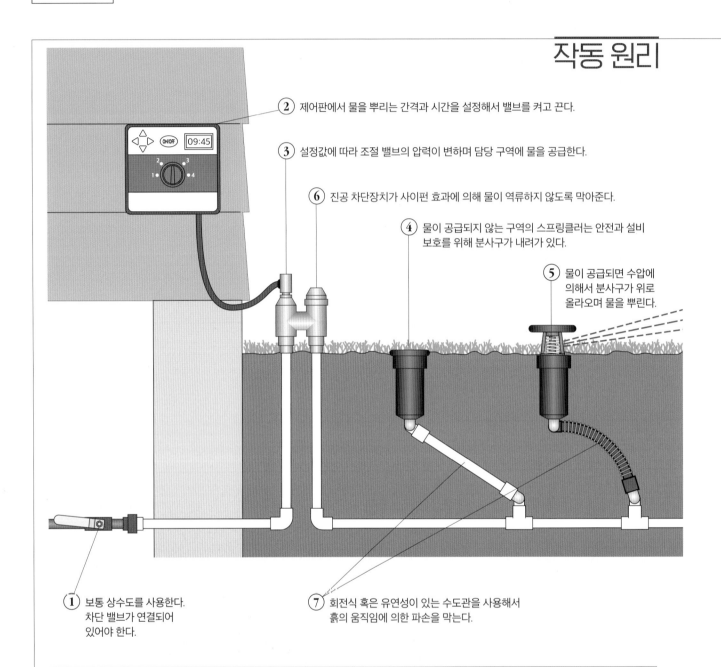

② 제어판에서 물을 뿌리는 간격과 시간을 설정해서 밸브를 켜고 끈다.

③ 설정값에 따라 조절 밸브의 압력이 변하며 담당 구역에 물을 공급한다.

⑥ 진공 차단장치가 사이펀 효과에 의해 물이 역류하지 않도록 막아준다.

④ 물이 공급되지 않는 구역의 스프링클러는 안전과 설비 보호를 위해 분사구가 내려가 있다.

⑤ 물이 공급되면 수압에 의해서 분사구가 위로 올라오며 물을 뿌린다.

① 보통 상수도를 사용한다. 차단 밸브가 연결되어 있어야 한다.

⑦ 회전식 혹은 유연성이 있는 수도관을 사용해서 흙의 움직임에 의한 파손을 막는다.

수리를 요청하기 전에

스프링클러가 전혀 작동하지 않는 경우에는 주 공급 밸브와 누전 차단기를 모두 살펴본다. 멀티미터가 있다면 제어판에서 교류 24V의 출력 전압이 검출되는지 확인한다. 혹은 동작 시간 설정이 잘못되어 있을 수도 있다. 사용설명서를 참조한다.

특정 구역의 스프링클러가 작동하지 않는다면 멀티미터로 해당 구역의 조절 밸브에 교류 24V가 입력되고 있는지 확인한다. 입력 전압이 0V라면 제어판과 조절 밸브를 연결하는 전선이 손상되었을 수 있다.

물 분사 형태와 스프링클러 배치

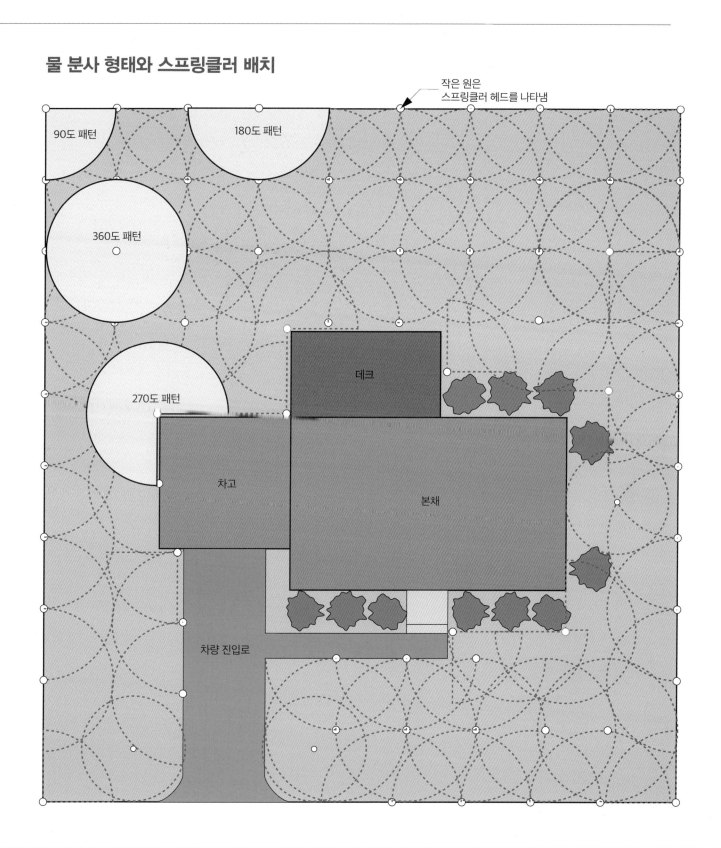

작은 원은
스프링클러 헤드를 나타냄

90도 패턴

180도 패턴

360도 패턴

270도 패턴

데크

차고

본채

차량 진입로

How
Your
House
Works

태양열 주택

The Solar Home

좋았던 시절은 이제 끝나가고 있다. 근 100년간 누구나 자원을 아낌 없이 쓰며 풍요로움을 누리던 시대가 지속되었지만 이젠 모두가 지구의 자원이 무한하지 않다는 사실을 깨닫기 시작했다. 우리뿐 아니라 이제 산업화가 시작된 나라의 수십억 국민들도 안정적인 삶을 누리려면 이전보다 덜 소비하면서 사는 방법을 터득할 필요가 있다.

이번 장에서는 주택의 에너지 효율을 높이고 자원을 절감하는, 이미 실용화된 방법들을 소개한다.

10 난방에 태양열을 최대로 활용하기
Passive Solar Heating

작동 원리

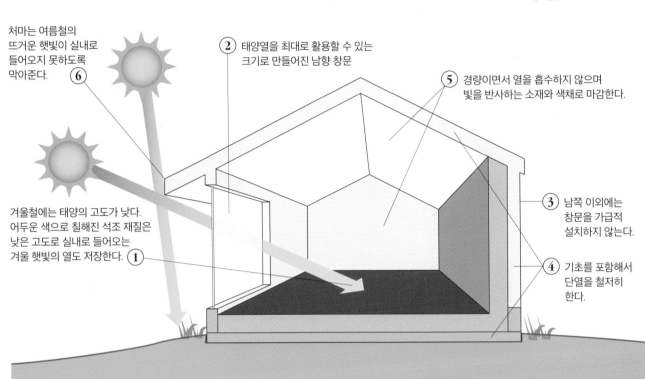

처마는 여름철의 뜨거운 햇빛이 실내로 들어오지 못하도록 막아준다. ⑥

② 태양열을 최대로 활용할 수 있는 크기로 만들어진 남향 창문

⑤ 경량이면서 열을 흡수하지 않으며 빛을 반사하는 소재와 색채로 마감한다.

겨울철에는 태양의 고도가 낮다. 어두운 색으로 칠해진 석조 재질은 낮은 고도로 실내로 들어오는 겨울 햇빛의 열도 저장한다. ①

③ 남쪽 이외에는 창문을 가급적 설치하지 않는다.

④ 기초를 포함해서 단열을 철저히 한다.

태양열의 난방 기여도 목표 비율(%)

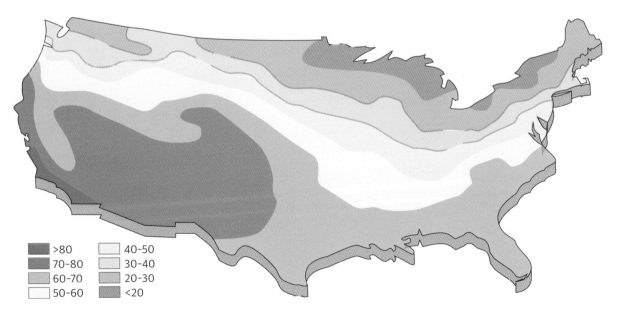

- >80
- 70-80
- 60-70
- 50-60
- 40-50
- 30-40
- 20-30
- <20

열용량 확보에 필요한 면적

건물이 태양의 복사열을 충분히 흡수하지 못하면 건물 내부의 공기가 과열되므로 창문을 열어서 열을 내보내야 한다. 이는 결국 태양열을 낭비하는 결과로 이어진다. 아래 그림과 표에 건물 내부의 온도가 너무 올라가지 않도록 하는 조건들을 정리했다. 남향 창 면적 1제곱피트(0.09m²) 기준으로 각 구성 요소의 소재, 질량, 두께 등의 값을 각각의 위치에 따라 나타냈다. 예를 들어 남향 창 1제곱피트에는 4인치(10cm) 두께의 콘크리트 바닥 4제곱피트가 필요하다. 각 요소의 질량과 위치는 복합적으로 실내 온도에 영향을 미친다.

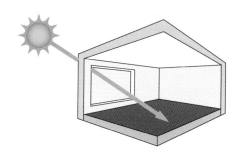

햇빛이 직접 비치는 바닥과 벽

소재의 두께 (인치)	유리창 1제곱피트당 필요한 소재의 면적(제곱피트)				
	콘크리트	벽돌	석고	참나무	소나무
½	-	-	76	-	-
1	14	17	38	17	21
2	7	8	20	10	12
4	4	5	-	11	12

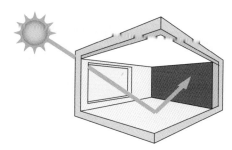

햇빛이 반사되는 바닥, 벽, 천장

소재의 두께 (인치)	유리창 1제곱피트당 필요한 소재의 면적(제곱피트)				
	콘크리트	벽돌	석고	참나무	소나무
½	-	-	114	-	-
1	25	30	57	28	36
2	12	15	31	17	21
4	7	9	-	19	21

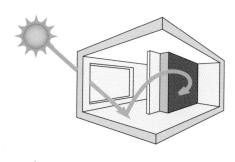

햇빛이 직접 들지 않는 바닥, 벽, 천장

소재의 두께 (인치)	유리창 1제곱피트당 필요한 소재의 면적(제곱피트)				
	콘크리트	벽돌	석고	참나무	소나무
½	-	-	114	-	-
1	27	32	57	32	39
2	17	20	35	24	27
4	14	17	-	24	30

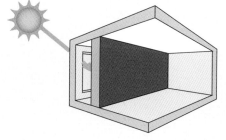

햇빛이 직접 비치는 벽과 수도관이 통과하는 벽

소재의 두께	유리창 1제곱피트당 필요한 소재의 면적(제곱피트)
두께 8인치(20cm) 벽돌	1
두께 12인치(30cm) 벽돌	1
두께 8인치 수관벽	1

10 수영장용 태양열 가열기 Solar Pool Heater

작동 원리

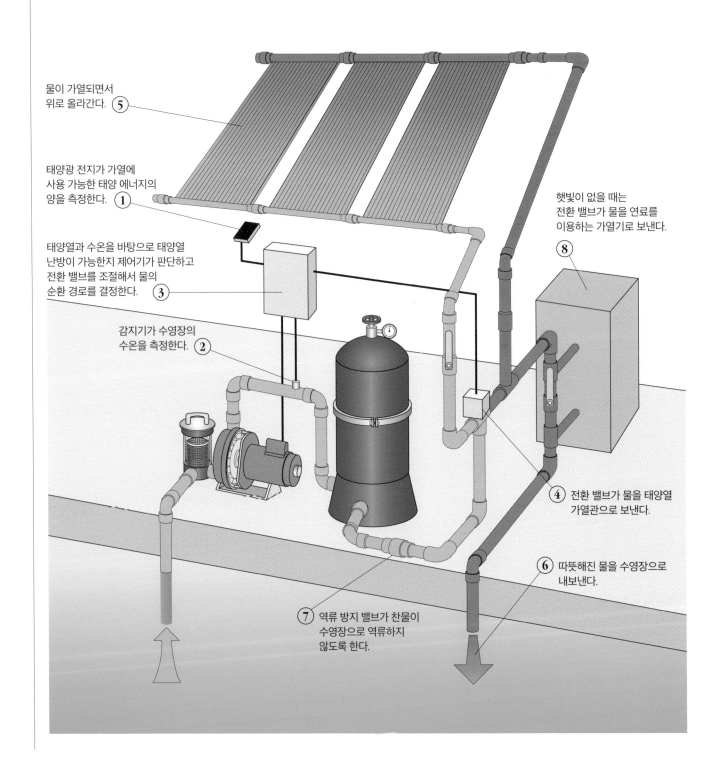

물이 가열되면서 위로 올라간다. (5)

태양광 전지가 가열에 사용 가능한 태양 에너지의 양을 측정한다. (1)

태양열과 수온을 바탕으로 태양열 난방이 가능한지 제어기가 판단하고 전환 밸브를 조절해서 물의 순환 경로를 결정한다. (3)

감지기가 수영장의 수온을 측정한다. (2)

햇빛이 없을 때는 전환 밸브가 물을 연료를 이용하는 가열기로 보낸다. (8)

(4) 전환 밸브가 물을 태양열 가열관으로 보낸다.

(6) 따뜻해진 물을 수영장으로 내보낸다.

(7) 역류 방지 밸브가 찬물이 수영장으로 역류하지 않도록 한다.

태양열 온수기 Solar Water Heater

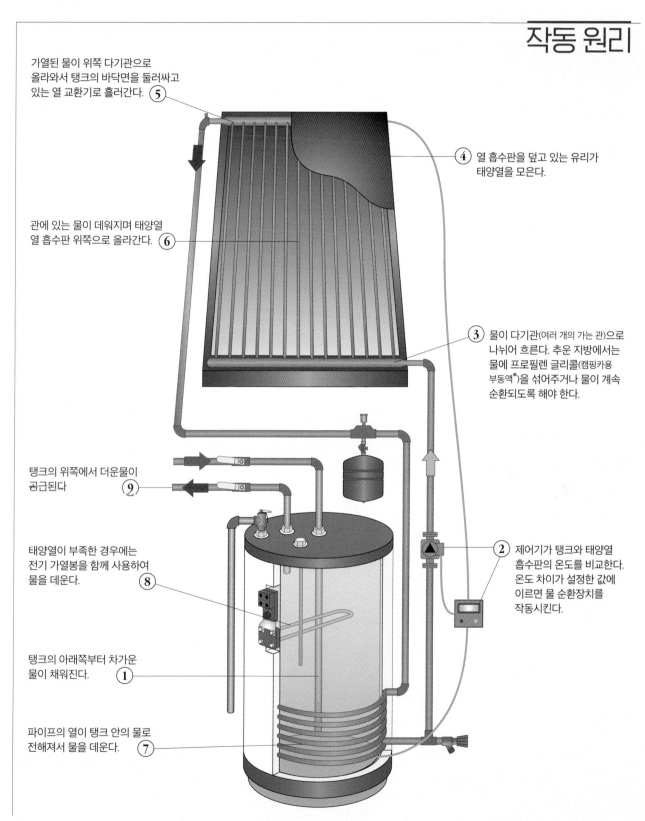

가열된 물이 위쪽 다기관으로 올라와서 탱크의 바닥면을 둘러싸고 있는 열 교환기로 흘러간다. (5)

(4) 열 흡수판을 덮고 있는 유리가 태양열을 모은다.

관에 있는 물이 데워지며 태양열 열 흡수판 위쪽으로 올라간다. (6)

(3) 물이 다기관(여러 개의 가는 관)으로 나뉘어 흐른다. 추운 지방에서는 물에 프로필렌 글리콜(캠핑카용 부동액*)을 섞어주거나 물이 계속 순환되도록 해야 한다.

탱크의 위쪽에서 더운물이 공급된다 (9)

태양열이 부족한 경우에는 전기 가열봉을 함께 사용하여 물을 데운다. (8)

(2) 제어기가 탱크와 태양열 흡수판의 온도를 비교한다. 온도 차이가 설정한 값에 이르면 물 순환장치를 작동시킨다.

탱크의 아래쪽부터 차가운 물이 채워진다. (1)

파이프의 열이 탱크 안의 물로 전해져서 물을 데운다. (7)

* RV antifreeze. 캠핑카의 배관을 얼지 않게 해주는 부동액. 자동차용과는 다르다.

10 태양광 발전 Photovoltaic (PV) Power

작동 원리

일반적인 실리콘 태양전지의 구조가 그림에 나타나 있다. 소량의 인(燐)을 실리콘 층 위에 바르면 전자의 수가 크게 늘어나며 음극성을 띠게 된다. 같은 방식으로 보론boron을 실리콘 층 아래에 바르면 전자가 부족해지며 양극성을 갖는다. 서로 다른 극성끼리는 끌어당기므로 위층의 전자들이 아래층으로 흐른다. 그러나 경계면(P-N 접합부)이 장벽으로 작용한다.

태양에서 방출된 광자가 실리콘 층을 통과하면서 전자가 장벽을 통과하기에 충분한 에너지를 전달한다. 위쪽에 연결된 알루미늄 선들과 바닥의 알루미늄 판을 통해서 자유 전자가 순환하는 통로가 만들어진다. 여기에 전구를 연결해서 회로를 구성하면 회로에 전류가 흐르게 된다. 실리콘 판(태양전지 판)을 만드는 방법에는 세 가지가 있다.

- 원통형 실리콘 결정을 얇게 잘라서 단결정 실리콘 판을 만든다.
- 실리콘 잉곳*을 얇게 사각형 판(웨이퍼)으로 잘라서 다결정 실리콘 판을 만든다.
- 금속이나 유리판에 실리콘을 뿌리거나 침전시켜 박막 실리콘 판을 만든다.

일반적인 실리콘 태양전지 판

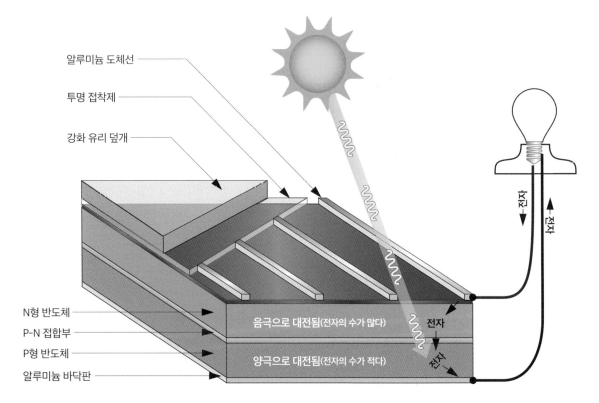

알루미늄 도체선 / 투명 접착제 / 강화 유리 덮개 / N형 반도체 / P-N 접합부 / P형 반도체 / 알루미늄 바닥판 / 음극으로 대전됨(전자의 수가 많다) / 양극으로 대전됨(전자의 수가 적다) / 전자

* silicone ingot. 고온에서 녹여 만든 실리콘 덩어리.

태양전지 판의 설치 방향

아래 그림에 태양이 떠서 질 때까지의 가장 짧은 궤도(동지, 12월 21일경)와 가장 긴 궤도(하지, 6월 21일경)가 나타나 있다.

지상에서 볼 때 태양의 위치는 두 가지 값을 이용해서 표현한다.

- 고도. 현재 위치에서 태양을 바라본 선과 수평면을 이루는 각도.
- 방위각. 북쪽을 0°로 보고 현재 위치와 태양을 이은 선을 수평면에 투영시켰을 때 북쪽과 이루는 각도.

태양전지 판은 맑은 날 햇빛이 수직으로 판을 비출 때 가장 높은 전력을 만들어낸다. 그러므로 태양전지 판이 항상 태양을 정면으로 향하도록 모터를 이용해서 구동하는 것이 이상적이다. 하지만 이런 방식은 경제적이지 않으므로 보통 태양전지 판은 연간 전력 생산량이 최대가 되는 방향으로 고정 설치된다. 최적 설치 방향을 찾는 기본적인 원칙은 다음과 같다.

- 태양전지 판의 경사각은 해당 위치의 위도와 같은 각도로 기울인다.
- 정남향(방위각이 180°가 되도록)으로 설치한다.

아래 표는 태양전지 판이 이상적인 경사각과 방위각에서 벗어났을 때의 효율 변화를 보여준다.

위도 북위 30도에서의 방위각에 따른 효율

방위각	태양전지 판 경사도					
	0	15	30	45	60	90
남(180°)	0.91	0.94	1.00	0.97	0.88	0.59
남남동, 남남서	0.91	0.98	0.99	0.96	0.86	0.60
남동, 남서	0.91	0.96	0.96	0.92	0.84	0.61
남동동, 남서서	0.91	0.93	0.92	0.87	0.79	0.58
동, 서	0.91	0.90	0.86	0.80	0.72	0.53

태양의 궤도와 태양전지 판의 방향

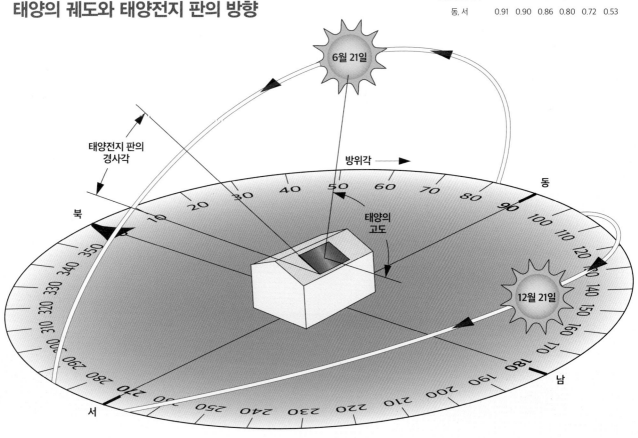

태양전지 판을 가리는 그늘

앞에서 설명했듯이 태양전지 판은 햇빛을 직접 받을 때 최대 전력을 만들어낸다. 태양전지 판이 그늘에 들어가면 출력은 줄어든다. 그러므로 태양전지 판을 설치하기 전에 설치 위치에서 햇빛이 얼마나 가려지는지를 반드시 미리 살펴봐야 한다. 전문 설치 업체는 태양전지 판을 설치하는 위치에서 1년 주기로 그늘이 생기는 정도를 전용 장비로 측정하지만, 아래 그림을 이용하면 대략적인 값을 계산할 수 있다. http://solardat.uoregon.edu/

SunChartProgram.html에서 임의의 위치에서의 태양의 궤도를 나타내는 그래프를 만들 수 있다.

이 그래프 위에 설치하고자 하는 태양전지 판의 중심점에서 남쪽을 바라보았을 때 보이는 나무와 건물의 영역을 그려 넣는다. 태양의 고도와 방위각은 스마트폰에서 Theodolite 앱을 이용하면 쉽게 구할 수 있다.

아래 그림에서 햇빛을 받기 위해 남쪽 하늘에서 확보하고자 하는 부분이 옅은 노란색으로 표시되어 있

다. 실질적으로 의미 있는 햇빛의 약 90퍼센트가 오전 9시부터 오후 3시까지의 영역에서 얻어진다. 대부분의 설치 업체에서는 이 영역이 15퍼센트 이상 가려지는 경우(그림에서 녹색으로 칠해진 부분이 햇빛을 가린다) 이 위치에 태양전지 판 설치를 권장하지 않는다. 이처럼 가려지는 영역의 비율은 연간 효율을 계산할 때 가장 중요한 요소다.

그러므로 태양전지 판을 지붕에 설치하는 이유는 자명한 셈이다.

태양의 경로와 그늘의 관계

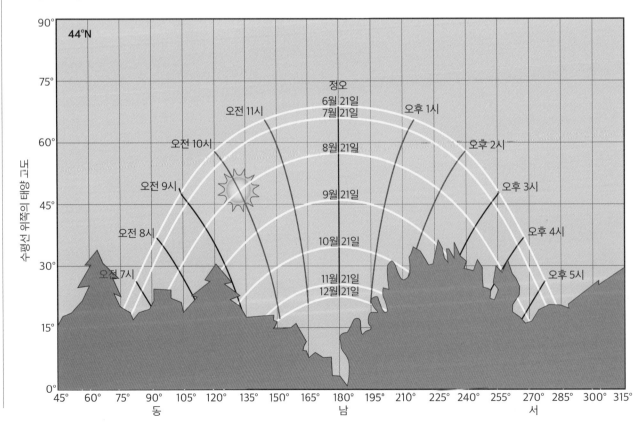

태양광 발전 장치의 전체 구조

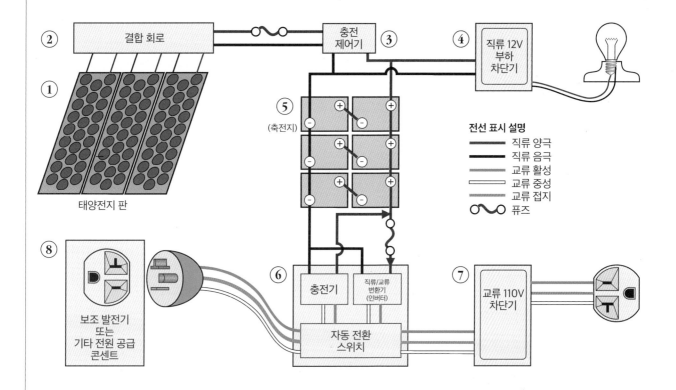

② 결합 회로

충전
제어기 ③

④ 직류 12V
부하
차단기

① 태양전지 판

⑤
(축전지)

전선 표시 설명

▬▬	직류 양극
▬▬	직류 음극
▬▬	교류 활성
▭▭	교류 중성
▭▭	교류 접지
∽∽	퓨즈

⑧ 보조 발전기
또는
기타 전원 공급
콘센트

⑥ 충전기 / 직류/교류
변환기
(인버터)

자동 전환
스위치

⑦ 교류 110V
차단기

이 그림에는 오지의 주택, 보트, 레저용 차량과 같이 일반 전력 공급망에 연결되지 않은 상태에서 전력을 공급받을 수 있는 태양광 발전 장치의 구조가 나타나 있다.

1. 태양전지 판의 규격은 표준 직류 전압과 출력으로 표시된다. 여러 장의 태양전지 판을 직렬로 연결한 직류 12, 24, 48V 전압은 병렬로 연결하면 더 높은 출력을 얻는다.

2. 결합 회로에서 모든 태양전지 판의 출력이 합쳐져 하나의 출력으로 내보낸다.

3. 배터리가 과충전되지 않도록 충전 제어기가 전압과 전류를 조절한다.

4. 직류 12V를 사용하는 기기가 연결되는 누전 차단기.

5. 6V 또는 12V 딥 사이클 납축전지를 여러 개 연결해서 사용한다. 총 Ah(암페어×시) 용량은 흐린 날이 수일간 계속되어도 괜찮은 수준이어야 한다.

6. 직류-교류 변환기, 자동 변환 스위치가 달린 충전기로 구성된 부분은 태양광 발전 장치의 핵심이다. 일반적인 상태에서는 배터리에서 직류 전기를 공급받아 110V 교류 전기로 변환한다.

7. 직류-교류 변환기에서 만들어진 교류 전기가 교류 110V용 차단기를 통해서 공급된다.

8. 직류-교류 변환기/충전기의 콘센트와 외부의 교류 전력원(유틸리티, 발전기, 소형 정박지나 레저용 차량 주차장에 구비된 교류 전원 공급 장치 등)을 연결하면 자동 전환 스위치가 여기에서 공급받은 교류 전원을 직접 교류 부하에 공급한다. 배터리도 이 전력으로 충전된다.

태양광 발전 장치의 필요 용량 계산법

앞에서 태양광 발전 장치의 작동 원리와 그늘에 의한 효율 저하를 살펴보았다. 통상적으로 용인되는 그늘의 면적 비율(15% 이하)을 고려해서 일반적인 가정이 전력망을 통한 전기 공급을 받지 않고 태양광 발전만으로 전력을 충당하고자 할 때 필요한 간단한 용량 계산 방법을 소개한다.

우선 자신의 연간 총 전력 사용량을 kWh/년 단위로 계산한다. 인터넷에는 이 계산에 필요한 자료가 풍부하므로 손쉽게 활용할 수 있다. 우선 "절약한 1kW는 공짜로 얻은 1kW다"라는 말을 염두에 두자. 가스 에너지를 이용하는 것이 더 효율적인 경우에는 되도록 가스를 이용하고(난방, 온수, 조리, 오븐, 건조기 등) 모든 전구는 LED로 교체한다.

이제 아래 지도를 보고 자신의 집 위치에서 1W 태양광 발전판의 연간 생산 전력량(kWh/년/panel watt)이 얼마인지 찾는다. 자신의 연간 총 전력 사용량(kWh/년)을 이 값으로 나누면 필요한 태양전지 용량을 구할 수 있다.*

예) 사용 전력량이 2.1kWh/일, 766kWh/년이고 위치가 SC(사우스캐롤라이나, 평균 kWh/년/panel watt = 1.5)인 경우.

필요한 태양전지 판의 용량 = 766/1.5(panel watt) = 510W

태양광 발전으로 만들어진 전기를 저장하는 데 필요한 배터리의 용량은 다음과 같이 구한다. 기본적으로 배터리의 수명을 최대로 늘리려면 하루를 기준으로 배터리 사용량이 25%를 넘지 않아야 한다. 즉, 전체 배터리의 용량이 하루 전력 사용량의 네 배가 되어야 한다는 의미다.

A×h = W×h/V이므로, 배터리의 총 A×h 값은 아래와 같다.

4×2100Wh/12V = 700Ah

보다 자세한 분석이 필요한 경우에는 http://pvwatts.nrel.gov에서 PVWatts® Calculator를 활용할 것.

1W 태양전지 판의 연간 발전량

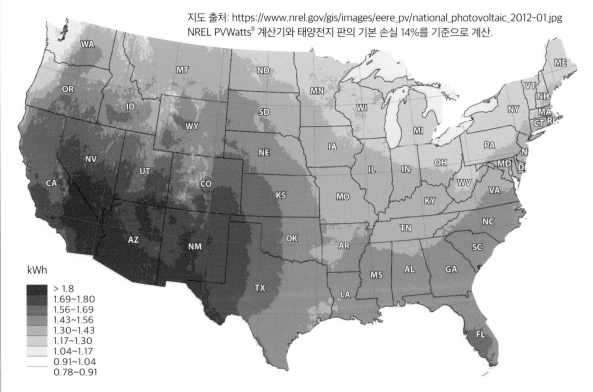

지도 출처: https://www.nrel.gov/gis/images/eere_pv/national_photovoltaic_2012-01.jpg
NREL PVWatts® 계산기와 태양전지 판의 기본 손실 14%를 기준으로 계산.

kWh
> 1.8
1.69~1.80
1.56~1.69
1.43~1.56
1.30~1.43
1.17~1.30
1.04~1.17
0.91~1.04
0.78~0.91

* 우리나라의 경우, 300W 패널 한 장을 설치하면 하루에 약 1050W를 발전할 수 있다.

가정용 공구

A Homeowner's Tool Bag

어린 시절, 집 공구통에 들어 있던 것이라곤 다용도 오일 한 통, 노끈 한 뭉치, 나무 손잡이가 갈라진 망치, 녹슨 톱, 일자 드라이버 두 개(그중 하나는 시리얼 구입 사은품), 벽돌을 깰 때 쓰는 끌이 전부였다.

그런데 자라면서 우리 집이 딱히 유별난 집이 아니라는 사실을 알게 되었다. 물론 정반대의 집들도 있다. 별도로 마련된 작업실에 난방과 조명 시설이 갖춰져 있고, 작업대는 물론 각종 전기기기를 연결하기 편리하도록 콘센트가 여러 개 설치된 집도 있다. 또한 각종 테이블 톱과 절단용 톱, 띠톱, 드릴, 연마기, 전동 대패, 목공용 라우터 등까지 완비된 집들도 있다. 게다가 벽에는 공구점에서 판매되는 거의 모든 종류의 공구가 가지런히 걸려 있다. 보통 이런 집이라면 족히 100개는 되는 작은 유리병마다 각종 크기의 볼트, 너트, 와셔 등을 분류해서 담아놓는다.

아마 대부분의 독자들은 두 경우의 중간 어디쯤에 속할 것이다. 작업에 필요한 공구의 유무가 어떤 차이를 가져오는지는 자명한 일이다. 다만 요즘에는 많은 공구들이 다목적용으로 만들어져서 그렇게 많은 공구가 필요하지는 않다. 특별한 공구를 매일 써야 하는 전문 장인이 아니라면 최고의 공구가 필요한 것도 아니다.

이번 장에서는 일반적인 가정에서 필요한 작업의 95%를 소화할 수 있는 공구들을 정리해놓았다. 500달러 미만의 비용으로 아마존이나 harborfreight.com 같은 사이트에서 이 공구들을 모두 구비할 수 있다는 사실에 필자도 솔직히 조금 놀랐다.

조임과 잡기용 공구 Gripping & Tightening

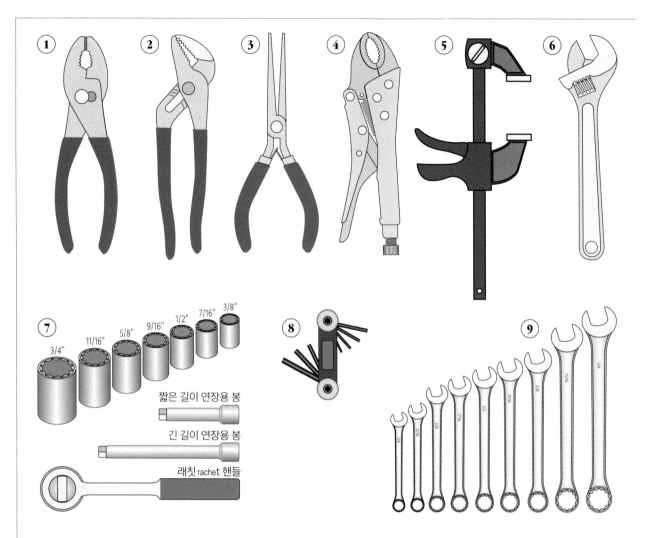

1. 슬립조인트 플라이어 Slip-Joint Pli-ers. 집게 크기를 2단계로 조절할 수 있으며 곡면과 평면 물체를 모두 집을 수 있다.

2. 그루브조인트 플라이어 Groove-Joint Pliers. 집게 크기를 4단계 이상 조절할 수 있으며 파이프를 집을 때 유용하다.

3. 니들노즈 플라이어 Needle-Nose Pli-ers. 집게 부분이 가늘고 길기 때문에 좁은 공간에서 작은 물체를 집을 때 사용한다.

4. 로킹조 플라이어 Locking-Jaw Pliers. 대상물을 아주 강히게 문 상내보 고정할 수 있으므로 바이스로 사용할 수도 있고 머리가 망가진 나사를 풀 때도 유용하다.

5. 원핸드 바 클램프 One-Hand Bar Clamp. 한 손으로 물체를 잡은 상태에서 다른 손으로 작업할 수 있다.

6. 조절 가능 렌치 Adjustable Wrenches. 열리는 크기를 연속적으로 조절할 수 있으므로 다양한 크기의 육각이나 직각 모양의 볼트와 너트를 조이고 푸는 데 사용한다.

7. 소켓 세트 Socket Sets. 한 방향으로만 회전하는 래칫 핸들과 다양한 크기의 너트와 볼트에 맞는 소켓, 길이 연장용 봉이 들어 있다.

8. 렌치 세트 Allen Wrenches. 소형 육각 나사와 너트에 사용한다. 작고 휴대가 간단하다. 인치와 미터 규격을 각각 구비하도록 한다.

9. 콤비네이션 렌치 Combination Wrenches. 육각 볼트와 너트를 풀고 죄는 데 사용한다.

드릴과 절단용 공구 Drilling & Cutting

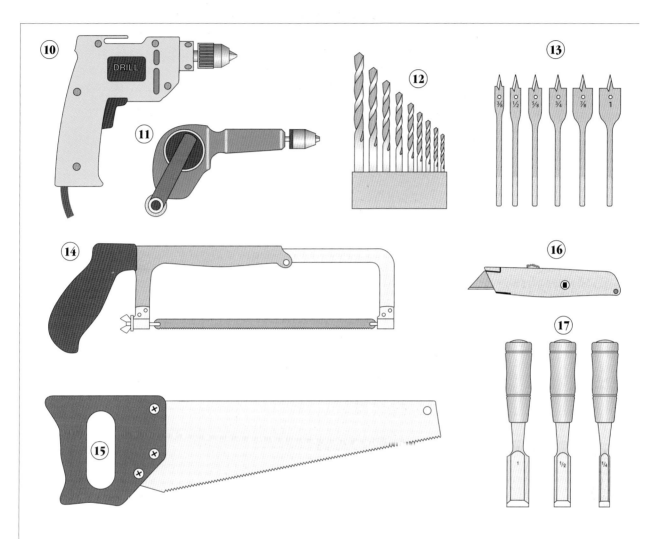

10. 유선 드릴 Corded 3/8-inch Drill. 드릴과 드라이버로 사용하며 페인트를 섞을 때도 쓴다. 충전식 제품은 가격도 높고 배터리의 수명이 3년 내외이므로 사용 빈도가 높은 경우에만 추천한다.

11. 핸드 드릴 Hand Drill. 무른 나무, 플라스틱, 석고 보드에 구멍을 뚫을 때 사용한다.

12. 트위스트 드릴 비트 Twist Drill Bits. 흙, 돌, 유리를 제외한 거의 대부분의 소재에 구멍을 뚫을 수 있다. 지름 3/8인치 비트까지 포함된 세트의 구입을 권한다.

13. 스페이드 비트 Spade Bits. 연한 나무 소재에 1/4인치에서 1/2~1인치 크기의 구멍을 뚫는 데 쓴다.

14. 쇠톱 Hacksaw. 금속을 절단한다. 1인치마다 14~32개의 톱날이 달려 있으며 재질이 얇을수록 이가 많아야 한다.

15. 목재용 톱 Handsaw. 자르기용 톱은 나뭇결의 수직 방향으로 자를 때, 켜기용 톱은 결을 따라 자를 때 쓴다. 자르기용 톱이 더 유용하다.

16. 커터 칼 Utility Knife. 주방을 제외한 모든 곳에서 가장 유용한 칼이다. 날을 교체할 수 있으므로 갈 필요도 없으며 항상 날카로운 상태로 사용할 수 있다. 여분으로 100개들이 날을 구입하도록 한다.

17. 목공용 끌 Wood Chisels. 문의 경첩 부위를 비롯해서 나무를 깎아내는 데 쓴다. 버리는 나무를 이용해서 충분히 연습한 뒤에 사용하도록 한다. 끌을 대체할 수 있는 도구는 값비싼 목공용 라우터뿐이다.

조임과 연마용 공구 Fastening & Smoothing

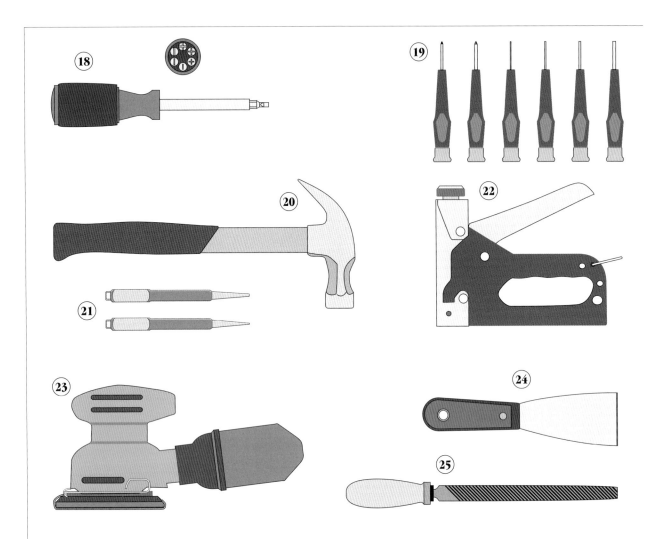

18. 교환식 드라이버 Multi-tip Screw-driver. 끝부분을 교체할 수 있는 형태로 되어 있으므로 여러 개의 드라이버를 구비하지 않아도 된다. 육각 나사용과 일자, 십자 드라이버가 모두 들어 있는 것으로 고른다. 사각과 별 모양 드라이버가 함께 들어 있는 제품도 유용하다.

19. 정밀 드라이버 Jeweler's Screw-drivers. 안경이나 전자제품 등에 사용되는 작은 나사를 풀고 조일 때 사용한다.

20. 장도리 Claw Hammer. 못을 박거나 뽑을 때뿐 아니라 무엇이든 세게 두드려야 할 때 사용한다.

21. 핀 펀치 Nail Sets. 목재를 손상시키지 않으면서 못을 깊이 박을 때 사용한다. 두 가지 이상의 크기를 구비한다.

22. 스테이플 건 T50 Staple Gun. 다양한 크기의 스테이플('ㄷ' 모양의 못)을 목재 또는 부드러운 소재에 1/4~9/16인치 깊이까지 박는다.

23. 회전식 연마기 Orbital Pad Sander. 다양한 규격의 사포를 장착해서 평면을 연마한다.

24. 퍼티 칼 Putty Knife. 유리, 회반죽, 석고 마감 부위 등의 표면을 긁어낼 때 사용한다. 날의 폭은 1~6인치에 이른다. 처음에는 2인치 크기를 구입하는 것이 유용하다.

25. 평면형 줄 Flat Mill File. 금속을 갈 때 사용한다. 작업량이 많은 경우에는 연마도가 두 가지인 고정식 전동 그라인더를 추천한다.

측정 및 전기 공구 Measuring & Electrical

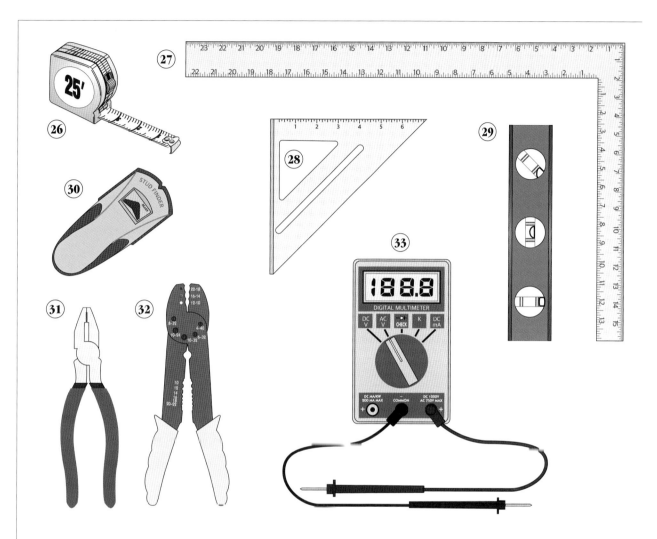

26. 줄자 Tape Measures. 길이, 폭, 높이를 재는 데 쓴다. 일반적으로는 5m짜리면 충분하지만 목조 주택용이라면 8m짜리가 필요하다.

27. 직각자 Framing Square. 직각 여부를 측정하고 표시할 때 사용한다. 소재를 직각으로 자를 때도 유용하다. 목수들은 서까래와 계단을 만들 때 사용한다.

28. 삼각자 Triangle Square. 직각을 비롯해 그 밖의 절단선을 목재에 표시할 때 쓴다.

29. 수평계 Torpedo Level. 수직과 수평을 측정할 때 사용한다. 23cm 제품이 유용하고 크기도 적당하다.

30. 골조 감지기 Stud Finder. 목조 주택의 벽에 못을 박을 때 뒤에 숨겨진 골조를 찾아낸다.

31. 펜치 Lineman Plier. 전선을 자를 때와 집거나 구부릴 때 사용한다.

32. 와이어 스트리퍼 Wire Stripper/Crimper. 가정에서 사용되는 모든 굵기의 전선의 피복을 벗기고 압착할 때 사용한다. 저렴하지만 유용한 공구이다.

33. 디지털 멀티미터 Digital Multimeter. 고장난 회로에서 직류/교류 전압, 직류 전류(10A까지), 저항을 측정한다.

기타 공구 Miscellaneous Tools

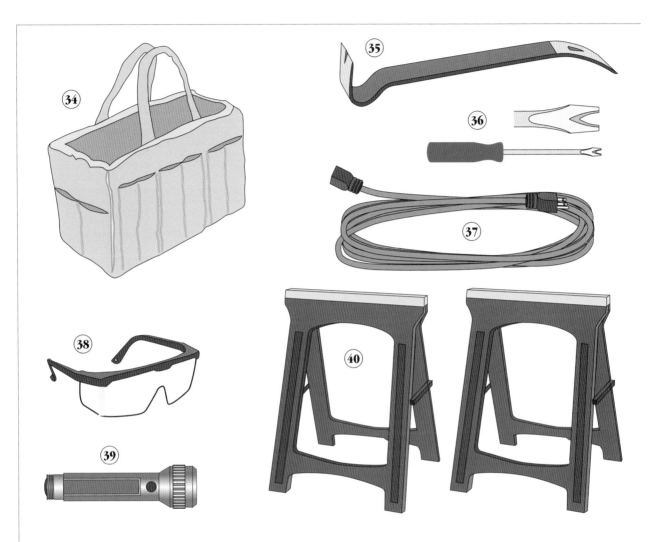

34. 캔버스 천 공구 가방. 녹이 슬지도 않고 바닥이나 가구에 상처를 내지도 않으므로 금속 공구통보다 더 유용하다. 주머니가 많고 튼튼한 대형 캔버스 천 가방에는 거의 대부분의 공구를 담을 수 있다. 자동차 트렁크에 싣고 다니면 언제든지 꺼내 쓸 수 있다.

35. 쇠지레 Pry Bar. 물체를 분리하거나, 못을 뽑거나, 무거운 물체를 들어 올릴 때 쓴다.

36. 압정 제거기 Tack Remover. 양끝이 벌어진 형태로, 쇠지레의 축소판이라고 할 수 있다. 압정을 빼낼 때 말고도 가는 못, 스테이플을 제거할 때와 작은 물체를 분리할 때 유용하다.

37. 전원 연장선. 가장 가까운 콘센트에 전선을 연결한다. 25피트(7.6m), 접지선이 포함된 실외용 전선이 유용하다.

38. 보안경. 망치질, 톱질, 연마 등의 거의 모든 작업 과정에서 날아오는 물체로부터 눈을 보호한다.

39. LED 플래시. 보이지 않으면 작업은 불가능하다. 주머니에 들어갈 정도 크기의 플래시를 구비한다.

40. 접이식 톱질용 받침대(모탕). 가볍고 보관이 편리하다. 2×4 각재와 적절한 크기의 합판을 활용하면 훌륭한 작업대로 변신한다.

미국 단위계와 국제단위계(SI) 비교

이 책에 자주 등장하는 미국 단위계를 우리나라에서 통용되는 국제단위계와 비교하여 정리했다.

	미국 단위계	국제단위계
길이	**인치**(inch, in)	25.4mm
	피트(foot, ft): 12인치	30.48cm
	야드(yard, yd): 36인치, 3피트	91.44cm
	마일(mile, mi): 5280피트, 1760야드	1609.344m
넓이	**평방피트**(sq ft): 144평방인치	0.09290341m^2
일반 부피	**입방인치**(cu in)	16.387064ml
	입방피트(cu ft): 1728입방인치	28.31685l
액량 부피	**쿼트**(quart, qt): 1/4갤런	0.946352946l
	갤런(gallon, gal): 4쿼트	3.785411784l
압력	**프사이**(PSI, pounds per square inch) • 평방인치의 면적이 받는 pound당 무게 • lb/in^2 단위로 표기 [1pound(lb) = 452.6g, 1 inch = 2.54cm]	6.894733kPa(킬로파스칼)
열량	**비티유**(Btu, British thermal unit) • 1파운드의 물을 대기압하에서 60.5℉에서 61.5℉까지 올리는 데 필요한 열량	0.252Kcal
온도	**화씨 온도**(℉) • 물의 어는점을 32℉, 끓는점을 212℉로 정의 • 물의 어는점과 끓는점을 100등분한 섭씨(℃)와 달리 화씨에서는 180등분 • 화씨 1도가 바뀌면 섭씨로는100/180 = 5/9(≒0.56)도 바뀜	화씨 → 섭씨(℃) 계산법: 화씨 온도 수치에서 32를 뺀 후 5/9 ≒ 0.56를 곱한다(혹은 1.8로 나눈다).

찾아보기

How
Your
House
Works